Reiner Schmid

Industrielle Bildverarbeitung

Reiner Schmid

Industrielle Bildverarbeitung

Vom visuellen Empfinden zur Problemlösung

Mit 193 Abbildungen, 12 Farbtafeln und
30 Aufgaben mit Lösungen

Herausgegeben von Wolfgang Schneider

CIP-Codierung angefordert

Der Verlag Vieweg ist ein Unternehmen der Bertelsmann Fachinformation GmbH.

Umschlaggestaltung: Klaus Birk, Wiesbaden
Druck und buchbinderische Verarbeitung: Lengericher Handelsdruckerei, Lengerich
Gedruckt auf säurefreiem Papier

ISBN-13: 978-3-528-04945-4 e-ISBN-13: 978-3-322-86599-1
DOI: 10.1007/978-3-322-86599-1

Inhaltsverzeichnis

1 Einführung 1

1.1 Der Erkennungsvorgang 1
1.2 Optische Täuschungen 6

2 Signalwandlung 11

2.1 Eigenschaften bildgebender Sensoren 11
2.1.1 CCD-Kameras im visuellen Bereich 11
2.1.2 Infrarotkameras 13
2.2 Rasterung und Quantisierung 15
2.3 Aufbau des Videosignals 19
2.3.1 Bildübertragungsverfahren 19
2.3.2 BAS-Signal 21
2.3.3 HD-MAC 23

3 Grundlegende Verfahren 26

3.1 Schablonenvergleich 26
3.1.1 Korrelation 28
3.1.2 Konturkorrelation 31
3.2 Histogrammoperationen 32
3.2.1 Gleichverteilung 33
3.2.2 Bimodalität 34
3.2.3 Histogrammkennwerte 35
3.3 Operationen im Ortsfrequenzbereich 37
3.4 Operationen im Ortsbereich 39
3.4.1 Binärbildoperationen 39
3.4.2 Mittelwerte 44
3.4.2.1 Gauß-, Binominalverteilter Tiefpaß 44
3.4.2.2 Medianwert 45
3.4.2.3 Olympic-Filter 48
3.4.2.4 Greyscale Erosion, Dilatation 48
3.4.3 Adaptive Filter 48
3.5 Konturdetektion 50
3.5.1 Lokale Kontrastoperationen 50
3.5.2 Kettencodes 55
3.5.3 Konturapproximation 59
3.5.4 Slope Density Function 64
3.5.5 Fourier-Descriptoren 64

3.6 Hough-Transformation 65
3.6.1 Geradenapproximation 65
3.6.2 Schablonenvergleich 66
3.7 Textur 70
3.7.1 Texturmerkmale 71
3.7.1.1 Transformationsparameter 71
3.7.1.2 Texturenergiemasken 71
3.7.1.3 Hust-Transformation 72
3.7.2 Grauwertübergangsmatrix 73
3.7.3 Run-Length-Matrix 74
3.8 Hierarchien 75
3.8.1 Grauwert-, Laplacepyramide 75
3.8.2 Quad Trees 77
3.8.3 Hierarchische Konturcodes 78

4 Farbverarbeitung 80

4.1 Farbensehen 80
4.2 Additive Farbmischung 82
4.3 Farbmodelle 84
4.3.1 Normalfarbdreieck 85
4.3.2 Heringsches System, NTSC-System 90
4.4 Farbkontrastoperationen 91

5 Klassifikationsverfahren 92

5.1 Karhunen/Loeve-Transformation 93
5.2 Überwachte, unüberwachte und lernende Klassifikationsverfahren 100
5.2.1 Klassifikation mit Look-up Tabellen 101
5.2.2 Maximum Likelihood 101
5.2.3 Minimum Distance 103
5.3 Verbesserung der Klassifikation 105
5.3.1 Viterbi-Verfahren 107
5.3.2 Relaxation 109

6 Neuronale Netze 111

6.1 Grundlagen Neuronaler Netze 111
6.2 Lernregeln für feed-forward-Netze 113
6.2.1 Delta-Regel 113
6.2.2 Error-Backpropagation-Algorithmus 114
6.3 Bildverarbeitungsnetzwerke 117
6.3.1 Neocognitron von Fukushima 117
6.3.1.1 Zelltypen des Neocognitrons 117

6.3.1.2 Struktur des Netzwerkes ... 119
6.3.1.3 Arbeitsweise des Netzes, Lernvorgang ... 122
6.3.2 Netzwerk von Marr für binokulares Sehen ... 124

7 Beleuchtungstechniken ... 127
7.1 Durchlicht, Auflicht ... 127
7.2 Mehrfachbeleuchtung ... 130
7.3 Strukturiertes Licht ... 131

8 3D-Erkennung ... 132
8.1 Triangulation ... 132
8.2 Lichtschnittverfahren ... 133
8.3 Moiré-Verfahren ... 134
8.4 Speckleinterferometrie ... 135
8.5 Fokusserien ... 139
8.6 Abstandsbestimmung über Verkleinerungen ... 144
8.7 Stereoskopisches Sehen ... 145

9 Bewegungsdetektion ... 146
9.1 Verschiebungsvektoren ... 146
9.2 Monotonieoperator ... 148
9.3 Reichardt-Bewegungsdetektor ... 149
9.4 Orientierungsselektive Filter zur Bewegungsdetektion ... 150

10 Bildcodierung ... 151
10.1 Statistische Codierung ... 152
10.1.1 Entropie ... 152
10.1.2 Shannon/Fano-Code ... 153
10.1.3 Huffman-Code ... 154
10.2 Transformationscodierung ... 155
10.2.1 Grundlegende Gesichtspunkte ... 156
10.2.2 Walsh/Hadamard-Transformation ... 158
10.3 Fraktale Beschreibung ... 168
10.4 Hardware ... 173

11 Koordinatentransformation ... 174
11.1 Indirekte Entzerrung ... 175
11.1.1 Affine Abbildung ... 176
11.1.2 Interpolation ... 179
11.2 Polynome höherer Ordnung ... 181
11.3 Paßpunktmethode ... 183

12 Hardwareaspekte 187
von Walter Rimkus
12.1 Anwendungsspezifische Hardware und deren Eigenschaften ... 187
12.2 Vorgehensweise zur Entwicklung von Hardware 192

13 Anhang 197
13.1 Lösungsvorschläge zu den Übungsaufgaben 197
13.2 Farbtafeln 217

Literaturverzeichnis 225

Sachwortverzeichnis 228

1 Einführung

1.1 Der Erkennungsvorgang

The Recognition Process

Die optische Bildverarbeitung, also die Beschäftigung mit Bildern und deren Manipulation, bietet genügend Potential, um daran Spaß zu finden, aus reinem Selbstzweck auch völlig anwendungsfremde Algorithmen zu erfinden.

Kommt die Motivation jedoch aus Bereichen wie der industriellen Fertigung, Qualitätssicherung oder Automatisierung, so soll oft ein vom Menschen bereits vollzogener visueller Erkennungsvorgang mit Mitteln der Bildverarbeitung bewerkstelligt werden. Einsatzmöglichkeiten für ein technisch visuelles System sind meist dann eröffnet, wenn die

- Objektivität des Erkennens (und gleichbleibende Aufmerksamkeit), die
- Erkennungsgeschwindigkeit und die
- Genauigkeit

eine große Rolle spielen. In praktisch allen Fällen werden sich aber die gewünschten Ergebnisse des automatischen Erkennungsvorganges an dem orientieren, was der Mensch sieht. Wenn dies so ist, interessiert natürlich die Frage, was sieht der Mensch in einer gegebenen Szene.

Daß diese Frage berechtigt ist, verdeutlichen die Bilder einer Comic-Geschichte von Gustave Veerbeck.

Bild 1.1: The Upside-Downs of Little Lady Lovekins and Old Man Maffaroo; A Fish Story

Wie das Umkehrbild zeigt, spielt beim Sehen die Kenntnis über Objekte und deren mögliche, bzw. wahrscheinliche Komposition eine wichtige Rolle. Auch die Reihenfolge des Erkennungsvorganges ist von Bedeutung. Von links kommend betrachtet, wird die Zeichnung Bild 1.2 als Ente, von rechts kommend als Kaninchen interpretiert.

Bild 1.2: Ente/Kaninchen

Verdeutlicht man sich die gewaltigen Datenmengen, aus denen Aussagen über Objekte und deren Erscheinungsformen abgeleitet werden, so ist leicht nachzuvollziehen, daß der Algorithmik, welche die erste deutliche Reduktion der Datenflut bewerkstelligt, wesentliche Bedeutung zukommt.

Im Gehirn ist dies ein Prozeß, der die Helligkeitsinformation der Stäbchen bzw. die Farbinformation der drei Zapfensorten (rot-, grün- und blauempfindliche) in Helligkeits- und Farbkontraste umwandelt und darauf basierend lokale Orientierung detektiert [1.1], [1.2].

Es ist wichtig sich zu verdeutlichen, daß es im wesentlichen die Änderungen im Bild sind, auf die es beim Erkennungsvorgang ankommt. Ziel dieser datenreduzierenden Bildvorverarbeitung ist es, weitgehend szenenunabhängig Basismerkmale für den dedizierten Erkennungsprozeß zu generieren [1.3].

Bei der Auslegung des technischen Bildverarbeitungsprozeßes, der in vielen Fällen die physikalischen Gegebenheiten der Szene mit den gleichen Ergebnissen wie der Mensch interpretieren soll, muß man sich unbedingt darüber im klaren sein, daß die Interpretation einer Szene bei weitem nicht nur von der Szene selbst abhängt. Um diesen wichtigen Punkt zu unterstreichen, sind in Kapitel 1.2 einige optische Täuschungen zusammengestellt.

In welchem Zusammenhang, bei welchen Aufgabenstellungen sind Objekte zu erkennen?

Einmal geht es darum, daß der "menschliche Klassifikator" die interessierenden Objekte im Bild unterscheiden, oder aus deren Teilmengen als Ganzes erkennen kann. In diesem Fall kommt der Bildverarbeitung die Aufgabe zu, die für den Klassifikator relevanten, d.h. die klassentrennenden Merkmale zu verstärken bzw. aufzubereiten. Im allereinfachsten Fall sind dies Falschfarbendarstellungen (Pseudofarbendarstellungen) der Histogrammmanipulationen. Ein Beispiel dafür gibt Bild 1.3.

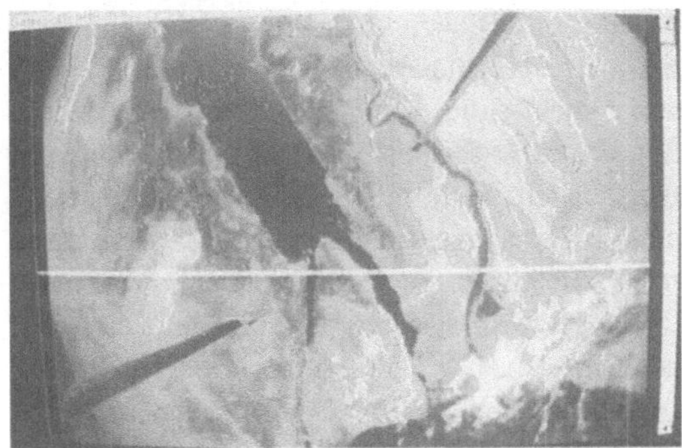

Rohbild Nr. IM0076. (Halbinsel Sinai) des Amateurfunksatelliten OSCAR 22 vom 25.08.1991. Das Bild enthält einige punktförmige Fehler, einen weißen Balken (bedingt durch den Ausfall einiger Elemente des CCDs bzw. mehrerer Zeilen) und einen dunklen linken Rand.

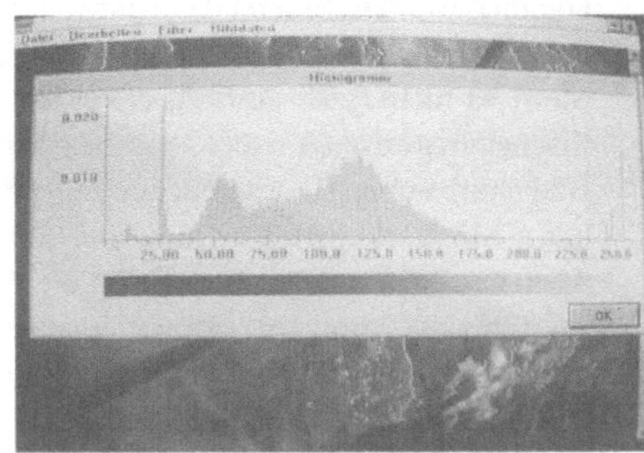

Das Histogramm von Bild IM0076. Der dunkle Rand des Bildes verursacht die Spitze bei Grauwert 25, die punktförmigen Störungen bedingen die Häufungen am unteren und oberen Ende des Histogramms.

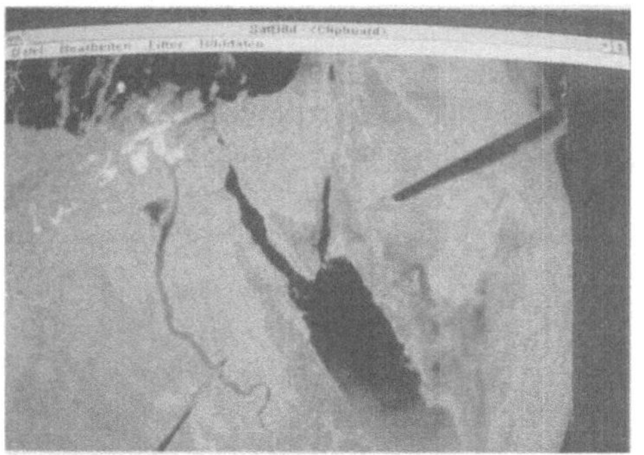

Das gefilterte und in Nordrichtung gedrehte Bild.

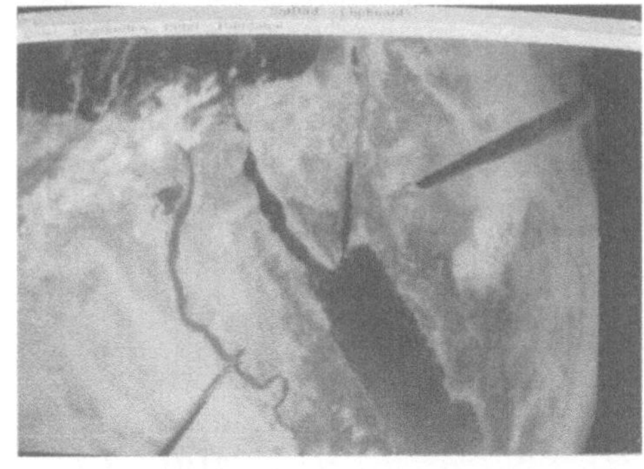

Kontrastverstärkt.

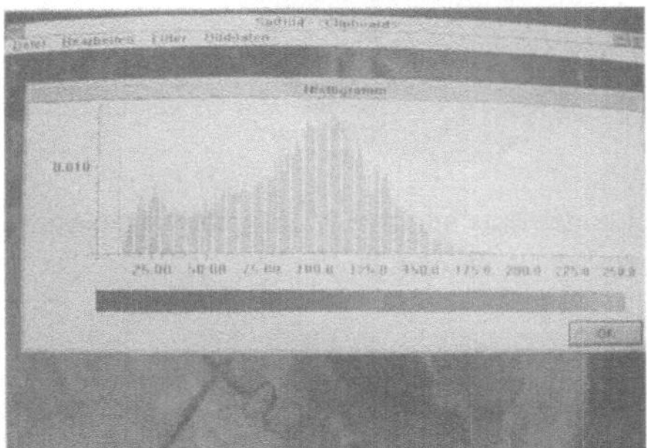

Das Histogramm des gefilterten Bildes zeigt bei Grauwert 50 eine Häufung die auf Wasserflächen schließen läßt. Von Grauwert 75 bis 100 könnten Grünflächen sein. Grauwerte größer 100 sind Wüstengebiete.

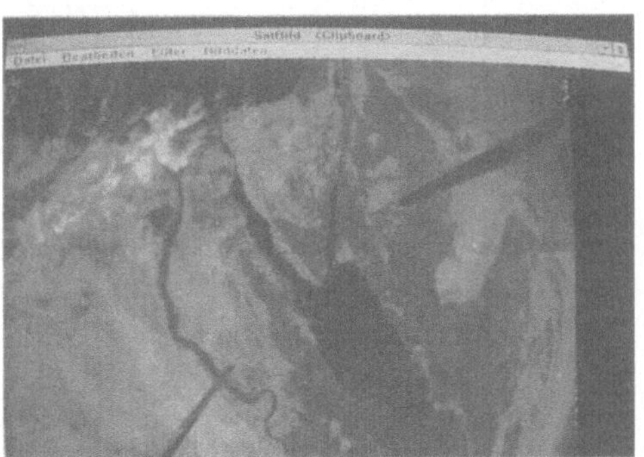

Das modifizierte Bild.

Bild 1.3: Modifikation eines Satellitenbildes (→15.2 Anhang, Farbtafel 1)

Oft soll auch die Arbeit des menschlichen Klassifikators vom Bildverarbeitungssystem übernommen werden. Es sind dann entweder "nur" Objekte im Bild zu klassifizieren oder, basierend auf einer solchen Klassifikation die Objekte aus mehreren Bildern einander zuzuordnen.
Meist es nicht ganz einfach, etwas komplexere Objekte, die unter Umständen verschiedene Erscheinungsformen haben, zu klassifizieren. Es ist sehr zweckmäßig, nicht nur die mögliche Bildverarbeitungsalgorithmik im Auge zu haben, sondern auch die oft viel effizienter einsetzbaren Möglichkeiten der Optik und Beleuchtung in Erwägung zu ziehen. Insbesondere dann, wenn das Projekt enge Grenzen für die Rechenzeit steckt. Zum Beispiel könnte eine Alternative zur Tiefendetektion über Stereobildpaare, die in der Regel mindestens die Erkennung einfacher Objekte bedingt, d.h. aufwendig ist, darin bestehen, über eine Fokusserie und einfache Kontrastdetektion Abstände in z-Richtung zu erfassen. Oder es läßt sich eine Form der Triangulation, zum Beispiel das Lichtschnittverfahren anwenden.
Falls die Aufgabe darin besteht, einfache Objekte, wie Punkt-Cluster (Lunkernester, Roststellen), Ecken oder Linien (Kratzer in Oberflächen) usw. zu finden, bieten sich einfache klassifizierende Operatoren an. Nicht immer muß die Klassifikation unbedingt zuverlässig sein, dann nicht wenn beispielsweise mit einem statistischen Ansatz weitergearbeitet wird. Oft aber muß sie im Zusammenhang mit Automatisierungsaufgaben sehr schnell ablaufen.

Typisch für die "normale" Vorgehensweise Objekte zu charakterisieren ist, sie aufgrund von Merkmalen und deren Zusammenhang zu beschreiben. Das Objekt in Bild 1.4, Newtons Kreisel, ließe sich damit beispielsweise so beschreiben: Kreisförmig mit drei gleichen, je 120° großen Sektoren der Farbe Blau, Grün und Rot.

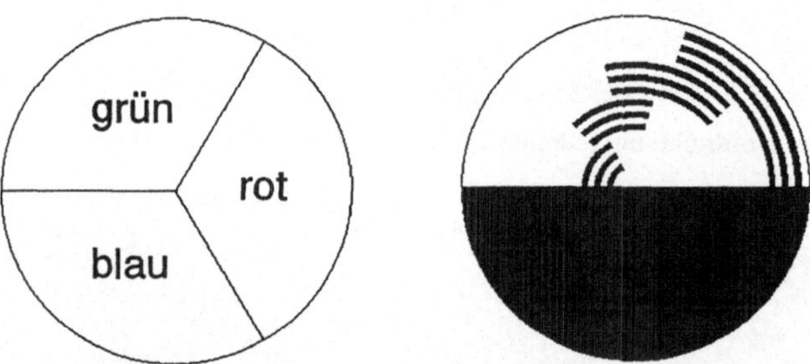

Bild 1.4: Newtons Kreisel. In Rotation erscheint die sich ergebende additive Mischfarbe - hier weiß
Benhamsche Scheibe. Erscheint langsam rotierend dunkelviolett

Die Beschreibung von Objekten basierend auf Merkmalen ist nicht immer sehr zweckmäßig. Denken Sie an ein Objekt, das sich wegen unterschiedlicher Erscheinungsformen schlecht beschreiben läßt, beispielsweise an automatisch zu verfolgende Flugobjekte die sich in unterschiedlichen Fluglagen präsentieren. Eine zweckmäßige Vorgehensweise besteht dann darin, das zu verfolgende Objekt in einem Fenster (Referenzmuster) zu erfassen und in den folgenden, von der Kamera gelieferten Bildern, zu suchen. Dieses Verfahren, angewandt um die Zahnung von Briefmarken zu kontrollieren ist in Bild 1.5 verdeutlicht und heißt template-matching.

Bild 1.5: Schablonenvergleich. Die Schablone (kleines Fenster) wird im Suchbereich verschoben und die Ähnlichkeit mit dem darunterliegenden Bildbereich berechnet.
(→15.2 Anhang, Farbtafel 2)

Die zur Klassifikation notwendigen Merkmale oder die Refernzschablone können entweder direkt auf dem Grauwertbild bzw. dem Farbbild basieren, oder aber, und dies ist in vielen Fällen zweckmäßig, in einem abgestuften Prozeß wird das Bild "hardwarefreundlich" umcodiert so, daß nicht relevante oder redundante Daten minimiert und der Code eine einfache Merkmalsbestimmung zuläßt (Pyramiden, Kettencodes, Run-length-matrix, Grauwerte-Matrix...).

Übungsaufgabe 1.1
Welche Merkmale und Relationen sind notwendig, um die Benhamsche Scheibe zu beschreiben.

Übungsaufgabe 1.2
Welche Beschreibung würden sie wählen, um die gedruckten Ziffern

0 1 2 3 4 5 6 7 8 9

zu unterscheiden.

1.2 Optische Täuschungen

Visual Illusions

Unsere Sinneswahrnehmungen, nicht nur die visuellen, sind keineswegs nur abhängig von der realen Welt, die unabhängig von unserer Erfahrung existiert, vielmehr sind die Empfindungen die wir wahrnehmen geprägt durch die uns gegebene Sensorik und die Art mit welcher die registrierten Daten verarbeitet werden.
Wenn Sie optische Täuschungen betrachten, werden Sie wohl erstaunt feststellen, daß in fast allen Fällen das Wissen über die tatsächlichen Verhältnisse nicht dazu beiträgt, die Sinnestäuschung zu korrigieren.

Trampe-l'oeil Bilder (2D-Projektionen) die wie reale, dreidimensionale Szenen wahrgenommen werden

Betrachtet man Bild 1.6 so entsteht auf der Netzhaut eine Projektion, die wesentliche Ähnlichkeiten mit der hat, die M.C. Escher wohl tatsächlich wahrnahm.

Bild 1.6: M.C. Escher, Stilleben und Straße, 1937

Trotzdem die Bücher im Vordergrund trapezförmig und viel größer sind, als die Personen auf der Straße, entspricht dies nicht dem spontanen Eindruck des Beobachters. Länge und Richtung der Kanten und damit die Form sowie die Größe der Objekte im Bild sind bemessen nach Entfernung und Sehwinkel. Man empfindet diese Eigenschaften wie auch die Farbe und Helligkeit eines Gegenstandes trotz starker physikalischer Variationen als konstant.

Die wahre Größe von Objekten entspricht nicht ihrer Größe auf der Netzhaut (Bild 1.7) sondern wird errechnet aus dem Sehwinkel und der wahrgenommenen Entfernung (→Kapitel 6.3.2, Netzwerk von Marr für binokulares Sehen).

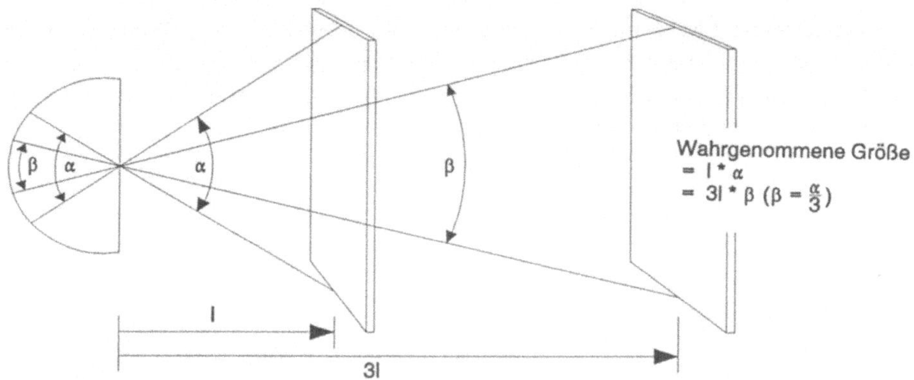

Bild 1.7: Berechnung der wahrgenommenen Größe

Wird die in Bild 1.7 gezeigte Platte etwas gedreht erscheint sie auf der Netzhaut als Trapez. Die wahrgenommene Länge lokaler Konturteilstücke errechnet sich aus dem Sehwinkel unter dem sie erscheinen (d.h. deren Größe auf der Retina) multipliziert mit der Gegenstandsweite so, daß schließlich nicht ein Trapez wahrgenommen wird sondern ein Rechteck.
Hinsichtlich der Konstanz von Farbe und Helligkeit sollte man sich darüber klar sein, daß für den entsprechenden Eindruck nicht die Farbe oder absolute Helligkeit selbst allein maßgebend sind sondern die Umgebung eine wichtige Rolle spielt (Bild 1.8).

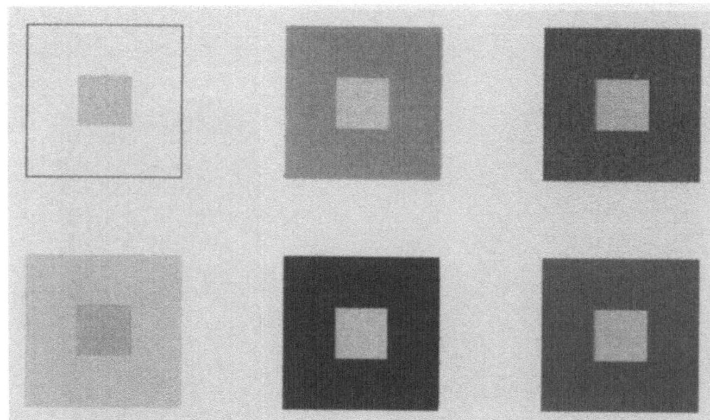

Bild 1.8: Helligkeitskontrast; Der Grauwert des mittleren Quadrates ist konstant. In einer dunklen Umgebung wird es heller als in einer hellen Umgebung erscheinen.
Simultankontrast; Die Umgebung beeinflußt das Farbempfinden des mittleren Feldes konstanter Farbe. Simultan erscheint die nicht physikalisch vorhandene Komplämentärfarbe.
(→15.2 Anhang, Farbtafel 3)

Neben der für das Farb- und Helligkeitsempfinden ausschlaggebenden Relation benachbarter lokaler Bereiche ist auch hier die Tiefeninformation von Bedeutung. Die maximalen Helligkeitsverhältnisse nebeneinander liegender und von oben beleuchteter tiefschwarzer und weißer Flächen beträgt, wegen des nicht idealen Reflexionsgrades der weißen Fläche und der Tatsache, daß auch die schwarze Fläche Licht reflektiert, nur etwa 1/30 (Bild 1.9a). Wird eine weiße Fläche, die jedoch entsprechend Bild 1.9b nicht in einer Ebene liegt, betrachtet, so erscheint sie ähnlich hell, obwohl der abgeschattete (weiße) Teil deutlich weniger Licht reflektiert als die schwarze Fläche in Bild 1.9a.

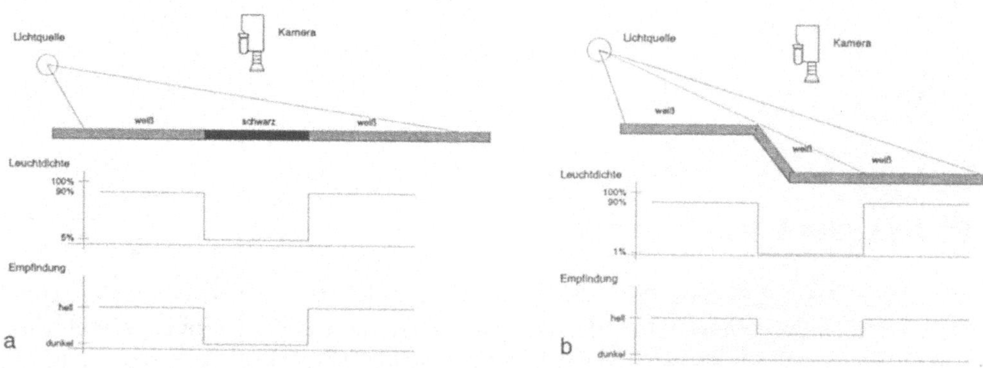

Bild 1.9: Beleuchtung, Kontrast, Empfindung

Die unterschiedliche Flächen berandenden Grenzlinien (Kontrastlinien) sind wesentlich für die Unterscheidung von Figur und Hintergrund. Je nach ihrer Zuordnung wird beispielsweise Bild 1.10 als Kelch interpretiert oder es sind die Profile zweier Köpfe zu sehen.

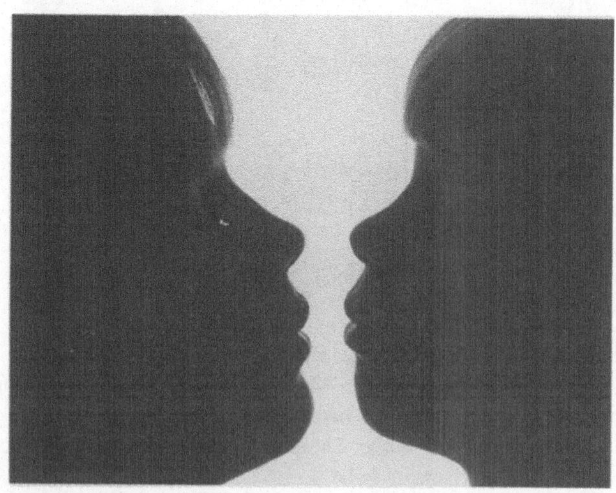

Bild 1.10: Zweideutiges Muster

Für die falsche Gruppierung von Grenzlinien, die nicht nur Helligkeitsunterschiede sonder auch Farbunterschiede (Bild 1.11) bzw. Gebiete unterschiedlicher Textur charakterisieren können, gibt es viele Beispiele, wobei der Tarnung von Objekten (Bild 1.12), insbesondere auch im Tierreich, besondere Bedeutung zukommt.

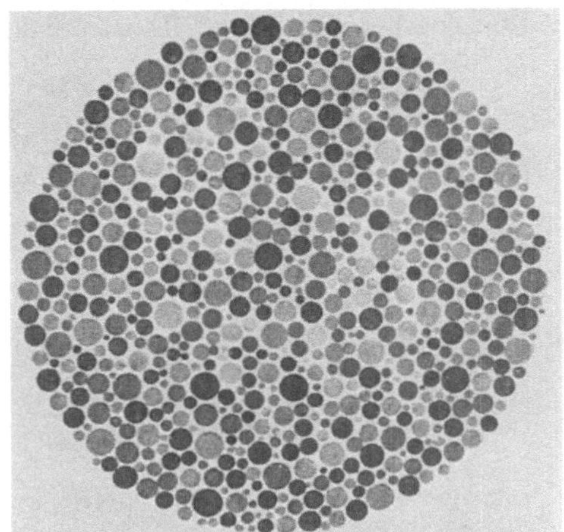

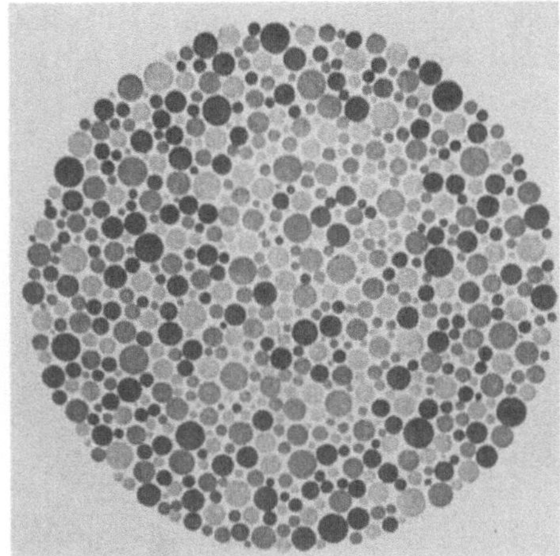

Bild 1.11: Pseudoisochromatische Tafeln (Ishihara) zur Ermittlung von Farbfehlsichtigkeiten (→15.2 Anhang, Farbtafel 4)

Bild 1.12: Der Schmetterling ist durch seine Farbgebung kaum von der Blüte zu unterscheiden. Bei der Bemalung militärischer Objekte soll eine ähnlich falsche Gruppierung der Szene zum Tarneffekt führen. Eine solche Tarnung beschränkt sich dabei nicht nur auf den sichtbaren Wellenlängenbereich.
(→15.2 Anhang, Farbtafel 5)

Wie entscheidend die Gruppierung von Grenzlinien zu Objekten bzw. von Objekten untereinander ist, wird auch bei der Wahrnehmung von Bewegung deutlich.
Ein sich kreisförmig bewegender Lichtfleck (Bild 1.13) scheint sich nur dann auf einer Kreisbahn zu bewegen, wenn sich kein weiteres bewegtes Objekt in der Szene befindet. Sobald jedoch ein zweiter Lichtfleck eine lineare vertikale Bewegung ausführt (und zwar so synchronisiert, daß die beiden Lichtpunkte gleichzeitig ihre höchste bzw. tiefste Position erreichen) geht die kreisförmige Bewegung scheinbar in eine Horizontalbewegung über während sich die beiden Punkte auf- und abbewegen.

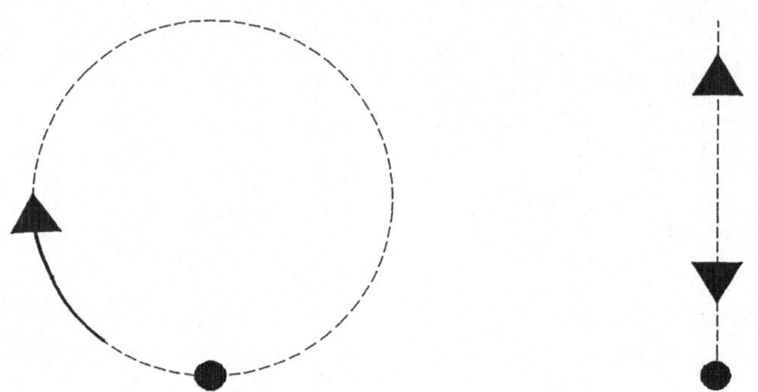

Bild 1.13: Wahrnehmung der Relativbewegung

Sobald zwei Objekte als zusammengehörig empfunden werden (z.B. durch eine gleichartige Bewegungskomponente) wird nur noch die Relativbewegung erkannt.

Übungsaufgabe 1.3
Suchen Sie nach weiteren optischen Täuschungen.

2 Signalwandlung

Bildgebende Sensoren findet man in den unterschiedlichsten Wellenlängenbereichen.

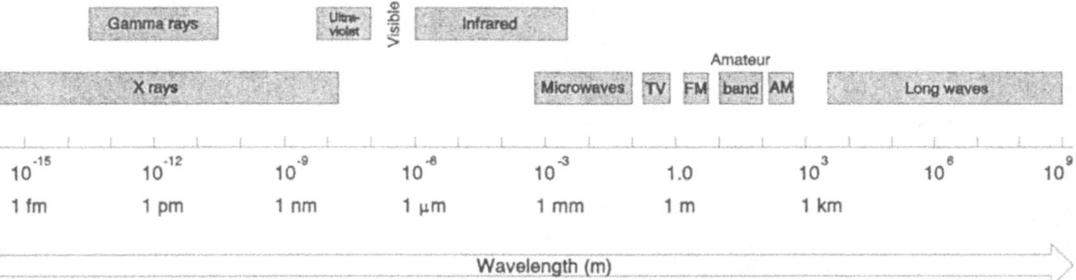

Bild 2.1: Wellenlängenbereiche verschiedener bildgebender Sensoren

Neben der Verarbeitung von Bilddaten aus dem sichtbaren Wellenlängenbereich spielen auch andere Frequenzbereiche eine wichtige Rolle. So sind sowohl im Infraroten (Thermographie), im Mikrowellenlängenbereich (Radarbilder) als auch im Ultraschallbereich (Materialprüfung, Medizin) bildverarbeitende Techniken von Bedeutung.

2.1 Eigenschaften bildgebender Sensoren

2.1.1 CCD-Kameras im visuellen Bereich

Im sichtbaren Wellenlängenbereich werden fast ausschließlich CCD-Kameras verwendet. Sie zeichnen sich durch sehr gute Bildgeometrie, hohe Lichtempfindlichkeit (< 1 lux) und mehr als 400 000 Bildpunkte aus. Die Belichtungszeit (shutter speed) liegt üblicherweise im Bereich zwischen 1/60 s und 1/10 000 s und wird durch elektronisches Verschieben der Ladung, die sich auf den einzelnen CCD-Elementen aufgebaut hat, ohne mechanische Komponenten realisiert. Zusammen mit der hohen Lichtempfindlichkeit erlaubt dies Kurzzeitaufnahmen ohne die Verwendung von (meist von kurzer Lebensdauer geprägter) Blitzlichtbeleuchtung. Die selbständige Lichtanpassung (automatic gain control) hat meist einen Regelumfang von mehr als 3 Blendenstufen. Sie kann bei vielen Kameras auch abgeschaltet werden. Eine Gamma-Korrektur (Ausgangsspannung/Lichtintensität) ist praktisch immer vorgesehen. Den Aufbau eines typischen CCD-Chips erläutert Bild 2.2.

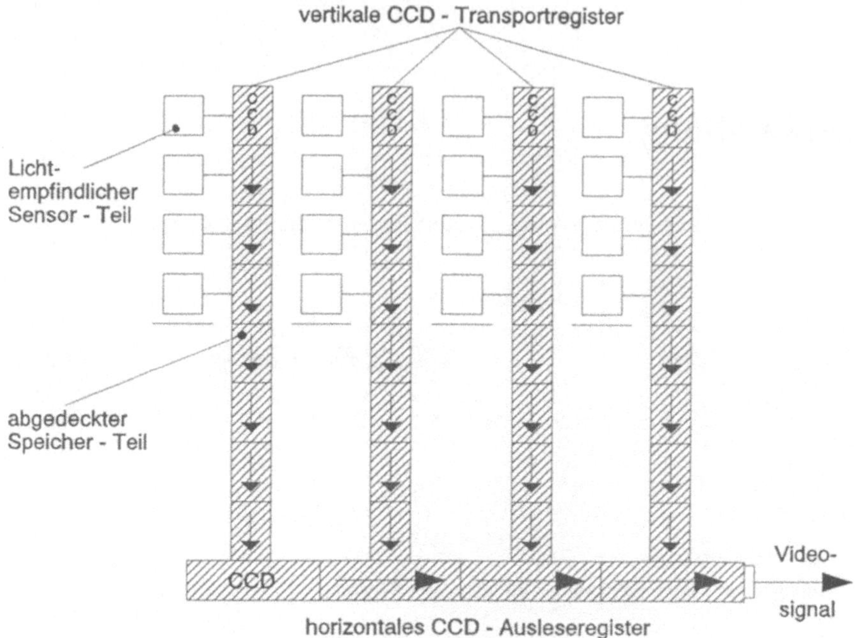

Bild 2.2: Aufbau eines CCD-Frame-Transfer-Sensors

Um zu höheren Auflösungen zu kommen, ohne mehr CCD-Elemente auf dem Chip unterbringen zu müssen, kann von einem Trick Gebrauch gemacht werden, der darin besteht, den Sensor um Bruchteile des Detektor-Abstandes mechanisch mit Hilfe von Piezostellelementen, die sich auch zur dynamischen (<10kHz) Positionierung von Spiegeln gut eignen, zu verschieben.

Allerdings müssen die lichtempfindlichen CCD-Elemente relativ weit voneinander entfernt auf dem Chip verteilt sein. Die Abtastung der Szene erklärt Bild 2.3.

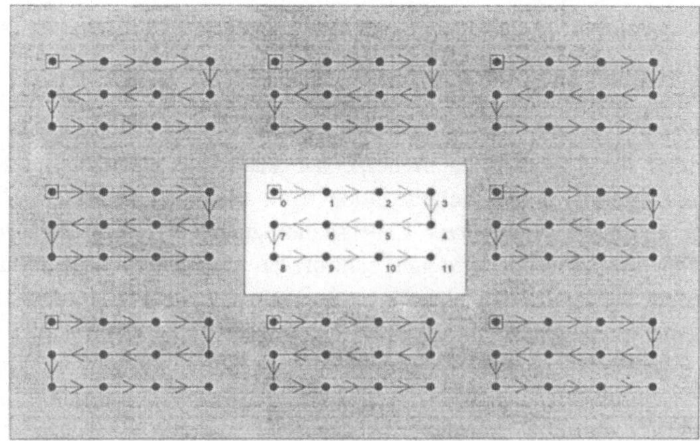

Bild 2.3: Aufnahme von Zwischenpunkten durch mechanisches Verschieben des kompletten CCD-Elementes ausgehend von Position 0 bis Position 11

2.1.2 Infrarot-Videokameras

Pyroelectric Cameras

Mit steigender Temperatur emittiert ein Körper mehr und höherfrequentere Strahlung. Infrarotkameras generieren ein Bild, das die Strahlungsverhältnisse der Szene im Bereich zwischen etwa 500 nm und 20 µm wiederspiegelt. Dies eröffnet Anwendungen überall dort, wo Temperaturen berührungslos (Hochspannung, Vakuum, Hitze, Entfernung,...) und fein gerastert erfaßt werden sollen.

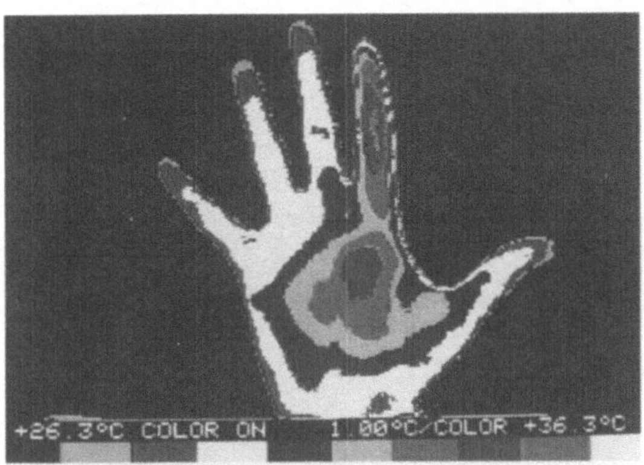

Bild 2.4: Stärkere Durchblutung von Gewebe (Karzinom) führt zu höheren Temperaturen

Der heiße Motor eines Hubschraubers hebt sich deutlich von der Umgebung ab (→15.2 Anhang, Farbtafel 6)

Die Erscheinungsform solcher Wärmebilder hat etwas andere Charakteristika als dies für Videobilder im sichtbaren Bereich der Fall ist. Im sichtbaren Wellenlängenbereich reflektiert ein Körper den wesentlichen Teil des auf ihn treffenden Lichts. Das Bild ist durch einen relativ hohen Kontrast gekennzeichnet. Im Wärmebild hingegen emittiert der Körper selbst Strahlung. Das Bild zeigt die Wärmeverteilung des strahlenden Körpers selbst, zugleich aber auch die von anderen Körpern emittierte und von ihm reflektierte Strahlung.

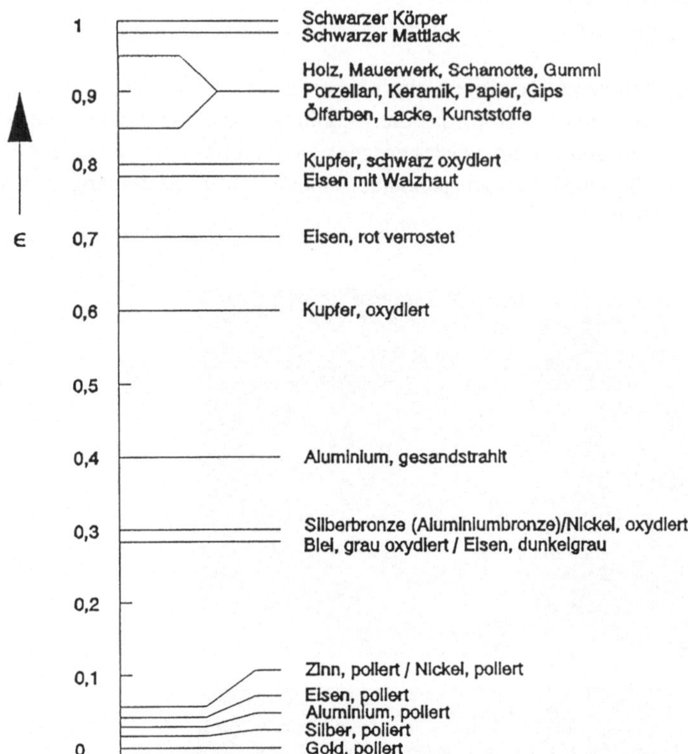

Bild 2.5: Emissionsgrad einiger Materialien bei 10 µm
Elektrische Leiter mit ihrem minimalen Emissionsgrad wirken wie Spiegel für jede Störstrahlung

Oft haben die Objekte ähnliche Temperaturen und strahlen damit ungefähr gleich hell, was zu allgemein schlechten Kontrasten in Wärmebildern führt. Gegenüber Bildern aus dem sichtbaren Wellenlängenbereich, wo man durchaus mit Helligkeitsunterschieden von 1:1000 rechnen kann, muß man bei Infrarotaufnahmen lediglich mit etwa 1:2 auskommen. Die bei Videokameras für den sichtbaren Bereich kaum in Erscheinung tretenden Unterschiede der Empfindlichkeit der einzelnen Detektorelemente wirken sich hier weit störender aus (man spricht von räumlichem Rauschen).

Dieses räumliche Rauschen läßt sich beispielsweise dadurch reduzieren, indem man die Kamera gleichmäßig ausleuchtet und das so entstehende Muster (Nullbild) von den dann zu verarbeitenden Szenen pixelweise subtrahiert.

Die zur Zeit üblichen Infrarotkameras haben Temperaturempfindlichkeiten von bis zu 0,1°C.

Übungsaufgabe 2.1

Verschaffen Sie sich einen Überblick hinsichtlich Vidiokameras die sich für Bildverarbeitungsanwendungen eignen (z.B. indem Sie Hersteller und Händler anschreiben).

2.2 Rasterung und Quantisierung

Tesselation and Quantization

Bei der Digitalisierung von Bilddaten, genauer der Umformung der meist analogen Sensorinformation in ein rechnerkompatibles Datenformat, sind die Begriffe Rasterung und Quantisierung von besonderer Bedeutung.

Rasterung

Unter Rasterung versteht man die Aufteilung des Bildes in elementare Bildbereiche, die sogenannten Pixel (picture element).

Je nach Gruppierung der Pixel ergeben sich unterschiedliche Koordinatensysteme die unter anderem durch Symmetrien und Nachbarschaftsverhältnisse gekennzeichnet sind. Das am meisten verbreite und unter allgemeinen Gesichtspunkten leistungsfähigste Koordinatensystem, zeigt Bild 2.6.

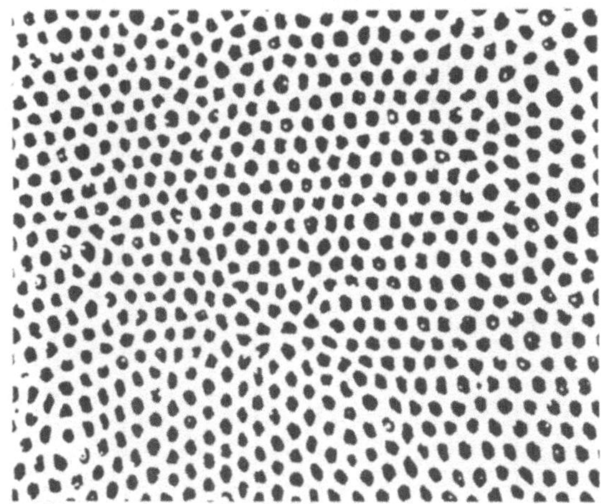

Bild 2.6: Rasterung von Zapfen und Stäbchen im Auge

Die Dichte der Rezeptoren nimmt vom Zentrum zur Peripherie, wie in Bild 2.7 gezeigt ist, ab. Zu beachten ist, daß die Ortsauflösung, wegen der Projektion des Bildes auf die kugelähnliche Retina zu größeren Exzentritäten hin deutlich schlechter wird als dies aus der Zahl der Stäbchen pro Quadratmillimeter entsprechend dem Diagramm hervorgeht.

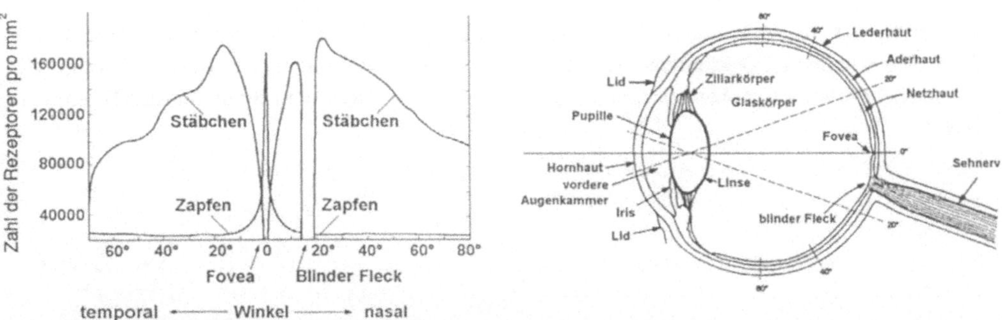

Bild 2.7: Verteilung von Zapfen und Stäbchen auf der Retina

Interessant hierbei ist:

- die etwa hexagonale Verteilung der Pixel (vgl. Bild 2.9), d.h. die Bildpunkte sind rotationssymmetrisch angeordnet; eine günstige Eigenschaft für Koppelfeldoperationen.
- die etwa linear abnehmende Häufigkeit, der nur für das Schwarz/Weißsehen relevanten Stäbchen zum Bildrand hin. Dies führt in Verbindung mit ihrer räumlichen Anordnung (Bild 2.7, links) zu einer enormen Weitwinkligkeit des Auges bei zunehmend schlechter werdender Auflösung zum Bildrand hin.
- die Konzentration der Zapfen um die Sehachse. Ausschließlich dort können feine Strukturen und Farben unterschieden werden.

Technische Systeme benutzen meist das kartesische Koordinatensystem.

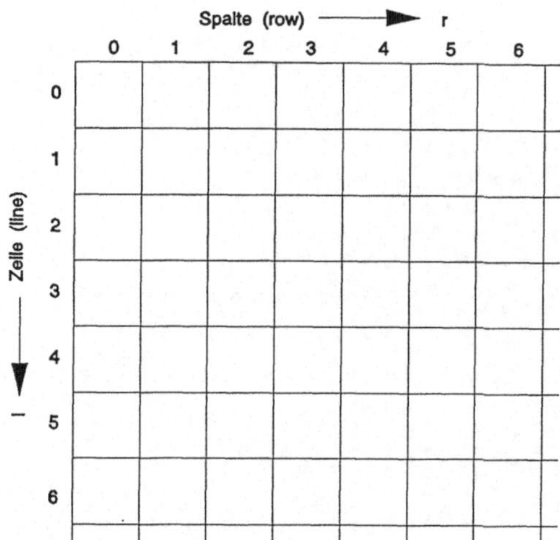

Bild 2.8: Kartesisches Koordinatensystem

Der geometrische Abstand zweier Pixel errechnet sich aus der euklidischen Distanz d_E zu

$$d_E = \sqrt{(r_1-r_2)^2+(l_1-l_2)^2}$$

Angestrebt wird oft, sogenannte quadratische Pixel zu generieren. Da der Zeilenabstand durch die Anordnung der CCD-Elemente auf dem Sensor der Kamera vorgegeben ist, kann dies durch entsprechende Wahl der Abtastfrequenz ($1/f_{ab}=T_{ab}$, T_{ab} entspricht dem Spaltenabstand) erreicht werden.

Ein selten eingesetztes, jedoch wegen der Rotationssymmetrie günstiges Koordinatensystem stellt das hexagonale Raster dar.

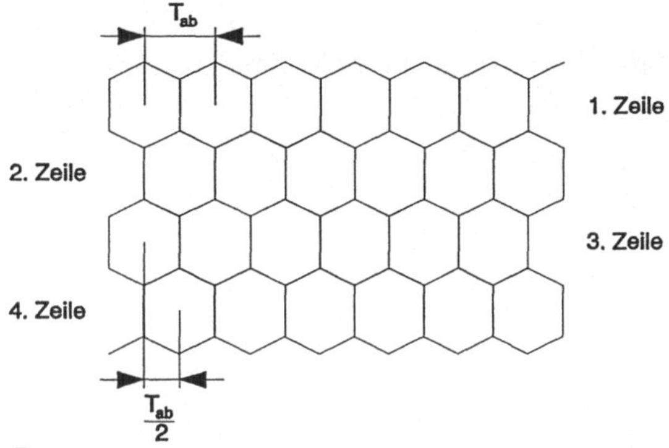

Bild 2.9: Hexagonales Raster

Falls der Bildaufbau interlaced (→Kapitel 2.3.1, Bildübertragungsverfahren) erfolgt, ist es leicht dadurch zu erzeugen, indem das 2. Halbbild um die halbe Abtastperiodendauer verzögert und die Abtastperiodendauer dem Zeilenabstand angepaßt wird.
Der von den einzelnen lichtempfindlichen Elementen erfaßte Bereich ist in der Regel größer als der Pixelabstand. Bild 2.10 zeigt eine für CCD-Elemente typische Empfindlichkeitsverteilung.

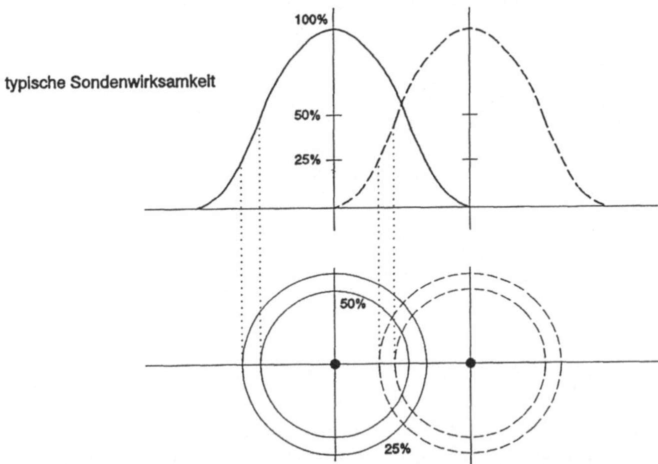

Bild 2.10: Empfindlichkeitsverteilung von CCD-Matrix-Elementen

Die optische Information wird entsprechend der Empfindlichkeitskurve geglättet, also mit der in Bild 2.10 gezeigten Funktion tiefpaßgefiltert. Feine Strukturen, mit Ortsfrequenzanteilen größer als dem Reziprokwert des halben Pixelabstandes, werden somit stark gedämpft und damit das Shannonsche Abtasttheorem erfüllt. (Das Shannonsche Abtasttheorem besagt, daß ein kontinuierliches Signal durch eine Folge diskreter Werte dann vollständig charakterisiert ist, wenn diese Werte dem Signal mit der doppelten oder einer höheren Frequenz entnommen werden als es dem höchsten Frequenzanteil des Signales entspricht.)

In einigen Aufgabenstellungen soll sowohl ein großer Bereich der Szene erfaßt, als auch ein Teilbereich möglichst fein gerastert werden. Denken Sie an Portrait-Aufnahmen, bei denen die Augen-, Nasen- und Mundpartie für die Personenerkennung wesentlich sind. Wegen der gleichförmigen Anordnung der CCD-Elemente auf dem Chip kann der gewünschte Effekt nur erzielt werden durch ein entsprechendes Objektiv (Fischauge).

Bild 2.11: Das Fischaugenobjektiv verzerrt die Szene zugunsten der Bildmitte

Wird das Bild entzerrt (→ Kapitel 11, Koordinatentransformation) läßt es sich überführen in die gewohnte Erscheinungsform der Szene bei hoher Auflösung im Zentrum und geringer am Rand.

Quantisierung

Die Bewertung eines durch seine Ortskoordinaten festgelegten Pixels wird als Quantisierung bezeichnet. Übliche A/D-Wandlerkarten verwenden eine lineare Quantisierung und lösen Grauwertbilder mit 8 bit, Farbbilder mit je 5 bit pro RGB-Kanal auf. Zum einen deswegen, um 1 Byte auszunutzen, im anderen Fall um nicht mehr als 1 Wort pro Pixel zu belegen.
Das menschliche Auge ist in der Lage in einem normalen Adaptionszustand etwa 64 (6 bit) Graustufen zu unterscheiden (→ Kapitel 4.4, Farbvergleich).
Von der Bedeutung einer feinen Quantisierung gegenüber einer feinen Rasterung in Hinblick auf den Speicherbedarf (hier auf keinen Fall gleichzusetzen mit Informationsgehalt), stellen recht anschaulich die Gegenüberstellungen in [3.1] und [3.7] dar.

Übungsaufgabe 2.2

Skizzieren Sie ein Blockschaltbild zur Digitalisierung des Kamerabildsignales im hexagonalen Raster.

2.3 Aufbau des Videosignals

In der Regel wird man auch dort Standardkameras zum Einsatz bringen, wo es nicht darum geht, Bilder aufzunehmen um sie dann einem Betrachter vorzuführen, sondern um diese automatisch auszuwerten. Standardkameras und die dort eingebauten CCDs orientieren sich aber an den verschiedensten Normen. Für den Bildverarbeiter besonders wichtige Kriterien hierbei sind das Bildformat, die Zeilenzahl, die Bildwechselfrequenz, verbunden mit dem Zeilensprungverfahren und diverse Datenreduktionsmethoden.

2.3.1 Bildübertragungsverfahren

Ein Bewegungseindruck entsteht durch schnell aufeinanderfolgende Einzelbilder, von denen jedes eine weitere Bewegungsphase des Vorgängerbildes darstellt. Wer kennt nicht die "Daumenkinos" aus seiner Kindheit.

Bild 2.12: Bewegungseindruck durch Übertragung aufeinanderfolgender Einzelbilder
Landung, M. Rüsenberg, 1994

Infolge der Trägheit des menschlichen Auges verschmelzen bei etwa 16-25 Bildwechseln in einer Sekunde diese Einzelbilder zu einer fortlaufenden Bewegung. Bei der Übertragung sich bewegender Bilder werden also Einzelbilder verschiedener Bewegungszustände in rascher Folge übertragen.
Jedes Einzelbild ist (→Kapitel 2.2, Rasterung und Quantisierung), in Zeilen und Spalten gerastert. Die Helligkeitswerte der einzelnen Bildpunkte werden in Spannungen umgesetzt und nacheinander übertragen. Am Ende jeder Zeile wird das Schlußzeichen gesendet. Am Schluß eines gesamten Bildes werden mehrere solcher Schlußzeichen übertragen (Vertikal-Synchronimpuls). Sie bewirken, daß ein neues Bild begonnen wird.
Ein Fernsehbild wird als flimmerfrei empfunden, wenn normalerweise 50-60 Bilder in der Sekunde übertragen werden. Um den damit verbundenen hohen technischen Aufwand für Verstärker und Übertragungseinrichtung zu vermeiden, wendet man eine geschickte Täuschung an. Es werden zunächst die ungeradzahligen und danach die geradzahligen Zeilen eines Bildes übertragen (Bild 2.13).

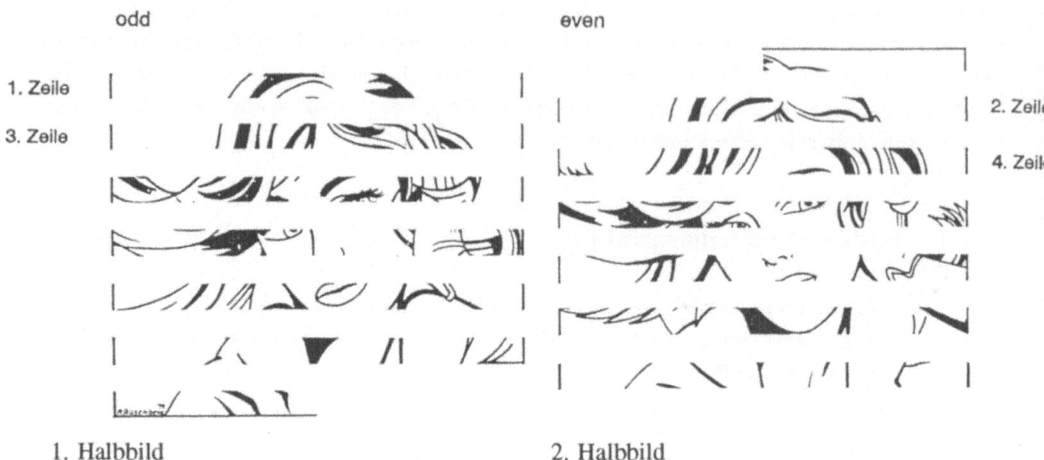

Bild 2.13: Übertragung von zwei Halbbildern mit geraden und ungeraden Zeilenzahlen M. Rüsenberg, 1994

Die Übertragung eines Halbbildes dauert dabei 20 ms (Europa). Demzufolge wird in 40 ms ein vollständiges Bild übertragen. Dieses Verfahren, stets eine Zeile zu überspringen, wird Zwischenzeilen oder Zeilensprungverfahren (interlace Verfahren) genannt. Für das Auge entsteht dadurch der Eindruck von 50 Bildübertragungen je Sekunde. Das Flimmern wird trotz der relativ geringen Bandbreite unterdrückt. Die Zahl der vollständigen Bilder pro Sekunde bezeichnet man als Bildwechselfrequenz (f=25 Hz). Die Anzahl der Teilbilder, die pro Sekunde übertragen werden, gibt die Teilbild- oder Rasterfrequenz auch als Vertikelfrequenz bezeichnet, an.

Jedes Teilbild muß in gleicher Höhe anfangen, da es schaltungstechnisch schwierig ist, die oberste Zeile eines Teilbildes abwechselnd immer eine Zeile höher oder tiefer beginnen zu lassen. Deshalb endet das erste Teilbild (ungerade Zeile) mit einer halben Zeile. Das zweite Halbbild beginnt dann oben mit der zweiten Hälfte einer Zeile. Da beide Halbbilder die gleiche Zeilenzahl plus eine halbe Zeile besitzen, besteht ein vollständiges Bild stets aus einer ungeradzahligen Anzahl von Zeilen. Bei der europäischen CCIR-Fernsehnorm (CCIR = Comite Consultativ International des Radiocommunications - Internationaler beratender Ausschuß für Funkdienst) beträgt die Zeilenzahl 625. Bei 25 Bildern zu je 625 Zeilen werden dabei in einer Sekunde 625 x 25 = 15625 Zeilen übertragen. Diese Größe bezeichnet man als Zeilenfrequenz oder auch Horizontalfrequenz.

2.3.2 Das BAS-Signal

Das BAS-Signal besteht aus drei Komponenten, dem **B**ildsignal, dem **A**ustastsignal und dem **S**ynchronsignal. Hierbei handelt es sich um ein reines Schwarz/Weiß-Bildsignal. Beim Farbbildsignal kommt noch eine weitere Komponente hinzu, das Farbart-Signal (FBAS). Dieses Signal enthält die Farbinformation eines Bildes.
In Bild 2.14 wird das BAS für eine einzige Zeile gezeigt. Das Bildsignal B enthält die eigentliche Bildinformation, im vorliegenden Beispiel eine Grautreppe.

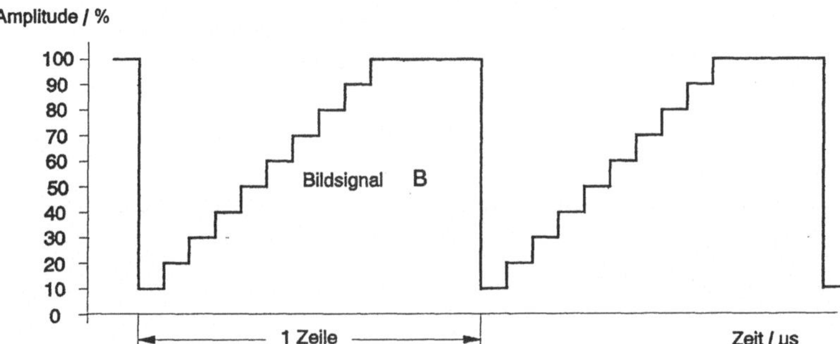

Bild 2.14: Amplitudenverlauf einer Zeile des BAS-Signals nach der CCIR-Norm bei Übertragung einer Grautreppe

Die Rückläufe zum Bildaufbau am Ende jeder Zeile und am Ende jedes Teilbildes nehmen einen bestimmten Anteil der Übertragungszeit in Anspruch. Während dieser Zeitabschnitte ist die Übertragung des eigentlichen Bildsignals quasi unterbrochen; das Bildsignal B wird "ausgetastet". Der Signalpegel wird dabei auf einen definierten Austastwert eingestellt. Dieser Wert liegt etwa auf dem Schwarzwert. Für die Austastung ist das Austastsignal A verantwortlich. Es besteht aus kurzen Horizontal-Synchronisierimpulsen und den etwas längeren Vertikal-Synchronisierimpulsen Bild 2.17.

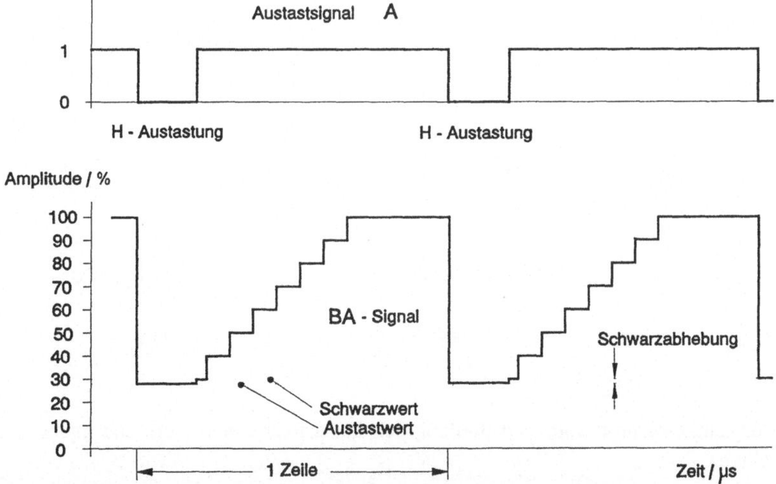

Bild 2.15: Unterbrechung des Bildsignals B mit dem Austastsignal A

Die Austastzeiten sind mit gewissen Toleranzen behaftet. So findet man in den Normen für die Horizontalaustastung Werte zwischen 16 und 20 % der Zeilenperiode und für die Vertikalaustastung Werte zwischen 5 und 8 % der Halbbildperiode. Die in Bild 2.15 dargestellte Schwarzabhebung D stellt eine Sicherheitsdifferenz zwischen dem Austastwert und dem Schwarzwert im Bild dar. In den Normen findet man Werte für D in der Höhe einiger Prozent des BA-Signals.
Der Horizontal-Synchronisierimpuls (H-SYNC) wird häufig auch als Zeilen-Synchronisierimpuls bezeichnet. Er sorgt dafür, daß die Zeilen im Empfänger genauso (synchron) geschrieben werden, wie sie der Sender abtastet. Man spricht deshalb auch von Gleichlaufzeichen. Dabei definiert jeder Zeilensynchronisierimpuls mit seiner Vorderflanke den Zeitpunkt, mit dem der Zeilenrücklauf beginnen soll. Der H-SYNC hat eine Höhe von ungefähr 10-30 % der Maximallamplitude des BAS-Signals. Das Niveau von 30 % stellt dabei den Schwarzpegel dar, der den dunkelsten Bildstellen entspricht. Die H-SYNCs liegen im Ultraschwarzgebiet und bleiben ohnehin außerhalb des Bildfeldes.
Da die Zeilenfrequenz 15625 Hz beträgt, steht für eine Zeile eine Zeilendauer von

$$H = \frac{1}{f} = \frac{1}{15625}Hz = 64\mu s$$

zur Verfügung. Für den H-SYNC werden davon 7 - 7,7 % (dies entspricht 4,48 µs bis 4,92 µs) in Anspruch genommen. Um sicher zu stellen, daß beim Rücklauf der Abtastung das Bildsignal bestimmt ausgetastet wird, liegt die vordere Flanke des Synchronimpulses gegenüber dem Beginn der Austastung etwas verzögert. Diese Verzögerung nennt man vordere Schwarzschulter (ca. 2 µs). Der etwas längere Schwarzwert nach dem H-Synchronimpuls heißt hintere Schwarzschulter (ca. 5 µs). Dieser Signalteil ist als Bezugspegel für den Schwarzwert von großer Bedeutung (Klemmschaltungen).

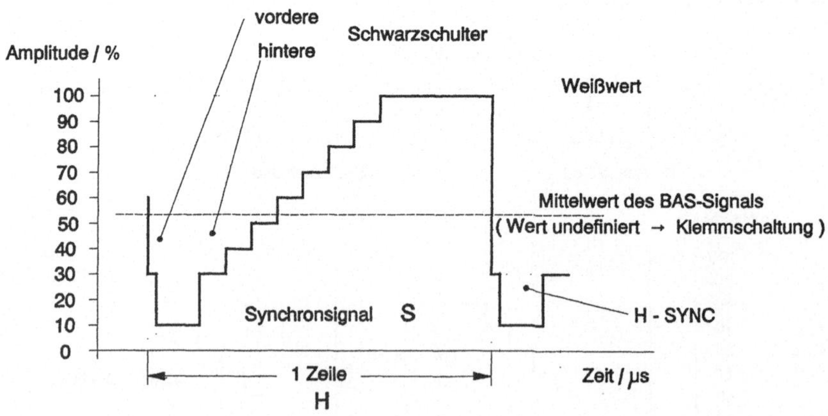

Bild 2.16: Horizontalsynchron-Signal; Aufteilung der Austastlücke in vordere und hintere Schwarzschulter

Wie zwischen zwei Zeilen ein Zeilenimpuls (H-SYNC) erforderlich ist, muß auch zwischen zwei Halbbildern ein Halbbildimpuls (V-SYNC) übertragen werden. Diese Impulse haben die Aufgabe, die Halbbildwechsel im Empfänger mit denen im Abtaster zu synchronisieren. Dies erfolgt dadurch, daß die Halbbildimpulse den jeweiligen Abschluß eines Halbbildes festlegen, genauso wie der Zeilenimpuls das Ende einer Zeile festlegt.

Bild 2.17 zeigt das vollständige Synchronsignal S zusammen mit dem Austastsignal A für zwei aufeinanderfolgende Halbbilder. Dabei wird nur der Bereich der Vertikalaustastung, d.h. das Ende der Abtastung des ersten bzw. des zweiten Halbbildes dargestellt. Das vertikale Synchronsignal ist 2,5 H-Perioden (Zeilenperioden) lang, d.h. sehr viel länger als die H-SYNCs.

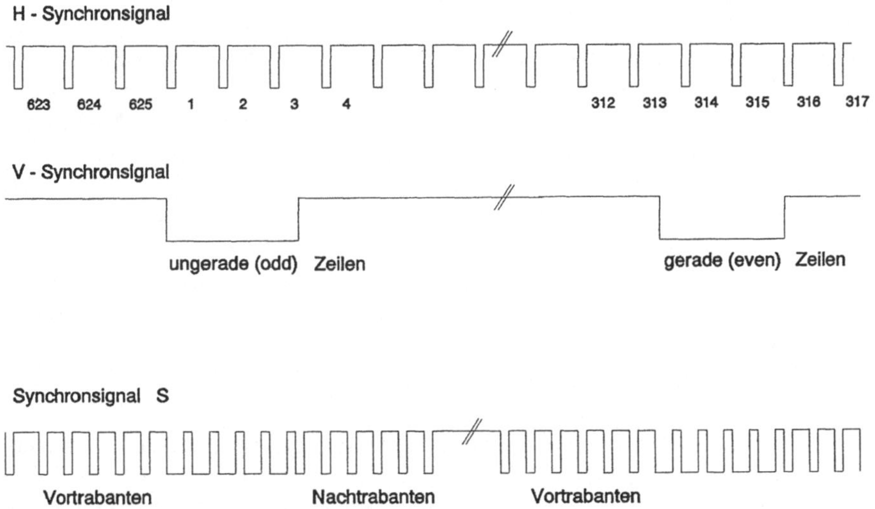

Bild 2.17: Impulsschema für die Vertikalsynchronisierung

2.3.3 HD-MAC

Das Ziel des MAC-Übertragungsverfahrens (multiplexed analog components) ist die Bildqualität, mit einer hohen Kompatibilität zu den üblichen Standards, zu verbessern.
Dies gilt besonders für die Satelliten-Übertragung. Dabei wird ein Bild mit 625 Zeilen in zwei Halbbildern mit Zeilensprungverfahren geschrieben. Das D2-MAC basiert auf einer analogen Zeitmultiplex-Übertragung von YUV (Bild 2.18) und digitaler Übertragung des Tonsignals. Da Luminanz und Chroma nicht gleichzeitig (im Gegensatz zu den Standard-Übertragungsverfahren) gesendet werden, gibt es keine "cross-color" oder "cross-luminanz" Effekte. Zudem erlaubt das Verfahren bis zu 8 verschiedene Tonquellen zur selben Zeit zu senden und es stellt einen Datenstrom, der für Untertitel, Videotext oder Videocodierung geeignet ist, zur Verfügung.

Das Signal sieht etwa wie folgt aus:

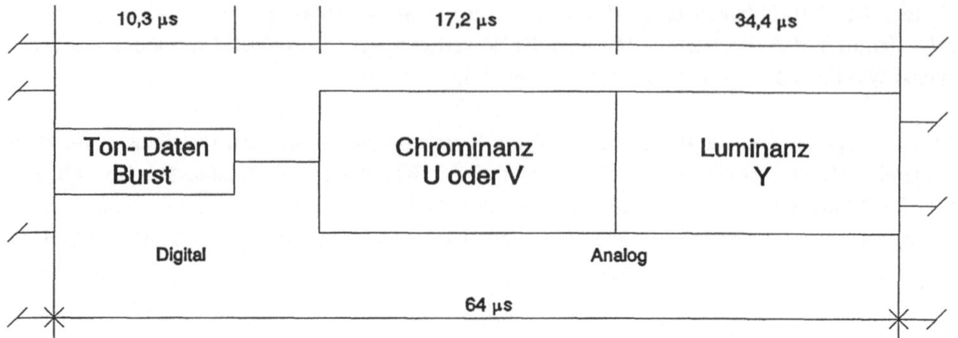

Bild 2.18: Das Signalformat des MAC-Übertragungsverfahrens

Der Datenburst besteht aus 105 Bits und dauert etwa 10,3 µs. Die ersten 6 Bits sind der H-SYNC, die verbleibenden Bits enthalten entweder Ton- oder Dateninformation. Die Daten der Zeile 625 enthalten ein 64 Bit V-SYNC Wort. Der Burst ist duobinär codiert. Nach dem Burst wird während 0,75 µs ein DC Signal gesendet, damit der Decoder auf eine Referenzspannung klemmen kann.
Die Chroma-Information wird horizontal mit einer Rate von 3:1 komprimiert, enthält 349 Samples und dauert ungefähr 17,2 µs. Die Hälfte der Chroma Informationen wird in einer Zeile gesendet, da nur U oder V in einer Zeile übertragen wird. V wird in geraden Zeilen und U in ungeraden Zeilen gesendet. Die Luminanz ist mit einer Rate von 3:2 komprimiert, enthält 697 Samples und dauert 34,4 µs. Die Kompression erfolgt über Abtastung, Zwischenspeicherung der Abtastwerte und Auslesen des Speichers mit entsprechend höherer Taktrate.

Trotzdem das MAC-Verfahren schon erhebliche Verbesserungen der Bildqualität erreicht, sind noch Verbesserungen der Auflösung, die durch die Zeilenzahl von 625 und die verfügbare Bandbreite gegeben ist, wünschenswert. Diese Verbesserung soll das HD-MAC-Verfahren (**h**igh **d**efinition MAC) bringen. Beim HD-MAC wird von einer neuen Norm mit

- 1250 Zeilen,
- 50 Hz Halbbildwechselfrequenz und
- 2:1 Zeilensprung, bei einem
- 16:9 Bildformat

ausgegangen.

Wegen der zu geringen Bandbreite der für MAC und HD-MAC vorgesehenen Satellitenkanäle muß das 1250 Zeilenbild auf 625 Zeilen reduziert werden. Diese Reduktion erfolgt mit einem bewegungsadaptiven HD-MAC-Coder. Das Bild wird in Sektoren (4 x 4 Pixel) aufgeteilt, wobei die Bildinformation mit unterschiedlicher Bildwechselfrequenz übertragen wird. So wird die Video-Bandbreite mit Hilfe des **B**andwith **R**eduction **D**ecoders (BRD) auf den maximal zulässigen Wert begrenzt.

Dieses Verfahren beruht auf Untersuchungen, die gezeigt haben, daß das menschliche Auge bei Bewegung Unschärfen weniger stark wahrnimmt.

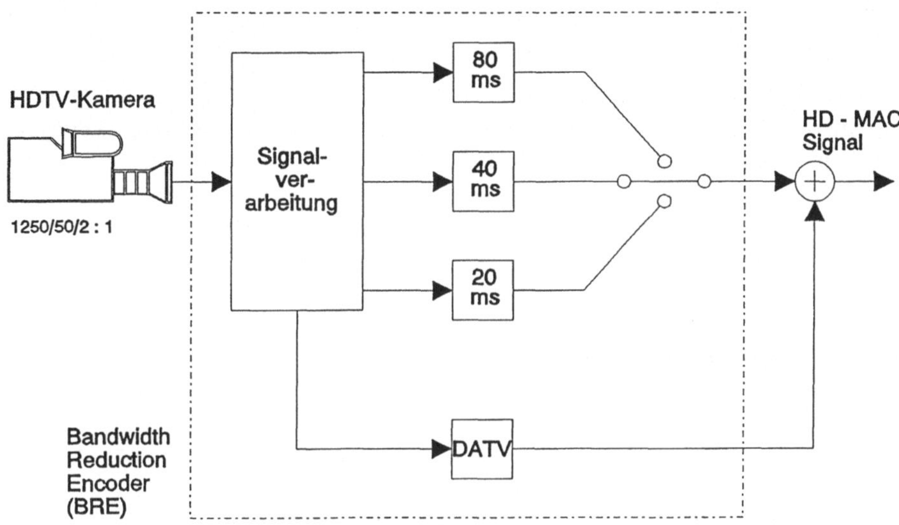

Bild 2.19: Schema des HD-MAC Encoders

Die Codierung erfolgt in einer 3-Wege-Signalverarbeitung (Bild 2.19). In Sektoren mit sehr wenig Bewegung im Bild wird die Information über 4 Teilbilder codiert (Halbbildwechsel-frequenz 12,5 Hz, 80 µs), mit einer vollen lokalen Auflösung von 1250 Zeilen. In Sektoren mit etwas Bewegung wird eine lokale Auflösung innerhalb von 2 Teilbildern (Halbbildwechsel-frequenz 25 Hz, 40 ms) übertragen. In Sektoren mit viel Bewegung wird mit 50 Halbbildern/s (20 ms) die lokale Auflösung von 625 Zeilen genutzt. Bei der Bildaufzeichnung ermittelt ein Bewegungssensor den Betrag der Geschwindigkeitsänderung und wählt den entsprechenden Signalweg im Coder aus. Die Information über die Art der Codierung, das DATV (**d**igital **a**ssisted **t**ele**v**ision) wird dann zusätzlich in der vertikalen Austastlücke digital übertragen. Der HD-MAC Decoder wertet diese Signale aus und generiert über eine bewegungsadaptive Signalverarbeitung in umgekehrter Richtung ein Bildsignal mit 1250 Zeilen Auflösung. Die minimale Übertragungsbandbreite für HD-MAC beträgt 10,125 MHz (bei -3 db) und einer relativen Flankensteilheit (roll-off) von 10 %.

Die verfügbare Bandbreite eines Satelliten-Sendekanals beträgt 12 MHz. Ein MAC-Decoder wertet nur die übertragene Bildinformation aus, ohne das DATV-Signal zu berücksichtigen. So kann ein Bild mit den üblichen 625 Zeilen und der für MAC typischen Bandbreite generiert werden. Der digitale Ton-Daten-Burst ist für MAC und HD-MAC gleich.

Übungsaufgabe 2.3

Welche zusätzlichen Signale werden bei den Ihnen bekannten Übertragungsverfahren neben dem Bildsignal noch übertragen?

3 Grundlegende Verfahren

Die hier beschriebenen Verfahren fallen im Wesentlichen in den Bereich der sogenannten **ikonischen** Bildverarbeitung welche die Bildvorverarbeitung, Segmentierung (Zerlegung des Bildes in gleichartige Bildbereiche) und Merkmalsextraktion umfaßt und für die eine Vielzahl spezifischer Prozessoren angeboten wird. Die darauf aufbauenden Algorithmen, die nicht mehr bildhafte (ikonische) Daten (sondern z.B. Merkmalslisten)) zu Aussagen verknüpfen werden als **symbolische** Bildverarbeitung bezeichnet (→ Kapitel 5.3.1 Viterbi-Verfahren).

3.1 Schablonenvergleich

Template matching

Ein einfaches Verfahren lokal begrenzte Bildinhalte in einer Szene zu suchen, ist der Schablonenvergleich.

Abb. 3.1 gibt hierzu ein Beispiel. Ziel ist es, das Vorhandensein und die Lage des gesuchten Musters (der Schablone) im Bild zu ermitteln. Der Algorithmus verschiebt das Template in kleinen Schritten (z.B. Pixel für Pixel) über die Szene. In jedem Schritt wird die Übereinstimmung von Template und dem vom Template abgedeckten Szenenausschnitt berechnet. Das gesuchte Muster gilt als gefunden und seine Lage bestimmt falls eine gute Übereinstimmung (Schwelle festlegen) ermittelt wurde.

Bild   Template

Bild 3.1: Holzschnitt, 1959 von M.C. Escher und Schablone für ein Fischauge

An diesem Beispiel werden mehrere Schwächen des Verfahrens deutlich.

Ist das Bild gegenüber der Schablone verdreht, gezoomt, verzerrt oder auch durch Rauschen gestört, so wird der pixelweise Vergleich keine gute Übereinstimmung zwischen Schablone und Bild liefern. Dies gilt insbesondere dann, wenn der Schablonenvergleich unmittelbar im Grauwertbild angewandt wird.
Manchmal hilft dann eine Parameterdarstellung (z.B. in Form der Hough-Transformation) oder im Falle der Darstellung des Objekts durch Kettencodes kann, um rotationsunabhängig zu werden, der Vergleich nicht der Orientierungen der Kettencodeelemente erfolgen, sondern es wird der Orientierungsunterschied aufeinanderfolgender Kettencodeelemente verglichen.

Werden bewegte Objekte (Flugzeuge, Fahrzeuge) in zeitlich aufeinanderfolgenden Bildern verfolgt (tracking), ist damit zu rechnen, daß ein gegenüber der Refernz variierender Hintergrund das Vergleichsergebnis etwas verschlechtert.
Ein Problem ergibt sich auch daraus, daß das Ähnlichkeitsmaß klein bleibt, wenn Teile des gesuchten Objekts im Bild durch andere Objekte verdeckt sind. Unter Umständen ergibt sich für solche Konstellationen ein Ähnlichkeitsmaß, das kleiner ist, als an einer völlig irrelevanten Stelle. Sind solche Fälle zu erwarten, muß eine relativ hohe Schwelle für das Ähnlichkeitsmaß gewählt werden, ab der der Vergleich als zutreffend akzepiert wird.
Es kann also durchaus sein, daß, bedingt durch die Konstellation der Szene und der Berechnungsmethode für das Ähnlichkeitsmaß das Objekt nicht sicher detektiert werden kann. Um den Suchbereich wegen des hohen Rechenaufwandes klein zu halten und um gleichzeitig zu vermeiden, daß sich das Objekt aus dem Suchbereich bewegt hat, wird man in solchen Fällen in der Regel gezwungen sein, über mehrere Bilder die Bewegung zu prädizieren.
Ist der Algorithmus bildtakthaltend, so steht alle 40 ms ein Vergleichsergebnis zur Verfügung. Das bedeutet bei einer Objektgeschwindigkeit von etwa 500 km/h lediglich einen Weg von 3 m pro Halbbild. Eine Prädiktion ist damit in vielen Fällen aufgrund der physikalischen Gegebenheiten möglich.

Eine weitere Problematik besteht darin, daß sich das Erscheinungsbild des gesuchten Objekts stark verändern kann. Beispielsweise, wenn es sich bei dem bewegten Objekt um ein Flugzeug in verschiedenen Fluglagen handelt, oder sich die Beleuchtunsverhältnisse ändern. Ein Ausweg besteht dann darin, die Referenz an das aktuell erkannte Objekt anzupassen. Dies läßt sich dadurch bewerkstelligen, in dem die Refenz aus dem zeitlich tiefpaßgefilterten Bildern erkannter Objekte gewonnen wird. Mit dem Auffrischen der Referenz sollte man in der Regel recht vorsichtig umgehen um nicht objektfremde Ereignisse ins Template aufzunehmen.

Die Übereinstimmung, die Ähnlichkeit von Template und Szenenausschnitt ist ein wichtiges Maß. Es läßt sich nach verschiedenen Kriterien bestimmen.

3.1.1 Korrelation

Correlation

Ein Standardähnlichkeitsmaß zwischen der Bildfunktion P(x,y) und der Schablone T(u,v) ist das Quadrat der Euklidischen Distanz.

$$d(x,y)^2 = \sum_{u,v} [p(x+u,y+v) - t(u,v)]^2$$

$$d(x,y)^2 = \sum_{u,v} [p(x+u,y+v)^2 - 2\, p(x+u,y+v)\, t(u,v) + t(u,v)^2]$$

konstant

annähernd konstant

Die Differenz der Werte der Schablone und der darunter liegenden Pixel des Bildes werden über alle Werte der Maske aufsummiert.
Falls die Schablone T(u,v) so im Bild verschoben ist, daß sie mit dem Bild P(x,y) in allen Bildpunkten exakt übereinstimmt, wird d=0; ansonsten gilt d>0.
Wird obige Gleichung ausmultipliziert und die quadratischen Terme nicht berücksichtigt, weil sie im Falle der Schablone konstant sind bzw. im Falle des Bildausschnittes als annähernd konstant angenommen werden können, ergibt sich die **Kreuzkorrelation** zwischen P und T.

$$k(x,y)_{P,T} = \sum_{u,v} [p(x+u,y+v)t(u,v)]$$

Die Kreuzkorrelation k_{PT} hat ein Maximum wenn das Bild "unter" der Schablone identisch zur Schablone ist.

Beispiel
Bestimmen Sie das Korrelationsergebnis entsprechend Bild 3.2 und geben Sie die Lage des "best fit" an.

Bild P(x,y) * Schablone T(u,v) = Korrelationsergebnis $k(x,y)_{PT}$

$$\begin{pmatrix} 1 & 2 & 1 & 3 & 2 & 3 \\ 1 & 1 & 2 & 9 & 1 & 3 \\ 2 & 1 & 1 & 2 & 3 & 2 \\ 1 & 4 & 5 & 4 & 1 & 2 \\ 2 & 6 & 7 & 5 & 2 & 3 \\ 1 & 2 & 3 & 2 & 3 & 3 \end{pmatrix} \star \begin{pmatrix} 4 & 5 \\ 6 & 7 \end{pmatrix} = \begin{pmatrix} 27 & 33 & 94 & 89 & 50 & R \\ . & . & . & . & . & R \\ . & 68 & . & . & . & R \\ . & 126 & 117 & . & . & R \\ . & . & . & . & . & R \\ R & R & R & R & R & R \end{pmatrix}$$

R = Randpixel für welche kein Korrelationsergebnis berechnet werden kann.

Bild 3.2: "Noise points" im Bild und das dadurch verfälschte Korrelationsergebnis.

Abhängig von den absoluten Werten des Bildes P(x,y) bzw. der Schablone T(u,v) und dem Grad der Übereinstimmung wird sich ein entsprechender Wert für die Kreuzkorrelation einstellen. Um ein von den Absolutwerten unabhängiges Maß für die Ähnlichkeit zu erhalten, kann der Kreuzkorrelationskoeffizient

$$k(x,y)_{P,T} = \frac{\sum_{u,v} [p(x+u,y+v)t(u,v)]}{\sqrt{\sum_{u,v} [p(u,v)^2] \sum_{u,v} [t(u,v)^2]}}$$

berechnet werden. Da er auf das Produkt der Autokorrelationen, und zwar die jeweiligen maximalen Werte normiert ist (keine Verschiebung), bewegt sich k im Wertebereich zwischen +1 für konphase Abhängigkeit über 0 für im Mittel statistisch unabhängig bis -1 für gegenphasige volle Abhängigkeit.

Die für die Faltung von Bild und Schablone notwendigen Multiplikationen sind rechenaufwendig, müssen doch, ein 512x512 Pixel großes Bild und ein nur 8x8 Pixel großes Template vorausgesetzt, etwa 17 Millionen Multiplikationen (bei der Bewegungsdetektion unter Umständen alle 40ms) sowie die gleiche Anzahl von Additionen durchgeführt werden. Falls die Berechnung im Ortsbereich und nicht nach einer Transformation des Bildes in den Ortsfrequenzbereich (→ Kapitel 3.3, Operationen im Ortsfrequenzbereich) erfolgen soll, kann beispielsweise ein Prozessor wie der in Bild 3.3 vorgestellte eingesetzt werden.

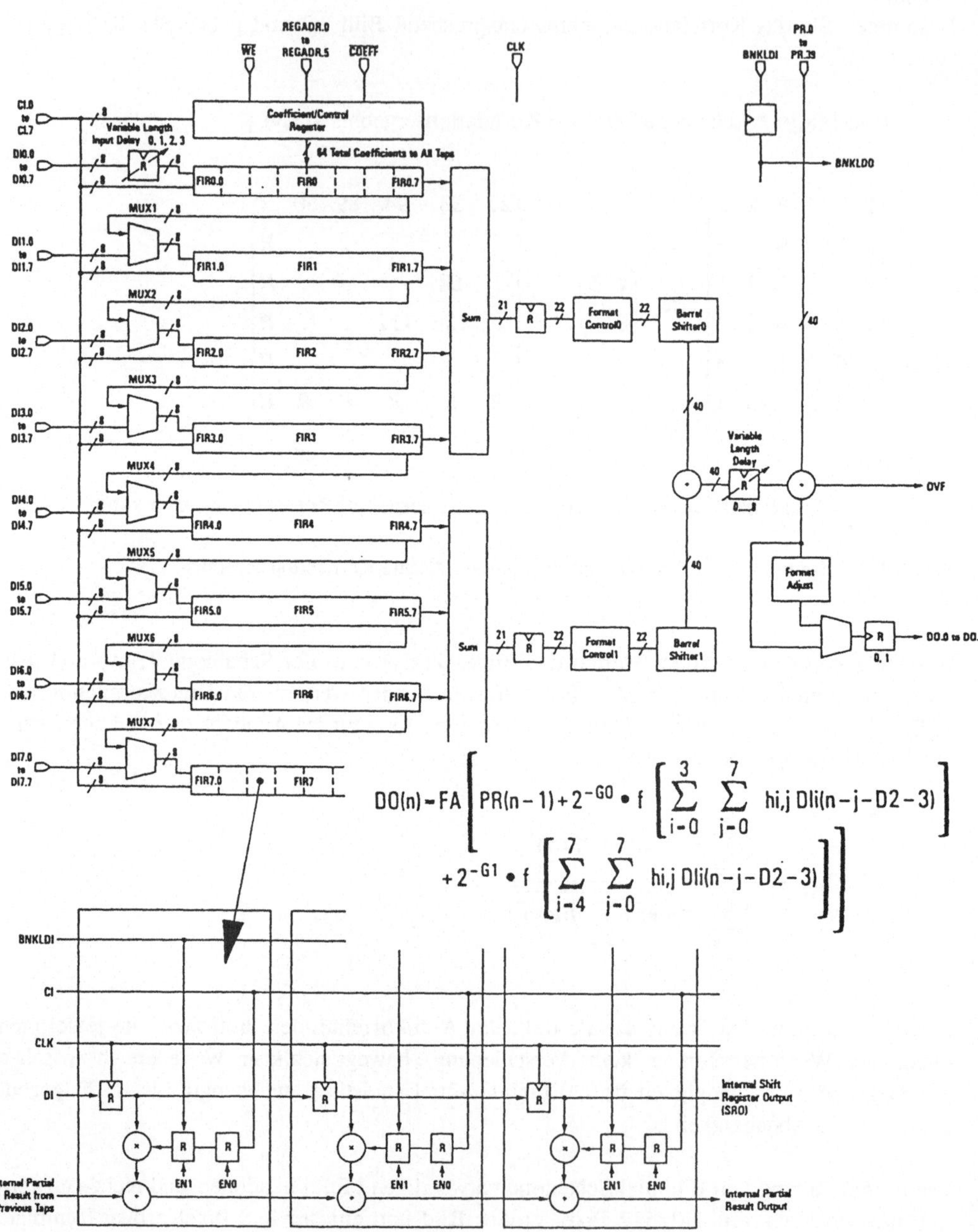

Bild 3.3: Multi-bit Filter von LSI-Logic

Einen ähnlichen Chip (HSP 48908), allerdings nur für Koppelfeldgrößen von 3x3 Pixel jedoch eingebautem Schieberegister zur Speicherung der zu bearbeitenden Zeilen, bietet HARRIS an.

3.1.2 Konturkorrelation

Contour Correlation

Ein Maß für die Ähnlichkeit zweier Kettencodes (→ Kapitel 3.5.2, Kettencodes) ist die chain-correlation-function.
Gegeben seien zwei Kettencodes

$$P = p_1, p_2, p_3, p_4, \ldots, p_n$$
$$T = t_1, t_2, t_3, \ldots, t_m \qquad n \geq m$$

Die chain cross-correlation-function $k_{PT}(j)$ ist definiert zu

$$k(j)_{P,T} = \frac{1}{n}\sum_{i=1}^{n}\left[\cos((p(j+i)-t(i))c\right]$$

Damit ergibt sich für die cross-correlation-function der Wert +1 falls die Orientierungen p_i und t_i gleich sind, 0 wenn sie sich genau um 90^0 unterscheiden und -1 dann, wenn sie in die entgegengesetzte Richtung zeigen.

$c = \pi/4$ 8-Nachbar-Code
$c = \pi/2$ 4-Nachbar-Code

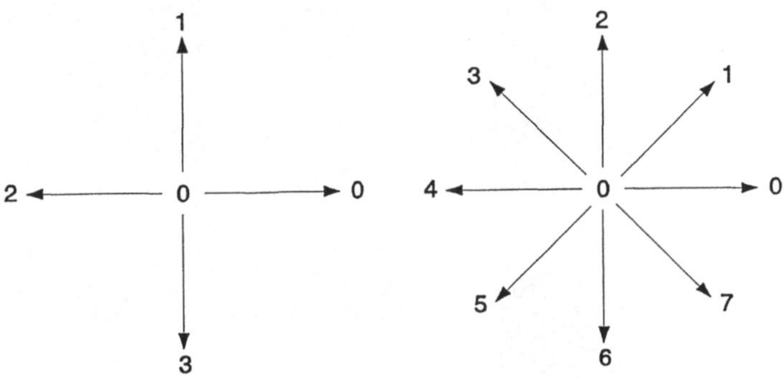

Bild 3.4: Richtungscodierung beim 4-Nachbar-Code und 8-Nachbar-Code

Übungsaufgabe 3.1
Vervollständigen Sie das Beispiel entsprechend Bild 3.2 und erläutern Sie die Hardwareumsetzung mit Hilfe des in Bild 3.3 gezeigten Multi-bit Filters.

3.2 Histogrammoperationen

Histogram Transformations

Das Histogramm eines Bildes ist eine Funktion, die den Zusammenhang zwischen dem Wert eines Pixels (z.B.dem Grauwert) und der Häufigkeit seines Auftretens im Bild beschreibt.

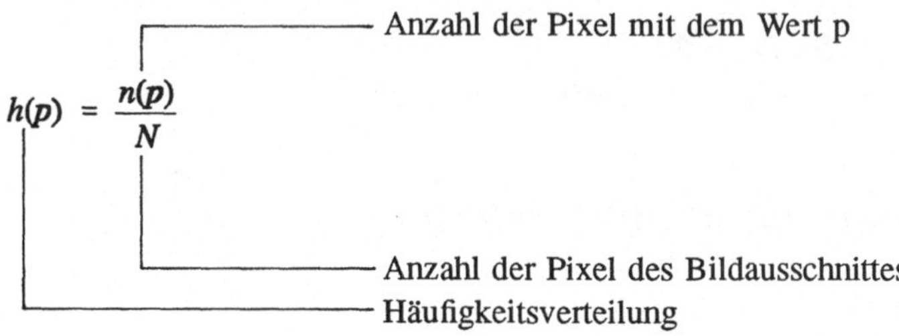

Bild 3.5 zeigt ein Grauwertbild und seine Häufigkeitsverteilung. Aus dem Histogramm ist leicht zu erkennen, daß die Grauwerte nicht gleichverteilt sind. Diese Tatsache kann beispielsweise dazu benutzt werden, eine geeignete Schwelle zu finden, um das Bild zu binarisieren oder, indem das Histogramm manipuliert wird, Kontraste abzuschwächen bzw. zu verstärken.

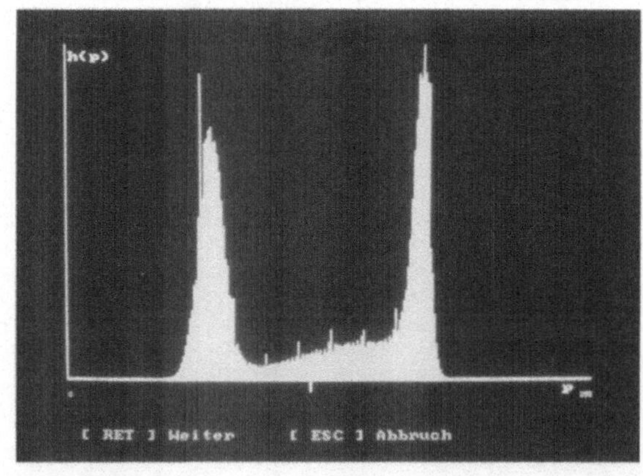

Bild 3.5: Briefmarke

Histogramm

Einen umfassenden Überblick zu Verfahren der Bildverbesserung (Image Enhancement) mit vielen Beispielbildern gibt [3.7].

3.2.1 Gleichverteilung

Histogram Equilization

Eine Technik zur Manipulation des Histogramms, die sog. Histogram Equilization besteht darin, dieWerte p der Bildpunkte in Werte q derart umzurechnen, daß das Histogramm der Pixel mit den Werten q gleichverteilt ist.
Der daraus resultierende Effekt zeigt,ein Bild mit deutlich besser sichtbaren Strukturen in Bereichen ursprünglich großer Histogrammwerte.
Wird von einer Gleichverteilung der transformierten Werte q ausgegangen, bestimmt sich die (konstante) relative Häufigkeit h(q) aus der Anzahl der Quantisierungsschritte N_q, die für die Darstellung des Wertes q gewählt werden, zu

$$h(q) = \frac{1}{N_q}$$

Die relative Häufigkeit des Auftretens eines Wertes kleiner q_i ist dann gegeben durch

$$\sum_{i=0}^{q_i} h_i(q) = \frac{q_i}{N_q}$$

Diese Summenhäufigkeit wird im Ausgangshistogramm erreicht durch

$$\sum_{j=0}^{p_j} h_j(p)$$

Durch Gleichsetzen ergibt sich der transformierte Wert q_i zu

$$q_j = N_q \sum_{j=0}^{p_j} h_j(p)$$

Aus Abbildung 3.6 geht anschaulich der Zusammenhang zwischen beiden Histogrammen hervor.

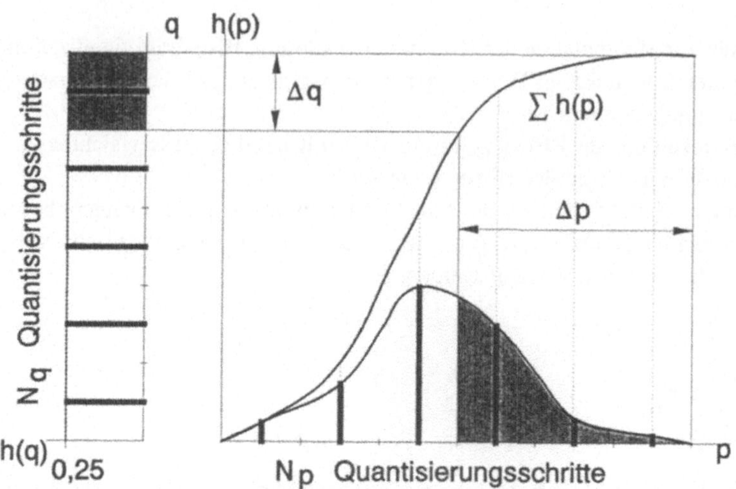

Bild 3.6: Zusammenhang zwischen h(q) und h(p)

Zur Berechnung von Histogrammen sowie in Histogram-Equilization-Anwendungen eignet sich der HARRIS-Chip HSP 48410.

3.2.2 Bimodalität

Grauwertbilder wie die vor Ihnen liegende Seite führen zu einer Häufigkeitsverteilung entsprechend Bild 3.7; sie sind Bimodal. Die dunklen Schriftzeichen bilden sich in einem anderen Bereich des Histogramms ab, als der helle Hintergrund.

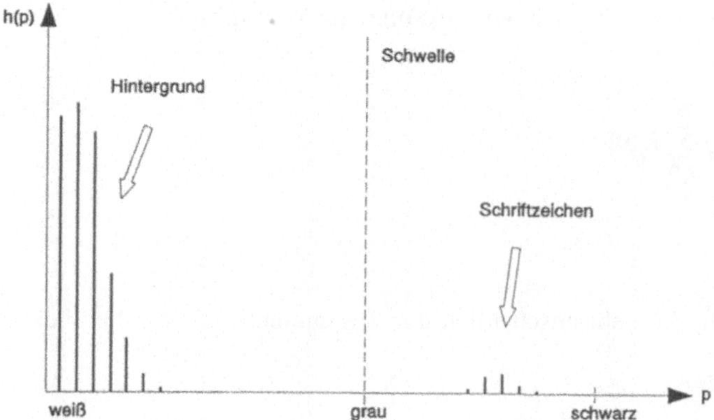

Bild 3.7: Histogramm dieser Druckseite

Mit der im Bild eingetragenen Schwelle lassen sie sich bequem vom Hintergrund trennen. Nicht in allen Szenen kann eine derartige globale, für das ganze Bild gültige Schwelle gefunden werden welche die Objekte vom Hintergrund trennt, insbesondere nicht in Szenen inhomogener Beleuchtung und geringem Kontrast. Oft ist es dann aber möglich, in lokalen Bereichen bimodale Histogramme zu erzeugen.

3.2.3 Histogrammkennwerte

Falls die Werte der vom Koppelfeld eines Operators abgedeckten Pixel Normalverteilt sind, kann diese Verteilung durch die beiden Parameter Mittelwert m und Varianz v exakt angegeben werden. Günstig ist es, rotationssymmetrische und zum Rand hin auslaufend gewichtete Koeffizienten zur Berechnung zu verwenden [3.3].
Damit ergeben sich bei einer $(2n+1)^2$ großen Maske für den Mittelwert

$$m(x,y) = \sum_{u=-n}^{n} \sum_{v=-n}^{n} [p(x+u,y+v)h(u,v)]$$

Koeffizienten des Koppelfeldes ($h(u,v)$)
z.B. Grauwerte unter der Operatormaske ($p(x+u,y+v)$)
Mittelwert am Ort x,y ($m(x,y)$)

und für die Varianz,

$$v(x,y) = \frac{(2n+1)^2}{(2n+1)^2-1} \sum_{u=-n}^{n} \sum_{v=-n}^{n} \left[[p(x+u,y+v)-m(x,y)]^2 \, h(u,v)\right]$$

wobei für die Summe der Koefizienten gelten soll

$$1 = \sum_{u=-n}^{n} \sum_{v=-n}^{n} h(u,v)$$

Diese Operationen sind skalenunabhängig (falls die Operatormaske größer als die größten Strukturelemente z.B. einer zu charakterisierenden Textur sind) sowie unabhängig von Orientierungen innerhalb des betrachteten Bildausschnittes.

Die Berechnung der relativen Häufigkeit beschränkt sich nicht auf Grauwerte, sondern kann auf beliebige Objekte (→ Kapitel 3.5.4, Slope Density Function) angewandt werden. So liegen beispielsweise nach einer Konturdetektion sowohl Kontrast als auch Orientierungsinformationen vor, deren ihre Verteilung beschreibenden Kennwerte, als Merkmale für eine Segmentation nützlich sein können.
In ähnlicher Form lassen sich beliebig andere Verteilungen durch wenige Kenngrößen darstellen.

Um die Funktion zu modelieren, werden oft Polynome entsprechend Bild 3.8 verwendet die nach der Paßpunktmethode (→Kapitel 11.3, Paßpunktmethode) parametrisiert werden.

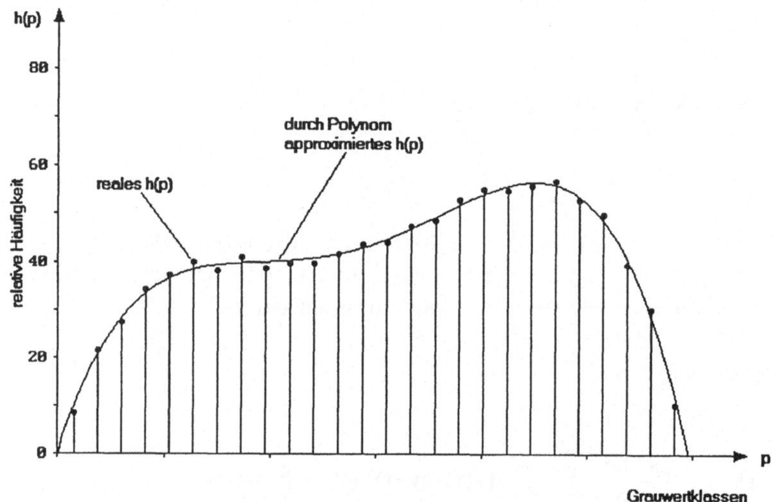

$$h(p) = b_1 p^4 + b_2 p^3 + b_3 p^2 + b_4 p + b_5$$

Bild 3.8: Verteilung und Annäherung durch ein Polynom 4. Grades

Übungsaufgabe 3.2
Zeigen Sie einige Möglichkeiten auf den Kontrast eines Grauwertbildes zu verbessern.

3.3 Operationen im Ortsfrequenzbereich

Funktionen lassen sich in vielfältiger Form durch Reihenentwicklungen darstellen, d.h. als Summe gewichteter Basisfunktionen (Bild 3.9). Die Gewichte bilden dann die Funktion im Ortsfrequenzbereich ab.

Funktionen

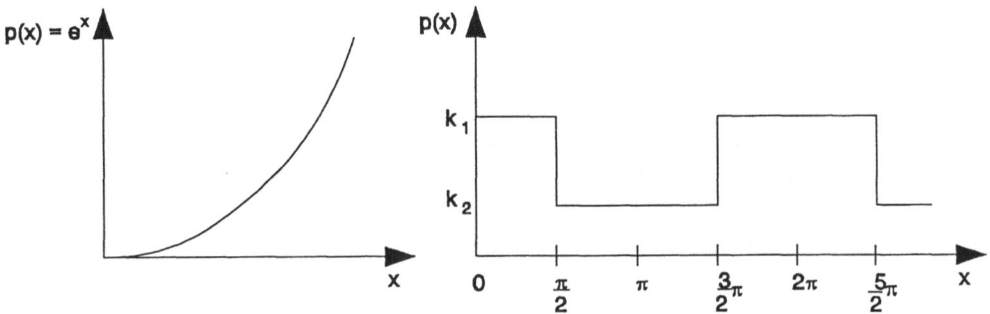

Reihe

$$e^x = 1 + \frac{x}{1!} + \frac{x^2}{2!} + \ldots = \sum_{k=0}^{\infty} \frac{x^k}{k!} \qquad p(x) = \frac{k_1+k_2}{2} + \frac{2(k_1-k_2)}{\pi}\left(\cos x - \frac{1}{3}\cos 3x + \frac{1}{5}\cos 5x - + \right.$$

Basisfunktionen

$$x^0, x^1, x^2, x^3, x^4, x^5, \ldots, x^k \qquad 1, \cos x, \cos 3x, \cos 5x, \cos 7x, \ldots$$

Gewichtungen

$$1, \frac{1}{1!}, \frac{1}{2!}, \frac{1}{3!}, \frac{1}{4!}, \ldots, \frac{1}{k!} \qquad \frac{k_1+k_2}{2}, \frac{2(k_1-k_2)}{\pi}, \frac{2(k_1-k_2)}{3\pi}, \frac{2(k_1-k_2)}{5\pi}, \ldots$$

Bild 3.9: Darstellung zweier Funktionen durch verschiedene Reihenentwicklungen

Ziel einer solchen Reihendarstellung kann sein:

- Eine datenreduzierte (kompakte) Darstellung der Funktion
  (→ Kapitel 10.2, Transformatinscodierung).
- Die Charakterisierung von Formen oder Texturen
  (→ Kapitel 3.5.5, Fourier Descriptors,
  → Kapitel 3.7.1.1, Transformationsparameter).
- Oder ganz allgemein die Filterung von Signalen.

Im Falle zweidimensionaler Funktionen sind auch die Basisfunktionen (Basisbilder) zweidimensional und so gewählt, daß sie orthogonal zueinander sind, d.h. sich keine Basisfunktion durch die additive Überlagerung anderer Basisfunktionen darstellen läßt.

Bei fest vereinbarten Basisbildern genügt also zur Charakterisierung der Funktion P(x,y) die Angabe der den Basisbildern zugeordneten Gewichtung (Linearfaktoren). Diese Gewichte werden bei der Transformation des Bildes vom Ortsbereich in den sogenannten Ortsfrequenzbereich bestimmt. Mit der inversen Transformation, angewandt auf die Linearfaktoren, ergibt sich wieder die ursprüngliche Funktion P(x,y).

Eine Übersichtliche Darstellung einer wichtigen Transformation, der 2D-Fourier-Transformation, findet sich in [3.3] und [3.9] sowie reich bebildert in [3.7]. Ihre rechenzeitoptimale Variante, die FFT (fast fourier transform) ist ebenfalls dort beschrieben.

Alle Operationen im Ortsfrequenzbereich können natürlich auch direkt im Ortsbereich realisiert werden. Es ist eine Frage des Aufwands, welcher Weg beschritten wird.

Bild 3.10 gibt für lineare, zeitinvariante Filter den Zusammenhang zwischen Ortsbereich und Ortsfrequenzbereich an.

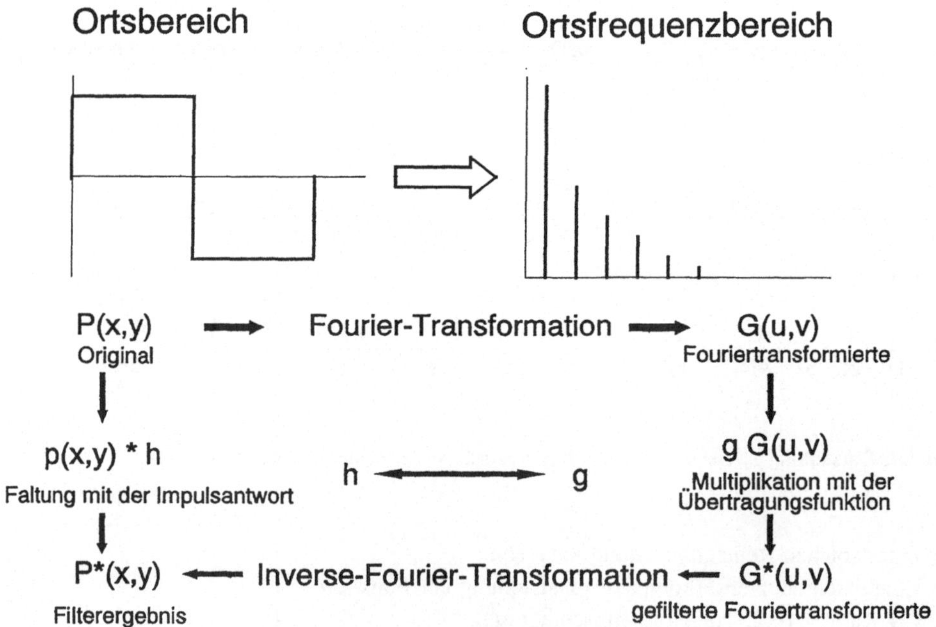

Bild 3.10: Konvergenz der Gewichtungsfaktoren (Fourier-Transformation) und Zusammenhang zwischen Orts- und Ortsfrequenzbereich

3.4 Operationen im Ortsbereich

3.4.1 Binärbildoperationen

Durch günstig gewählte Beleuchtung läßt sich in vielen industriellen Szenen das interessierende Objekt (z.B. ein Kratzer in einer geschliffenen Metalloberfläche, Bild 3.11) so vom Hintergrund trennen, daß sich ein bimodales Histogramm ergibt, das eine eindeutige Schwelle zwischen großen und kleinen, den einzelnen Pixeln zugehörigen Werten zuläßt so, daß diese lediglich zwei Klassen (Hintergrund und Objekt) angehören.

Eine solche Datenreduktion hat erheblichen Einfluß auf die notwendige Verarbeitungshardware und damit die möglichen Erkennungsgeschwindigkeiten.

Originalbild

Zweipegelbild

Bild 3.11: Kratzer auf einer polierten metallischen Oberfläche (Ventilscheibe)
(→ Kapitel 7, Beleuchtungstechniken)
(→15.2 Anhang, Farbtafel 7)

Erosion, Dilatation

Minkowski-Subtraktion, -Addition

Unter Erosion (Kontraktion) versteht man eine Maskenoperation, welche die von der Maske abgedeckten Bildpunkte logisch AND verknüpft. Im Gegensatz dazu stellt die Dilatation (Expansion) eine OR-Verknüpfung dar. Diesen Zusammenhang verdeutlicht Bild 3.12.

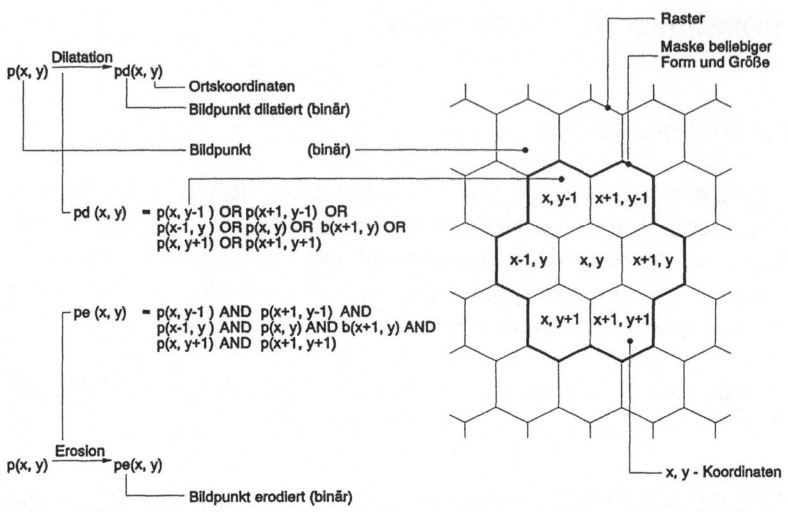

Bild 3.12: Dilatations- und Erosions-Operation

Nicht immer ist es zweckmäßig derartig "harte" Entscheidungen zu treffen. Beispielsweise erlaubt der Binäre-FIR-Filterprozessor (Bild 3.13) von LSI-Logic, auch Schwellen vorzugeben. Dies erlaubt eine etwas modifizierte Erosionsmaske welche nicht erst dann logisch 1 liefert, wenn alle Bildpunkte unter der Maske logisch 1 sind, sondern der Ausgang zu logisch 1 definiert werden kann falls mehr Pixel als ein vorgebbarer Schwellwert logisch 1 sind.

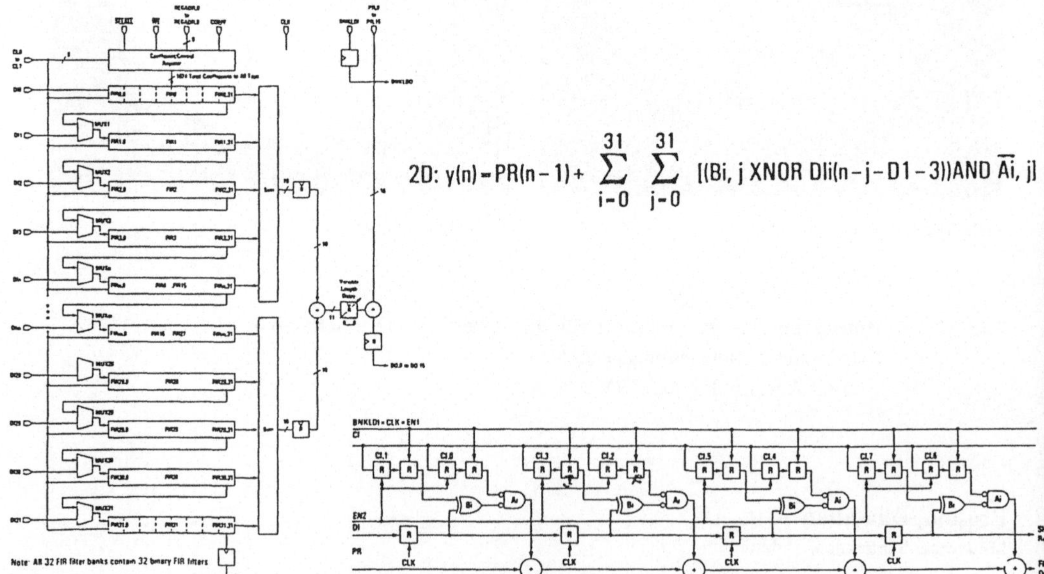

Bild 3.13: Schaltbild des LSI-Logic-BFIR-Prozessors
Eine Alternative hierzu ist der Chip HSP 45256 von HARRIS.

Beispiel

Auf das in Bild 3.14 gegebene binäre Muster wird mit einer 3x3 Maske eine Erosion und eine Dilatation in unterschiedlicher Reihenfolge ausgeführt.

Binärbild — dilatiertes Bild — erodiertes Bild

$$\begin{pmatrix} 0&0&0&0&0&0&0&0\\ 0&1&1&0&0&0&0&0\\ 0&1&0&1&0&0&0&0\\ 0&0&1&0&0&0&0&0\\ 0&0&0&0&1&0&0&0\\ 0&0&0&0&0&0&0&0\\ 0&0&0&0&0&0&0&0\\ 0&0&0&0&0&0&0&0 \end{pmatrix} \rightarrow \begin{pmatrix} R&R&R&R&R&R&R&R\\ R&1&1&1&1&0&0&R\\ R&1&1&1&1&0&0&R\\ R&1&1&1&1&1&0&R\\ R&1&1&1&1&1&0&R\\ R&0&0&1&1&1&0&R\\ R&0&0&0&0&0&0&R\\ R&R&R&R&R&R&R&R \end{pmatrix} \rightarrow \begin{pmatrix} R&R&R&R&R&R&R&R\\ R&R&R&R&R&R&R&R\\ R&R&1&1&0&0&R&R\\ R&R&1&1&0&0&R&R\\ R&R&0&0&1&0&R&R\\ R&R&0&0&0&0&R&R\\ R&R&R&R&R&R&R&R\\ R&R&R&R&R&R&R&R \end{pmatrix}$$

Binärbild — erodiertes Bild — dilatiertes Bild

$$\begin{pmatrix} 0&0&0&0&0&0&0&0\\ 0&1&1&0&0&0&0&0\\ 0&1&0&1&0&0&0&0\\ 0&0&1&0&0&0&0&0\\ 0&0&0&0&1&0&0&0\\ 0&0&0&0&0&0&0&0\\ 0&0&0&0&0&0&0&0\\ 0&0&0&0&0&0&0&0 \end{pmatrix} \rightarrow \begin{pmatrix} R&R&R&R&R&R&R&R\\ R&0&0&0&0&0&0&R\\ R&0&0&0&0&0&0&R\\ R&0&0&0&0&0&0&R\\ R&0&0&0&0&0&0&R\\ R&0&0&0&0&0&0&R\\ R&0&0&0&0&0&0&R\\ R&R&R&R&R&R&R&R \end{pmatrix} \rightarrow \begin{pmatrix} R&R&R&R&R&R&R&R\\ R&R&R&R&R&R&R&R\\ R&R&0&0&0&0&R&R\\ R&R&0&0&0&0&R&R\\ R&R&0&0&0&0&R&R\\ R&R&0&0&0&0&R&R\\ R&R&R&R&R&R&R&R\\ R&R&R&R&R&R&R&R \end{pmatrix}$$

R = Rand (Ein Teil des Koppelfeldes der Maske liegt außerhalb des Bildes.)

Bild 3.14: Veränderungen des Binärbildes durch Fermentuere und Ouvertuere

Die Verknüpfung von Erosion und anschließender Dilatation wird als Ouvertuere, von Dilatation und anschließender Erosion als Fermentuere bezeichnet. Die Ouvertuere glättet die Struktur und kleine Bildfiguren, die bei der Erosionsoperation verschwanden, werden unterdrückt. Die Fermentuere bildet "Brücken" zwischen einzelnen Bildteilen.

Um eine Idee für die Anwendung von Dilatation und Erosion zu geben soll ein Beispiel zeigen auf welche Weise kleine Fehlstellen in Binärbildern detektiert werden können [3.21].

Erosion und Dilatation sind Koppelfeldoperationen, die in einem lokalen Bereich die Bildpunkte mehrerer aufeinanderfolgender Zeilen und Spalten verrechnen. Übliche Kameras liefern jedoch Interlaced-Bilder, d.h. in den ersten 20 ms des Bildaufbaus nacheinander alle ungeraden Zeilen und im 2. Halbbild alle geraden Zeilen. Eine Koppelfeldoperation, die sowohl auf ungerade als auf gerade Zeilen angewandt werden soll, wird demnach auf ein zwischengespeichertes Bild bzw. Halbbild zurückgreifen müssen.
Die Binarisierung muß in unserem Beispiel so realisiert werden, daß Fehlstellen (Artefakte) als 0-Gebiete erscheinen.
Entsprechend den in Bild 3.15 dargstellten Zwischenschritten wird das binarisierte Ausgangsbild, das eine schwarz gedruckte Ziffer mit einer kleinen weißen, zu detektierenden Fehlstelle zeigt, mit einer Dilatationsmaske verrechnet, deren Koppelfeld etwas kleiner, als die maximal auftretende Fehlergröße ist.
Dieser erste Schritt bewirkt, daß die Schwarzgebiete wachsen, die Fehlstelle verschwindet und das Symbol etwas größer wird. Diese Vergrößerung wird durch eine Erosion mit einer, dem Dilatationsschritt entsprechenden Maske rückgängig gemacht. Da die Fehlstellen durch die Dilatation verschwunden sind, liegt jetzt die Ziffer ohne Fehler in Originalgröße wieder vor. Pixelweise wird das entsprechend verzögerte Originalbild mit dem modifizierten Bild auf Gleichheit untersucht. Sind im Originalbild keine Fehlstellen enthalten, so wird das Differenzbild 0. Lediglich kleine Fehlstellen führen zu Ungleichheiten die, falls sie sich lokal häufen, in der folgenden lokalen Summation zur Fehleraussage führen.

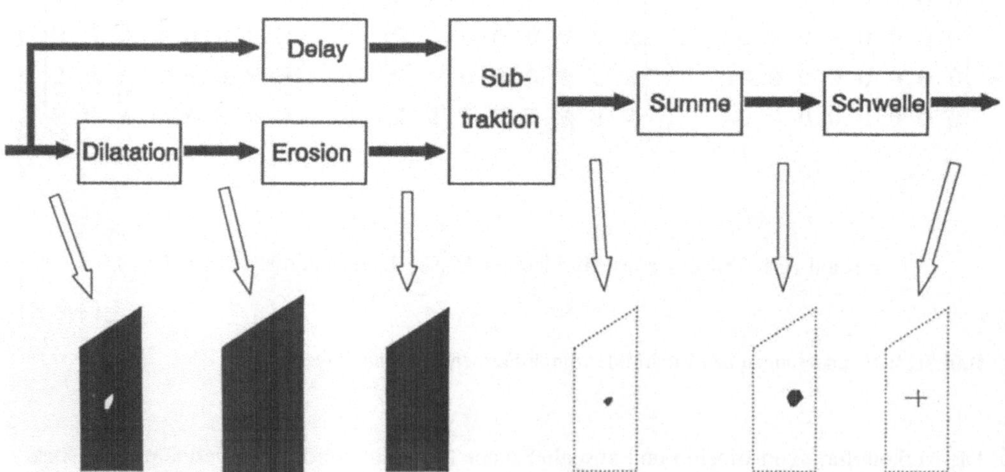

Bild 3.15: Verfahrensschritte zur Ermittlung kleiner Fehlstellen

Für die kameratakthaltende Dilatation, Erosion und Summation eignet sich der in Bild 3.13 vorgestellte Prozessor. Die Verzögerung des Originalbildes, die der Anzahl von Takten entsprechen muß, um die sich das Signal beim Durchlaufen der Dilatations- und Erosionsmaske verzögert, läßt sich mit einem Videoschieberegister (Bild 3.16) erreichen.

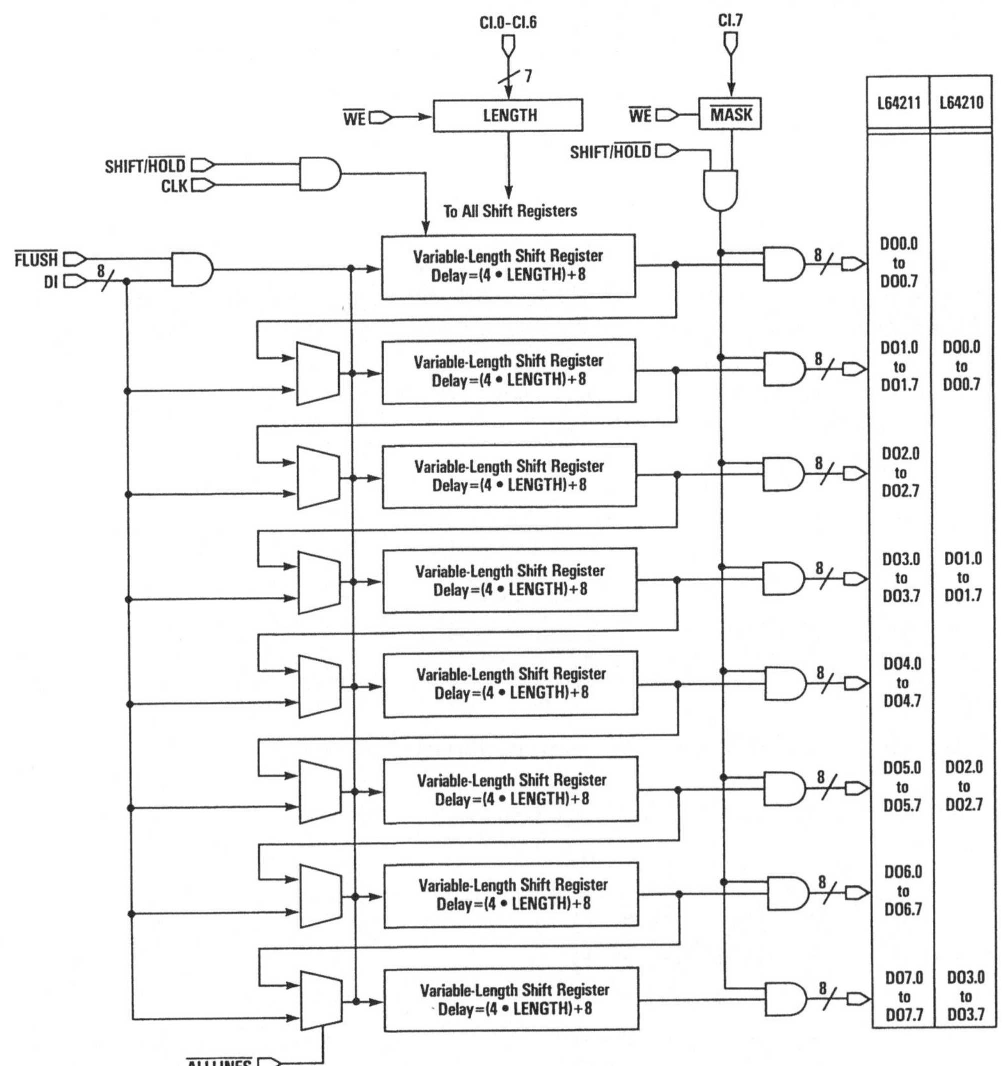

Bild 3.16: Variable-Length Video-Shift-Register von LSI-Logic

3.4.2 Mittelwerte

Um Rauschanteile in Bildern abzuschwächen oder objekttypische Kenngrößen zu generieren, können Mittelwerte gebildet werden.

3.4.2.1 Gauß- bzw. Binominalverteilter Tiefpaß

Einen einfachen, glättenden Operator (Tiefpaß) stellt der arithmetische Mittelwert dar.

$$m = \frac{1}{N}\sum_x \sum_y p(x,y)$$

Normierung auf die Anzahl N summierter Bildpunkte.

Die gleichartige Gewichtung der Bildpunkte führt jedoch zu einer ungleichen Dämpfung im Sperrbereich. Dieser Effekt läßt sich abschwächen durch eine Gaußverteilung (approximiert durch eine Binominalverteilung), mit der die Pixel unter der Filtermaske multipliziert werden. (Eine ausführliche Darstellung finden Sie in [3.3].)
Bessere Glättungsfilter ergeben sich unter Zugrundelegung des Pascalschen Dreicks Bild 3.17 zur Bestimmung der Binominalkoeffizienten.

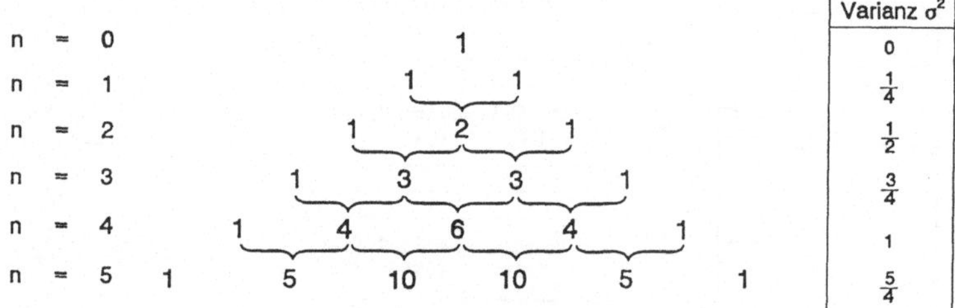

Bild 3.17: Pascalsches Dreieck zur Bestimmung der Binominalkoeffizienten

Für eine 5x5 Glättungsmaske h(u,v) resultieren daraus Gewichtungen entsprechend Bild 3.18.

$$n=4 \qquad (1\ 4\ 6\ 4\ 1)$$

$$\begin{pmatrix}1\\4\\6\\4\\1\end{pmatrix} \quad \begin{pmatrix}1 & 4 & 6 & 4 & 1\\ 4 & 16 & 24 & 16 & 4\\ 6 & 24 & 36 & 24 & 6\\ 4 & 16 & 24 & 16 & 4\\ 1 & 4 & 6 & 4 & 1\end{pmatrix}$$

$$\sum = 16\ 16 = 256$$

Summe der Koeffizienten

Bild 3.18: Gewichtung zweidimensionaler Masken

Der Mittelwert ergibt sich mit der Faltungsoperation zu

$$m_{b5} = \frac{1}{256}\begin{pmatrix} 1 & 4 & 6 & 4 & 1 \\ 4 & 16 & 24 & 16 & 4 \\ 6 & 24 & 36 & 24 & 6 \\ 4 & 16 & 24 & 16 & 4 \\ 1 & 4 & 6 & 4 & 1 \end{pmatrix} \star P(x,y)$$

m_{b5} — Mittelwert, gebildet mit einer binominal gewichteten 5x5 Maske

Binominal gewichtete Masken zeichnen sich durch ganzzahlige, feste Gewichtung der Koeffizienten aus. Das kommt einer Umsetzung in Hardware zugute, da für die Faltung lediglich Schieboperationen und Additionen, nicht aber Multiplikationen (ein schneller Multiplizierer ist aus n steuerbaren Addieren aufgebaut, wobei n der Anzahl zu multiplizierender Bit entspricht), bedingt. Auch größere Masken können mit FPGA's (→ Kapitel 12 Hardwareaspekte) problemlos realisiert werden.

3.4.2.2 Medianwert

Als Medianwert m_M wird der mittlere Wert der nach ihrer Größe geordneten Werte innerhalb eines Maskenbereiches bezeichnet.
Wird die Operatormaske so gewählt, daß sie eine gerade Anzahl von Bildpunkten beinhaltet, errechnet sich der Medianwert als arithmetischer Mittelwert der beiden mittleren Werte der geordneten Reihe.

Ausgangsbild

$$\begin{pmatrix} . & . & . & . & . & . & . & . & . & . \\ . & . & . & . & . & . & . & . & . & . \\ . & . & . & \mathbf{1} & \mathbf{8} & \mathbf{4} & \mathbf{6} & . & . & . \\ . & . & . & \mathbf{3} & \mathbf{5} & \mathbf{7} & \mathbf{1} & . & . & . \\ . & . & . & \mathbf{1} & \mathbf{7} & \mathbf{9} & \mathbf{2} & . & . & . \\ . & . & . & . & . & . & . & . & . & . \\ . & . & . & . & . & . & . & . & . & . \end{pmatrix} \qquad \begin{pmatrix} . & . & . & . & . & . & . & . & . & . \\ . & . & . & . & . & . & . & . & . & . \\ . & . & . & \mathbf{1} & \mathbf{3} & \mathbf{6} & . & . & . & . \\ . & . & . & \mathbf{3} & \mathbf{2} & \mathbf{4} & . & . & . & . \\ . & . & . & \mathbf{7} & \mathbf{5} & \mathbf{9} & . & . & . & . \\ . & . & . & . & . & . & . & . & . & . \\ . & . & . & . & . & . & . & . & . & . \end{pmatrix}$$

Maske 3x4

1. Werte der Größe (rank) nach ordnen.
   n=3x4=12 (geradzahlig)
   1, 1, 1, 2, 3, **4**, **5**, 6, 7, 7, 8, 9
2. Mittleren Wert der Reihe suchen.
   n/2 = 6 → 4
   n//2+1 = 7 → 5
   daraus mit arithmetischem Mittelwert
   $m_M = (4+5)/2 = \mathbf{4{,}5}$

Maske 3x3

n= 3x3=9 (ungeradzahlig)
1, 2, 3, 3, **4**, 5, 6, 7, 9

(n+1)/2 = 5 → 4 $\quad m_M = \mathbf{4}$

Bild 3.19: Berechnung des Medianwertes m_M

Er ist in der Lage punktförmige Störungen zu unterdrücken, ohne gleichzeitig Kanten im Bild zu verschleifen (Bild 3.20).

Beispiel

Beim vervollständigen der Ergebnisbilder können Sie erkennen, daß der Medianoperator bei geeigneter Wahl der Koppelfeldgröße, Kanten (Linien) nicht verfälscht.

Grauwertsprung mit überlagertem Rauschen

$$\begin{pmatrix}
\cdot & \cdot & \cdot & \cdot & \cdot & \cdot & \cdot & \cdot & \cdot & \cdot & \cdot \\
\cdot & \cdot & 11 & 10 & 12 & 35 & 36 & 35 & 34 & \cdot & \cdot \\
\cdot & \cdot & 12 & 11 & 11 & 30 & 35 & 34 & 34 & \cdot & \cdot \\
\cdot & \cdot & 10 & 11 & 10 & 34 & 36 & 35 & 35 & \cdot & \cdot \\
\cdot & \cdot & 11 & 68 & 11 & 36 & 34 & 0 & 35 & \cdot & \cdot \\
\cdot & \cdot & 11 & 12 & 12 & 35 & 35 & 34 & 35 & \cdot & \cdot \\
\cdot & \cdot & 10 & 11 & 10 & 35 & 0 & 35 & 36 & \cdot & \cdot \\
\cdot & \cdot & 10 & 10 & 11 & 34 & 35 & 35 & 34 & \cdot & \cdot \\
\cdot & \cdot & \cdot & \cdot & \cdot & \cdot & \cdot & \cdot & \cdot & \cdot & \cdot
\end{pmatrix}$$

Ergebnisbild nach einer 3x3 Mittelung

$$\begin{pmatrix}
\cdot & \cdot & \cdot & \cdot & \cdot & \cdot & \cdot & \cdot & \cdot & \cdot & \cdot \\
\cdot & \cdot & \cdot & \cdot & \cdot & \cdot & \cdot & \cdot & \cdot & \cdot & \cdot \\
\cdot & \cdot & \cdot & 11 & 19 & 27 & 35 & 35 & \cdot & \cdot & \cdot \\
\cdot & \cdot & \cdot & 17 & 26 & 27 & 35 & 35 & \cdot & \cdot & \cdot \\
\cdot & \cdot & \cdot & 17 & 26 & 27 & 30 & 30 & \cdot & \cdot & \cdot \\
\cdot & \cdot & \cdot & \cdot & \cdot & \cdot & \cdot & \cdot & \cdot & \cdot & \cdot \\
\cdot & \cdot & \cdot & \cdot & \cdot & \cdot & \cdot & \cdot & \cdot & \cdot & \cdot \\
\cdot & \cdot & \cdot & \cdot & \cdot & \cdot & \cdot & \cdot & \cdot & \cdot & \cdot \\
\cdot & \cdot & \cdot & \cdot & \cdot & \cdot & \cdot & \cdot & \cdot & \cdot & \cdot
\end{pmatrix}$$

Ergebnisbild nach einer 3x3 Medianfilterung

$$\begin{pmatrix}
\cdot & \cdot & \cdot & \cdot & \cdot & \cdot & \cdot & \cdot & \cdot & \cdot & \cdot \\
\cdot & \cdot & \cdot & \cdot & \cdot & \cdot & \cdot & \cdot & \cdot & \cdot & \cdot \\
\cdot & \cdot & \cdot & 11 & 11 & 35 & 35 & 35 & \cdot & \cdot & \cdot \\
\cdot & \cdot & \cdot & 11 & 11 & 35 & 35 & 35 & \cdot & \cdot & \cdot \\
\cdot & \cdot & \cdot & 11 & 11 & 35 & 35 & 35 & \cdot & \cdot & \cdot \\
\cdot & \cdot & \cdot & \cdot & \cdot & \cdot & \cdot & \cdot & \cdot & \cdot & \cdot \\
\cdot & \cdot & \cdot & \cdot & \cdot & \cdot & \cdot & \cdot & \cdot & \cdot & \cdot \\
\cdot & \cdot & \cdot & \cdot & \cdot & \cdot & \cdot & \cdot & \cdot & \cdot & \cdot \\
\cdot & \cdot & \cdot & \cdot & \cdot & \cdot & \cdot & \cdot & \cdot & \cdot & \cdot
\end{pmatrix}$$

Bild 3.20: Vergleich der Rauschunterdrückung eines 3x3 FIR-Filters mit h(u,v) = 1 und eines 3x3 Medianfilters

Hinweise für eine günstige Softwareimplementierung des Medianoperators gibt [3.2]. Da der Medianopertor ein typischer Bildvorverarbeitungsalgorithmus ist, der meist unmittelwar auf die von der Kamera gelieferten Bildpunkte angewandt wird, interessiert in zeitkritischen Anwendungen (z.B. der Bewegungsdetektion) seine Hardwareumsetzung für Taktraten > 10 MHz. Eine universelle Lösung ist in Bild 3.21 wiedergegeben. Es handelt sich um ein Rangordnungsfilter (Rank-Value-Filter RVF) von LSI-Logic, das die Programmierung verschiedener Masken erlaubt und als Ergebnis den Wert des Eingangsbildes mit dem vorgegebenen Rang (z.B. Maximum, Median, Minimum,...) liefert.

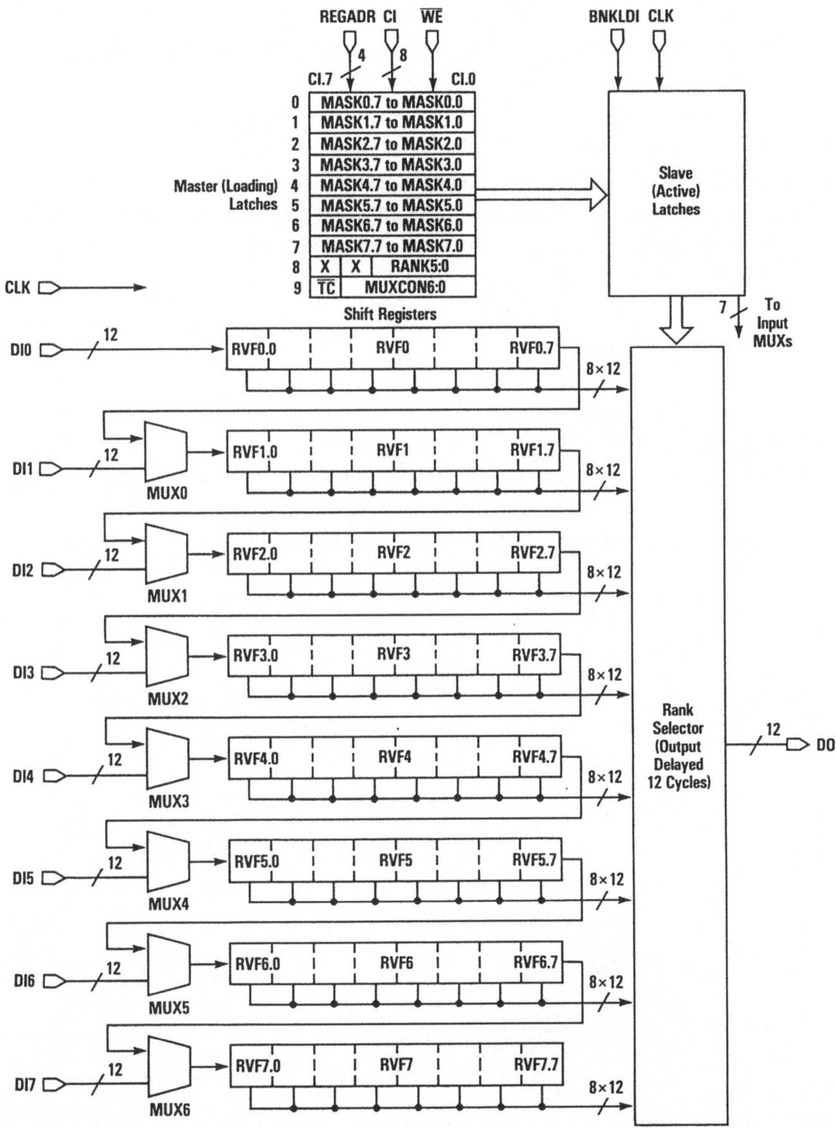

Bild 3.21: Rank-Value-Filter von LSI-Logic

3.4.2.3 Olympic-Filter

Das Olympic-Filter ist eine Modifikation des Mittelwertfilters das, wie vorstehendes Beispiel zeigt, starke punktförmige Störungen bei kleinen Maskengrößen nur schlecht unterdrückt. Das Olympic-Filter vermeidet diesen Nachteil, indem bei der Mittelung die n größten und kleinsten Werte unberücksichtigt bleiben.

3.4.2.4 Grey scale Erosion, Dilatation

Eine zweistufige Rangordnungsoperation mit dem Ziel "salt and pepper" noise zu unterdrücken, stellt die greyscale Erosion und Dilatation dar.
Der erste Schritt sucht innerhalb eines lokalen Bereiches den Maximalwert. Das so modifizierte Bild passiert eine zweite Maske innerhalb der dann der Minimalwert gesucht wird.
Das sich ergebende Bild hat ähnliche Eigenschaften wie nach einer Medianfilterung. Hinsichtich des Umsetzungsaufwandes (insbesondere in Hardware), besteht allerdings der Unterschied, daß die Werte nicht ihrem Rang nach geordnet werden müssen.

3.4.3 Adaptive Filter

Jedes Filter, welches in Abhängigkeit einer Steuergröße verschiedene Filteralgorithmen ausführt, wird als adaptives Filter bezeichnet.
Die Grundidee besteht darin, je nach Problemstellung die günstigste der verfügbaren Operationen anzuwenden.
Die Grundstruktur eines adaptiven Filters deutet Bild 3.22 an.

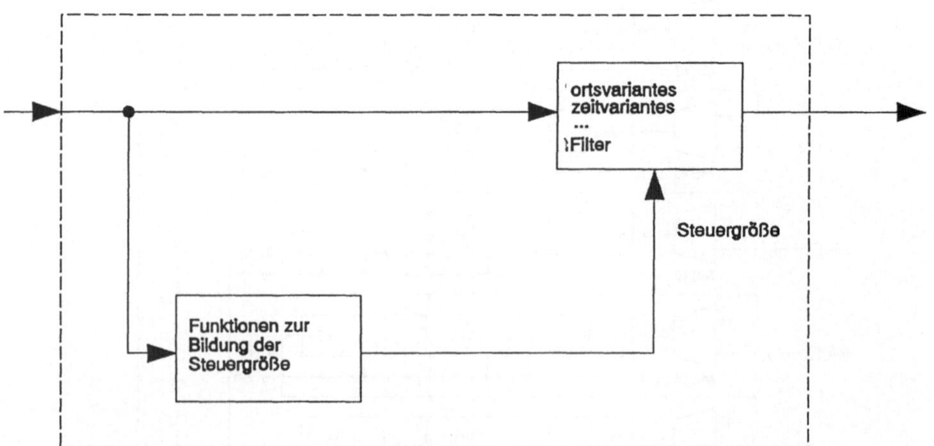

Bild 3.22: Adaptives Filter

Sollen beispielsweise Rauschanteile im Bild reduziert werden, ließe sich eine Mittelung mit einer 5x5 Pixel großen rotationssymmetrischen binominal gewichteten Maske durchführen. Diese verwischt jedoch (Bild 3.20) abrupte Grausprünge (Konturen), was durchaus unerwünscht sein kann. Um diesen Effekt zu vermeiden, sollte beispielsweise die Mittelungsmaske im Bereich eines senkrechten Konturverlaufs nicht mehr rotationssymmetrisch sondern entsprechend Bild 3.23 gewichtet werden.

$$\boldsymbol{h(u)\ h^T(v) = h(u,v)}$$

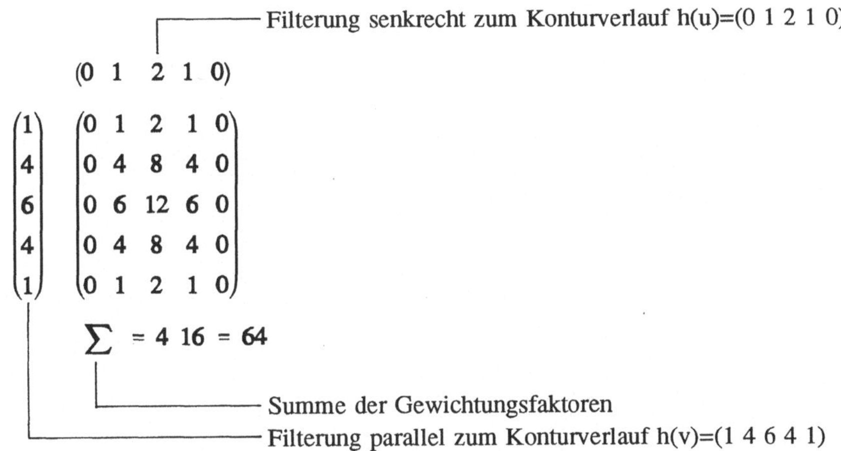

Bild 3.23: Variable Koeffizienten eines linearen, ortsvarianten Filters

Das bedeutet, daß die Filterkoeffizienten in Abhängigkeit des Bildinhaltes eingestellt werden müssen. In diesem Beispiel könnte die Steuergröße über eine Konturdetektion (→ Kapitel 3.5.1, lokale Kontrastoperationen) gebildet werden.

Übungsaufgabe 3.3
Vergleichen Sie die Wirkung eines Olympic-Filters (Maske 3x3 Pixel, n=2) angewandt auf Bild 3.20 mit den Ergebnissen einer arithmetischen Mittelwertbildung bzw. einer Medianfilterung.

Übungsaufgabe 3.4
Zeigen Sie eine Möglichkeit auf um isolierte helle bzw. dunkle Punkte im Bild zu detektieren?

3.5 Konturdetektion

Wegen der enormen Bedeutung von Konturen im Bild, wobei hier sowohl Grauwert-, Textur- oder Farbübergänge verstanden werden sollen, hinsichtlich einer Bilddatenreduktion wie der Zuordnung von Bildern (→ Kapitel 8.6 Stereoskopisches Sehen, → Kapitel 9 Bewegungsdetektion) und der Beschreibung von Objekten, haben sich eine Fülle verschiedener Operatoren entwickelt. Einen guten Überblick der Möglichkeiten hinsichtlich des Detektierens von Grauübergängen gibt [3.8]. Einige lokale Gradientenverfahren und deren Vergleich sind in [3.10] zusammengestellt.

3.5.1 Lokale Kontrastoperationen

Laplace-Operator

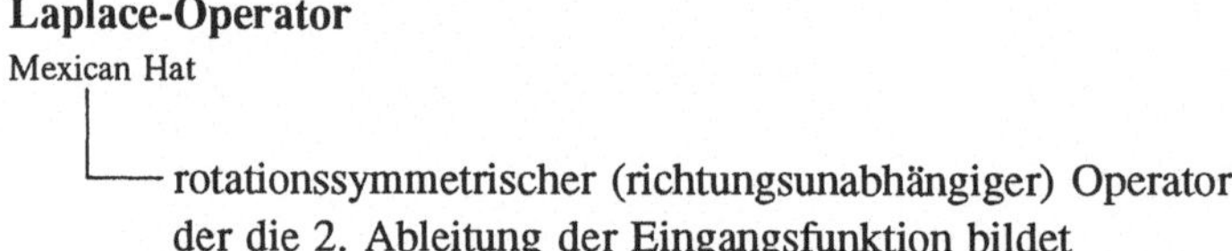

Der Laplace-Operator ist ein lineares Filter beliebiger Größe, jedoch von rotationssymmetrischer Form. Die Gewichte h(u,v) sind so gewählt, daß die Summe der Koeffizienten gleich 0 ist, falls der Operator nur Hochpaßcharakter haben soll.

Eine 3 x 3 Pixel große Maske könnte demnach zu

$$h(u,v) = \begin{pmatrix} 1 & 1 & 1 \\ 1 & -8 & 1 \\ 1 & 1 & 1 \end{pmatrix}$$

gewichtet sein.
Entsprechend dieser Gleichung bildet der Laplace-Operator die 2. Ableitung der Eingangsfunktion, d.h. er ist deutlich rauschempfindlicher als ein Gradientenoperator.

Sind die Werte des Eingangsbildes konstant, wird das Ausgangsbild identisch 0.
Liegt als Eingansbild ein linear ansteigender Graukeil vor, so ergibt sich ebenfalls ein Ausgangsbild identisch 0.
Auf eine Hell/Dunkelkante bzw. eine Linie reagiert er entsprechend Bild 3.24 [3.12].

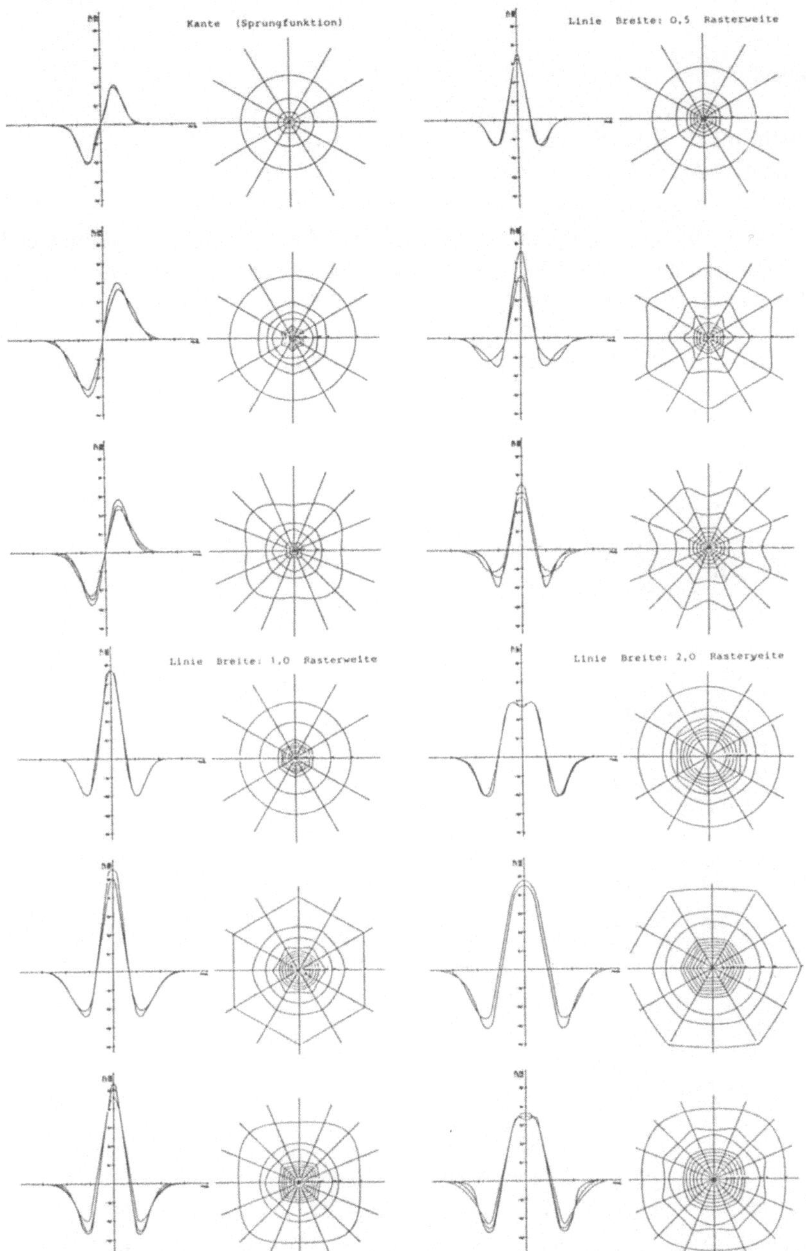

Bild 3.24: Reaktion verschiedener mexican-hat-Operatoren auf Kanten und Linien im hexagonalen und kartesischen Raster

Wegen seiner Rotationssymmetrie reagiert er auf Grauwertsprünge (Farbsprünge → Kapitel 4.3, Farbkontrastoperationen) unabhängig von der Orientierung der Kontur.
Wissenswert ist, daß die Verknüpfung der Helligkeitsinformation (Stäbchen) bzw. der Farbinformation (Zapfen) in den ersten Verarbeitungsstufen des Sehvorganges höherer Wirbeltiere der Laplace-Operation entspricht.

Sobel-Operator

└── nicht rotationssymetrisch,
bildet 1. Ableitung der Eingangsfunktion

Gegenüber dem "mexican-hat-Operator" liefert der Sobel-Operator, bei geringerer Rauschempfindlichkeit (nur die 1. Ableitung wird gebildet), neben der Information über die Größe des Kontrastsprunges einer Kontur auch deren lokale Orientierung.
Er besteht aus 2 Masken (Bild 3.25), die am gleichen Ort (x,y) angewandt die Werte $s_x(x,y)$ und $s_y(x,y)$, die Differenzen binominal gewichteter Pixel in x- bzw. y-Richtung, liefern.

Differenz in y-Richtung $\rightarrow s_y(x,y)$

$$s_y(x,y) = \begin{pmatrix} 1 & 2 & 1 \\ 0 & 0 & 0 \\ -1 & -2 & -1 \end{pmatrix}$$

Differenz in x-Richtung $\rightarrow s_x(x,y)$

$$s_x(x,y) = \begin{pmatrix} 1 & 0 & -1 \\ 2 & 0 & -2 \\ 1 & 0 & -1 \end{pmatrix}$$

Betrag des Gradienten

$$s(x,y) = \sqrt{s_x(x,y)^2 + s_y(x,y)^2}$$

Richtung des Gradienten

$$\varphi(x,y) = \arctan\frac{s_y(x,y)}{s_x(x,y)}$$

Bild 3.25: Sobelmasken und Berechnung von Betrag und Richtung des Gradienten

Mero/Vassy-Operator

Der Sobel-Operator wird rauschunempfindlicher bei größer werdendem Koppelfeld. Mero/Vassy verwenden Masken $h_1(u,v)$ und $h_2(u,v)$

$$h_1 = \begin{pmatrix} 0 & 1 & 1 & 1 & 1 & 1 & 1 & 1 \\ -1 & 0 & 1 & 1 & 1 & 1 & 1 & 1 \\ -1 & -1 & 0 & 1 & 1 & 1 & 1 & 1 \\ -1 & -1 & -1 & 0 & 1 & 1 & 1 & 1 \\ -1 & -1 & -1 & -1 & 0 & 1 & 1 & 1 \\ -1 & -1 & -1 & -1 & -1 & 0 & 1 & 1 \\ -1 & -1 & -1 & -1 & -1 & -1 & 0 & 1 \\ -1 & -1 & -1 & -1 & -1 & -1 & -1 & 0 \end{pmatrix} \qquad h_2 = \begin{pmatrix} 1 & 1 & 1 & 1 & 1 & 1 & 1 & 0 \\ 1 & 1 & 1 & 1 & 1 & 1 & 0 & -1 \\ 1 & 1 & 1 & 1 & 1 & 0 & -1 & -1 \\ 1 & 1 & 1 & 1 & 0 & -1 & -1 & -1 \\ 1 & 1 & 1 & 0 & -1 & -1 & -1 & -1 \\ 1 & 1 & 0 & -1 & -1 & -1 & -1 & -1 \\ 1 & 0 & -1 & -1 & -1 & -1 & -1 & -1 \\ 0 & -1 & -1 & -1 & -1 & -1 & -1 & -1 \end{pmatrix}$$

und berechnen daraus die Orientierung α der Kante.

$$\alpha(x,y) = \arctan \frac{\sum_{x,y} p(x+u,y+v)\; h_2(u,v)}{\sum_{x,y} p(x+u,y+v)\; h_1(u,v)}$$

Um die genaue Lage der Kante im Koppelfeld zu bestimmen wird, basierend auf der berechneten Kantenrichtung α, eine Modellkante gebildet (Abb. 3.26). Diese verschiebt man über den Bildausschnitt mit dem Ziel die beste Übereinstimmung von Bild und Modellmaske zu finden. Eine detaillierte Darstellung gibt [3.9].

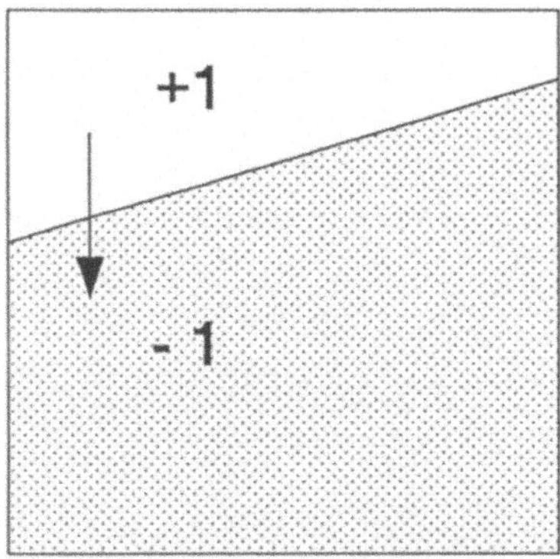

Bild 3.26: Korrelation der Modellkante mit dem Bildausschnitt zur Bestimmung der Kantenlage

Kirsch-Operator

Die Idee des Kirsch-Operators bzw. generell der Kompaßmasken basiert auf einem Schablonensatz, dessen einzelne Templates auf eine ganz bestimmte Orientierung der zu detektierenden Grauwertkante justiert sind.
Der komplette Schablonensatz wird angewandt an jedem Ort (x,y). Das Template, welches den größten Kontrastwert liefert, präsentiert dann die Orientierung der Kontur.
Bild 3.27 zeigt den Satz von Kirschmasken mit den zugehörigen Orientierungen des Kontrastüberganges.

$$K_{0^0} = \begin{pmatrix} 5 & 5 & 5 \\ -3 & 0 & -3 \\ -3 & -3 & -3 \end{pmatrix} \qquad K_{45^0} = \begin{pmatrix} 5 & 5 & -3 \\ 5 & 0 & -3 \\ -3 & -3 & -3 \end{pmatrix}$$

$$K_{90^0} = \begin{pmatrix} 5 & -3 & -3 \\ 5 & 0 & -3 \\ 5 & -3 & -3 \end{pmatrix} \qquad K_{135^0} = \begin{pmatrix} -3 & -3 & -3 \\ 5 & 0 & -3 \\ 5 & 5 & -3 \end{pmatrix}$$

$$K_{180^0} = \begin{pmatrix} -3 & -3 & -3 \\ -3 & 0 & -3 \\ 5 & 5 & 5 \end{pmatrix} \qquad K_{225^0} = \begin{pmatrix} -3 & -3 & -3 \\ -3 & 0 & 5 \\ -3 & 5 & 5 \end{pmatrix}$$

$$K_{270^0} = \begin{pmatrix} -3 & -3 & 5 \\ -3 & 0 & 5 \\ -3 & -3 & 5 \end{pmatrix} \qquad K_{315^0} = \begin{pmatrix} -3 & 5 & 5 \\ -3 & 0 & 5 \\ -3 & -3 & -3 \end{pmatrix}$$

Bild 3.27: Kirsch-Maskensatz

3.5.2 Kettencodes

Chain Codes

In vielen Anwendungsfällen läßt sich ein Grau- oder Farbbild ohne Verlust des interessierenden Bildinhaltes auf ein oder mehrere Binärbilder zurückführen. Oft ist diese Datenreduktion mit einfachen Mitteln (→ Kapitel 7 Beleuchtungstechniken, → Kapitel 3.2.2 Bimodalität) möglich. Aus den in ikonischer (bildhafter) Form vorliegenden Daten werden in weiteren Verarbeitungsschritten Merkmale generiert, die das in der Szene gesuchte Objekt mit wenigen, aber markanten Parametern beschreiben.

Diese Merkmale aus dem Binärbild direkt zu berechnen ist in aller Regel aufwendiger, als in einem Zwischenschritt die in bildhafter Form gegebenen Binärdaten in eine symbolische Darstellung (den Kettencode) mit deutlich geringerer Redundanz überzuführen.

Eine Möglichkeit der kompakten symbolischen Darstellung von Binärdaten sind Kettencodes. Sie beschreiben ohne Informationsverlust die Szene, indem ein Code für die Berandung von Schwarz- bzw. Weißgebieten gebildet wird.

Der Code besteht aus einer geschlossenen Kette von Konturelementen (Schwarz-/Weißübergängen). Geschlossen deswegen, weil der Umlauf um eine Struktur im Binärbild immer zum Startpunkt zurückführt.

Chain code von Freemen

Der Chain code von Freemen arbeitet auf dem Pixelraster. Es werden 8 Orientierungen (Bild 3.4) unterschieden, deren Folge als Liste abgelegt, zusammen mit den Startkoordinaten das Bild vollständig, aber in der Regel erheblich datenreduziert beschreibt.

Merkmale wie Umfang, Fläche, Tangenten,... sind daraus leicht ableitbar.

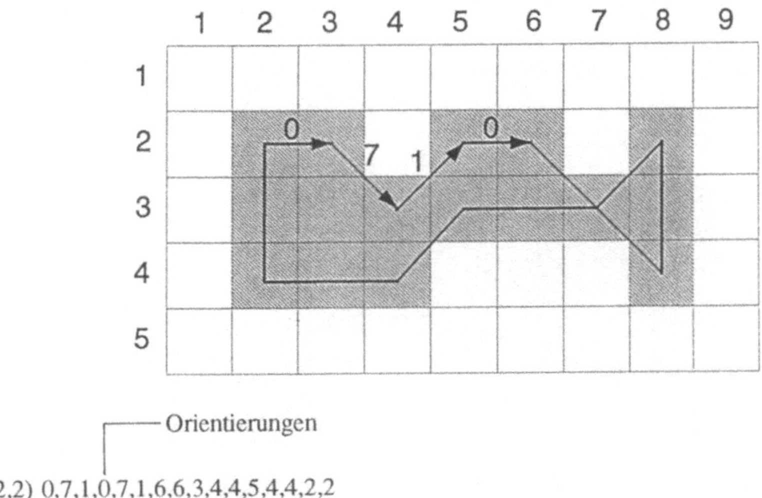

Bild 3.28: Chain code von H. Freemen

RC-code von Daniellson

Eine Beschreibung der Objektberandung etwas geringerer Redundanz als sie der Chain-code von Freeman liefert, gibt der RC-code von Daniellson. Er verwendet statt Pixel- Eckkoordinaten. Ausgehend von einer Ecke sind im kartesischen Koordinatensystem nur 4 Fortschreiterichtungen möglich.
Bild 3.29 erklärt die Vorgehensweise der Codierung.

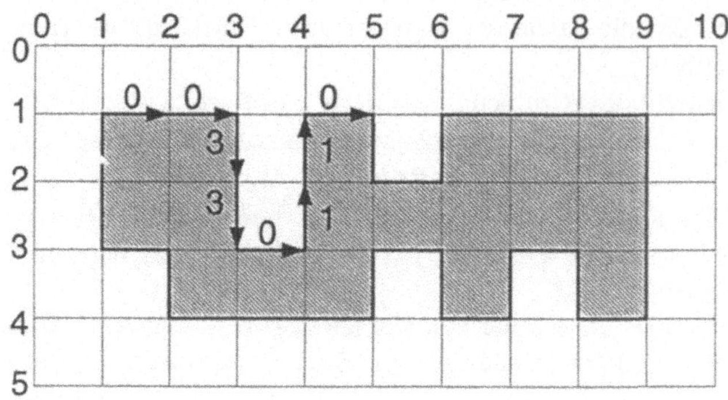

Bild 3.29: RC-Code von Daniellson

RLC (run length code)

Auch der RLC-Code basiert auf Eckkoordinaten. Es werden jedoch nicht Orientierungen sondern Eckentypen (konkave v und konvexe x Ecke) unterschieden, sowie deren Abstand (run) Bild 3.30.

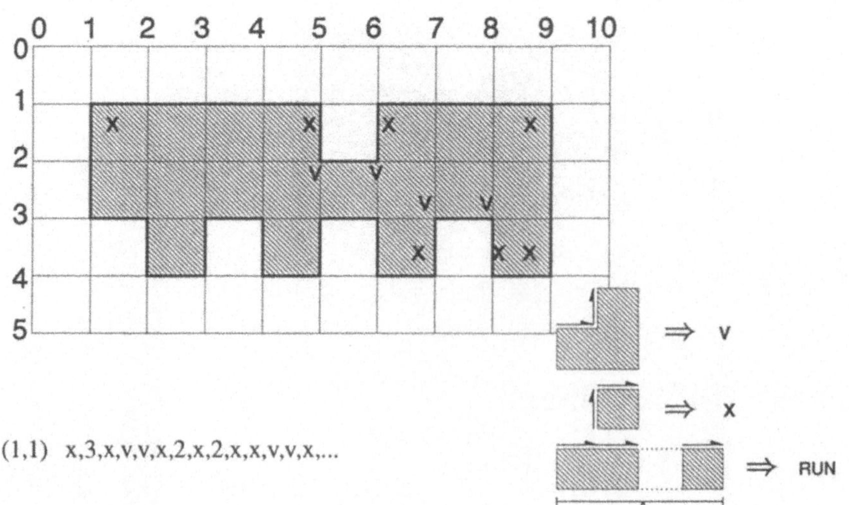

Bild 3.30: RLC (Run Length code)

Um Kettencodes mit kontur- und formbeschreibenden Modellen vergleichen zu können (→ Kapitel 3.1.2, Konturkorrelation) ist eine lageunabhängige, längenunabhängige und rotationsunabhängige Darstellung günstig.
Kettencodes beinhalten den Vorteil der lageunabhängigen Beschreibung einer Kontur bzw. Fläche, falls der "Startpunkt" der Kontur nicht betrachtet wird.
Die Rotationsunabhängigkeit des Kettencodes läßt sich erreichen, indem nicht die Orientierungsinformation der einzelnen Segmente listenförmig dargestellt wird, sondern die relative Orientierungsänderung (derivative) zweier aufeinanderfolgender Segmente. Die relative Orientierungsänderung kann hierbei als Anzahl n von $\pi/2$-Schritten bei einem 4-Nachbar-Code bzw. $\pi/4$-Schritten bei einem 8-Nachbar-Code angegeben werden.

Für zeitkritische Anwendungen eignet sich der Object Contour Tracer von LSI-Logic zur Umsetzung des Binärbildes in den Kettencode.
Er liefert nicht nur kameratakthaltend den Kettencode, sondern zusätzlich objektbeschreibende Merkmale (Bild 3.31).

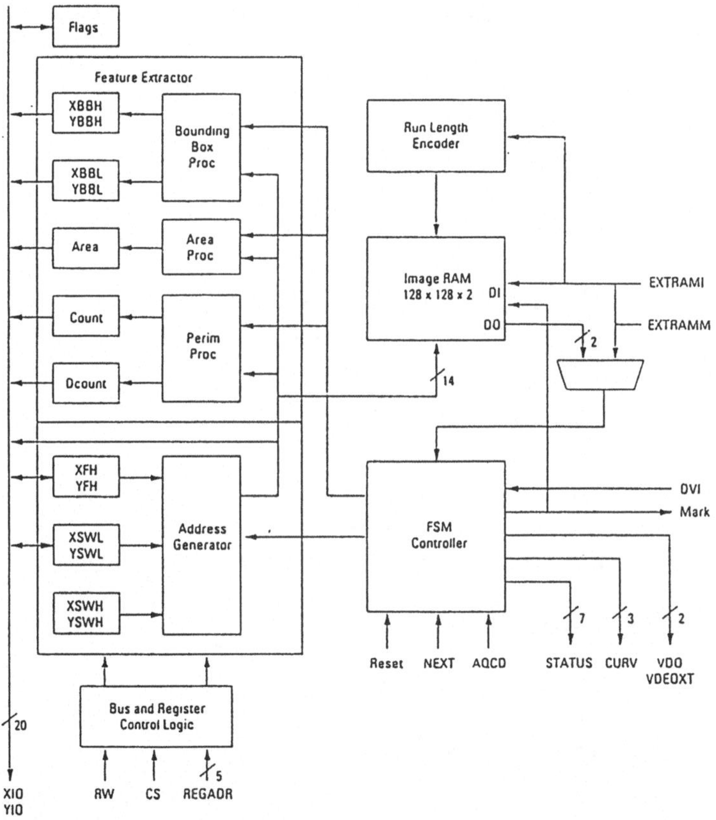

Bild 3.31: Object contour Tracer von LSI-Logic

Aus Kettencodes lassen sich recht effizient formbeschreibende Merkmale berechnen. So beispielsweise:

- Fläche eines Schwarz-/Weißgebietes
- Umfang eines Schwarz-/Weißgebietes
- Umfang/Fläche als größenunabhängiges Formmerkmal
- Tangenten der Randlinie
- Änderung der Tangenten der Randlinie
- Koordinaten des umschreibenden Rechteckes
- Schwerpunktskoordinaten
- Gebietshierarchie (gegenseitige Lage verschachtelter Schwarz-/Weißgebiete
- Slope Density Function

Man sollte sich bei der Interpretation der Merkmale (z.B. dem Umfang) allerdings stets bewußt sein, daß der Berechnung ein Raster zugrunde liegt. So entspricht der Umfang eines Objektes nur in allererster Näherung der Anzahl von Kettencode-Elementen, wie aus Bild 3.32 sofort klar wird.

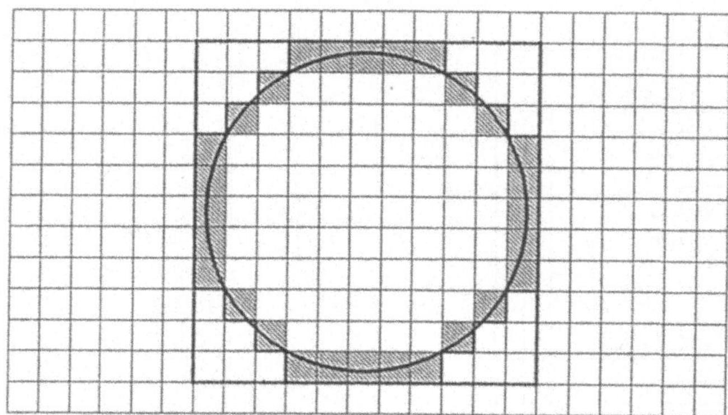

Anzahl n der Elemente im Kettencode: n = 44
Unkorrigierter Umfang U: U = 44
Fläche A die sich aus dem Kettencode berechnet: A = 97

Fläche/Umfang = 97/44 = 2,204

Fläche/Umfang für idealen Kreis: A/U = Radius/2 = 2,5

Fehler > 12% (A/U eines flächengleichen Quadrats: A/U = 2,215)

Bild 3.32: Merkmal Fläche/Umfang von Kreis, Quadrat und idealem Kreis

Eine einfache Korrektur des Umfanges besteht darin, konvexe Ecken "abzuschneiden" und konkave Ecken "aufzufüllen".

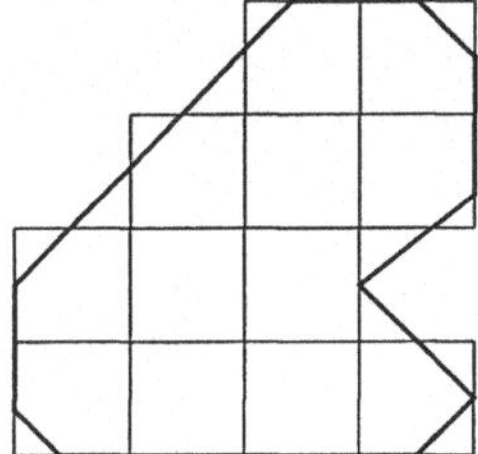

Längeneinheit pro Ecke modifiziert mit $1/\sqrt{2}$ (Voraussetzung: Quadratische Pixel!)
Die Fläche ändert sich um -1/2 Pixel bei einer Außenkontur und um
+1/2 Pixel bei einer Innenkontur

Der so modifizierte Umfang ergibt sich mit
n = Anzahl der Kettenelemente
n_e = Anzahl der Ecken
zu

$$U_{modifiziert} = n - n_e\left(1 - \frac{1}{\sqrt{2}}\right) = n - 0{,}2929\, n_e$$

Für das Beispiel Abb. 3.32 ergibt sich damit ein Verhältnis von Fläche zu Umfang von von: A/U = 2,69
Fehler = 7,8% (Jetzt unterscheidbar von flächengleichem Quadrat.)

Bild 3.33: Korrektur des Umfanges

3.5.3 Konturapproximation

Ziel der Konturapproximation ist es, eine Kontur durch eine möglichst kurze Folge einfacher (z.B. geometrischer Formen wie Geraden, Kreisbögen,...) Primitive zu beschreiben. Ausgegangen wird hierbei von einer Folge von Konturpunkten. Die Annäherung der realen Kontur durch wenige und einfache Approximationsfunktionen führt zu Fehlern, die durch Fehlermaße bewertet werden.

Je nach Problemstellung bieten sich unterschiedliche Primitiventypen an welche die gegebene Funktion annähern sollen. Ein weiterer wichtiger Gesichtspunkt ist die Wahl der Anfangs- und Endpunkte der geometrischen Primitive. Ferner ist das Kriterium von Bedeutung, nach dem das Primitiv der Kontur angepaßt wird.

Schließlich soll die Approximation bewertet werden. Dies bedingt entsprechende Fehlermaße. Typische Größen, die zur Fehlerbewertung herangezogen werden, sind der maximale geometrische Abstand zwischen Konturpunkt und Approximationsfunktion, die Summe der Abstandsquadrate zwischen den Konturpunkten und einer Approximationsfunktion oder die Fläche zwischen Kontur und Primitiv.

Polygonapproximation nach Williams

Von einem Anfangspunkt A ausgehend wird um den folgenden Konturpunkt B ein Kreis mit dem Radius r geschlagen. Falls innerhalb eines Bereichs, gegeben durch die von A ausgehenden Tangenten an den Kreis um B der nächste Konturpunkt liegt, wird um C ein Kreis mit dem Radius r geschlagen. Wieder wird untersucht, ob innerhalb eines Bereichs, gegeben durch die von A ausgehenden Tangenten an den neuen Kreis um C bzw. B, der nächste Konturpunkt D liegt (Bild 3.34). Der Algorithmus wird so lange fortgesetzt wie der nächste Konturpunkt N noch innerhalb des Suchbereiches liegt; die Strecke AN sodann als Gerade angenähert. Das sich anschließende Polygonstück hat seinen Anfangspunkt in N. Ein Vorteil des Verfahrens besteht darin, daß zur Berechnung des Polygons jeder Konturpunkt nur einmal betrachtet werden muß.

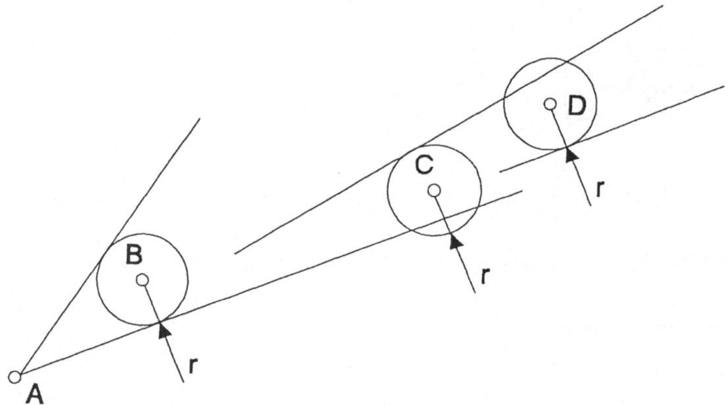

Bild 3.34: Polygonapproximation nach Williams

Polygonapproximation nach Wall

Ausgehend von Punkt A wird der folgende Konturpunkt B betrachtet und die "Fläche", aufgespannt vom Ausgangspunkt A und aktuellem Konturpunkt B, berechnet. Der nächste Konturpunkt C wird betrachtet und die Fläche über die Strecke AC bestimmt. Dies wird so lange fortgesetzt, bis die Abbruchbedingung

2 Fläche (über AN) < T Strecke (von AN)
└── T: Schwellwert

mit Hinzunahme des Konturpunktes N erfüllt ist. Der Konturpunkt N bildet den Ausgangspunkt für das neue Polygonstück. Wie aus Bild 3.35 zu ersehen ist, kann die Flächenabweichung mit Hinzunahme eines neuen Konturpunktes kleiner werden.
Genauso wie beim Verfahren nach Williams sind die Konturpunkte nur einmal zu betrachten. Wall kommt zudem ohne aufwendige mathematische Operationen aus.

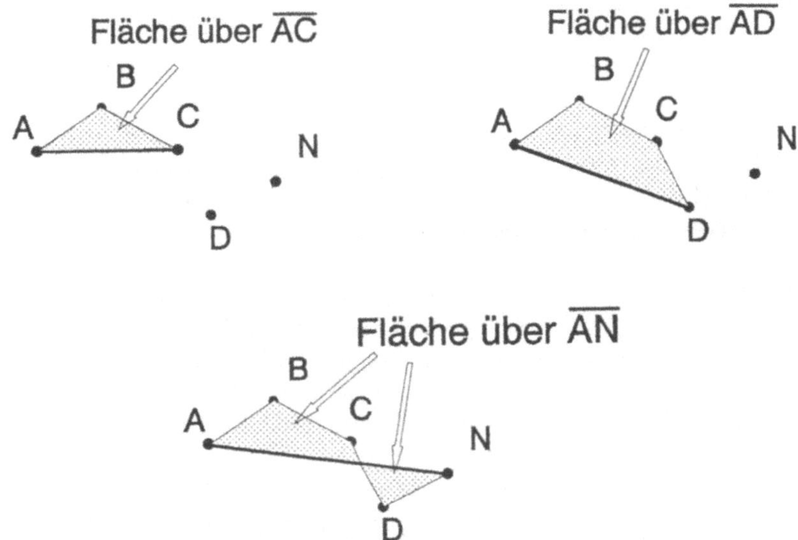

Bild 3.35: Polygonapproximation nach Wall

Verfahren nach Kurozumi und Davis
Kurozumi und Davis gehen vom Anfangspunkt A und den nächsten Punkten B und C aus, mit dem Ziel, das Rechteck zu berechnen, welches bei minimaler Höhe die Punkte umspannt. Neue Konturpunkte werden solange hinzugefügt, bis sich kein Rechteck mehr mit einer kleineren als vorgegebenen Höhe h finden läßt.
Dazu folgende Vorgehensweise:
Die drei Punkte A, B und C werden durch Geradenstücke verbunden. Zu jedem Geradenstück wird der Punkt gesucht, der davon am weitesten entfernt ist, den größten Abstand (MAX-Abstand) hat. Im nächsten Schritt wird das Geradenstück ausgewählt, für das der kleinste MAX-Abstand ermittelt wurde. Dieses Geradenstück wird verlängert und spannt entsprechend Bild 3.36 das schmalste mögliche Rechteck auf. Falls dessen Höhe h kleiner als eine vorgegebene Schwelle ist, wird der nächste Konturpunkt D hinzugefügt und mit der gleichen Prozedur das jetzt schmälste umspannende Rechteck ermittelt.
Die Mittellinie des Rechtecks stellt die approximierende Gerade dar. Der letzte Konturpunkt N bildet den Anfangspunkt zur Ermittlung der nächsten Approximationsgeraden.

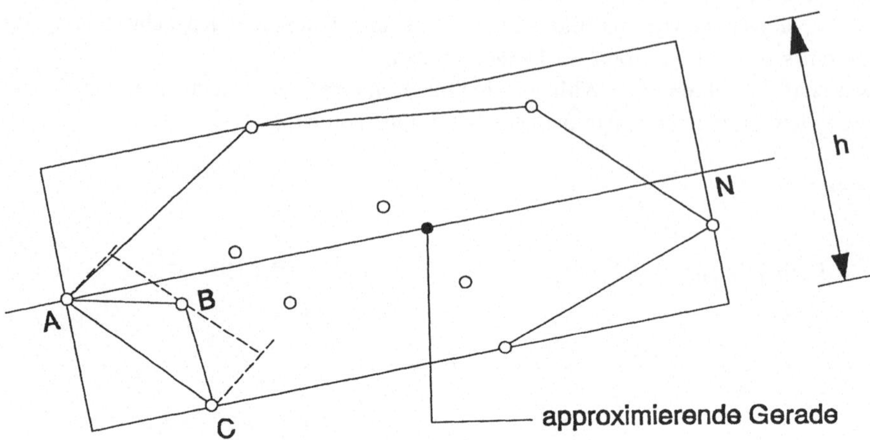

Bild 3.36: Polygonapproximation nach Kurozumi und Davis

Ein Nachteil des Verfahrens zeigt sich bei kleinen Winkeln zwischen den Polygonabschnitten. Hier kann der Fall auftreten, daß der Schnittpunkt zweier aufeinanderfolgender Approximationsgeraden nicht mehr innerhalb eines vorgegebenen Radius r um den Endpunkt N des Polygonabschnittes i bzw. A Anfangskonturpunkt des Polygonabschnittes i+1 liegt.
Um diesen Nachteil zu vermeiden wird erzwungen, daß der Polygonabschnitt i+1 durch den Punkt R verläuft.
Dies kann dadurch erreicht werden, indem diejenige Gerade für den Polygonabschnitt i+1 ermittelt wird, für welche die Summe der Abstände zu den beiden auf jeder Seite am weitesten entfernt liegenden Konturpunkten (C und D) zu Null wird, wie Bild 3.37 verdeutlicht.

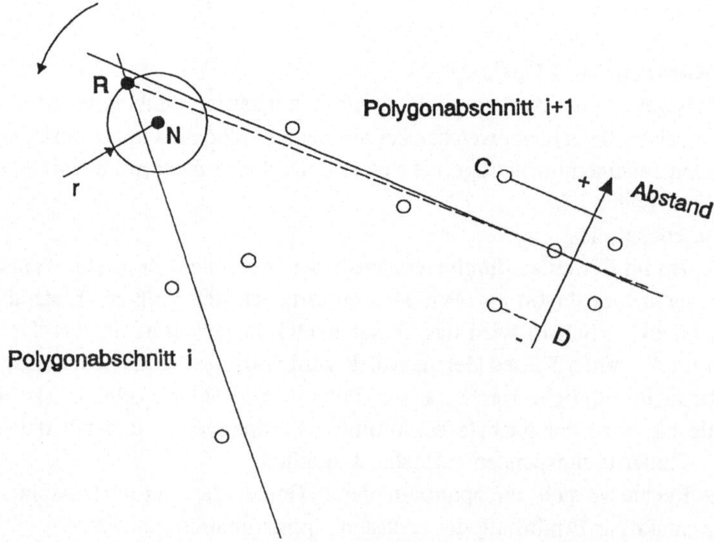

Bild 3.37: Korrektur der Approximationsgeraden für den Polygonabschnitt i+1

Polygonapproximation nach dem "Split and Merge" Algorithmus

Entsprechend Bild 3.38 werden die Endpunkte A und B der zu beschreibenden Kurve durch eine approximierende Gerade AB verbunden und der Punkt auf der Kurve berechnet, mit dem größten Abstand zu AB. Liegt eine geschlossene Figur vor (z.B. wenn die Kurve als Kettencode eines Binärbildes gegeben ist), fällt A in B. Der Algorithmus teilt sich in Split- und anschließende Merge-Schritte.

Split-Schritte

Ermittle für jede approximierende Gerade den Punkt P auf der zu beschreibenden Kurve (zwischen den Endpunkten der Geraden) mit dem größten Abstand T. Ist dieser Abstand größer als eine vorgegebene Schwelle, wird die approximierende Gerade AB aufgeteilt in AP und PB. Falls dies für keine approximierende Gerade mehr der Fall ist, wende Merge-Schritte an.

Merge-Schritte

Betrachte die bei A beginnende approximierende Gerade AI und die sich unmittelbar daran schließende Gerade IJ. Berechne den maximalen Abstand der Geraden AJ zur Kurve. Falls dieser kleiner ist als die vorgegebene Schwelle, ersetze die beiden Geraden AI und IJ durch die neue approximierende Gerade AJ. Entsprechend wird mit allen approximierenden Geraden verfahren.

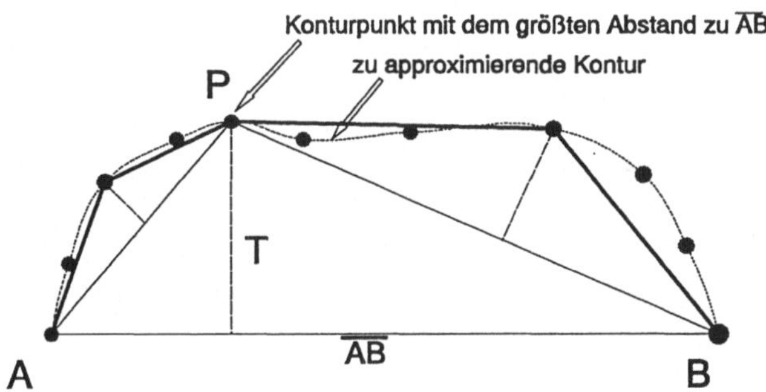

Split-Schritte

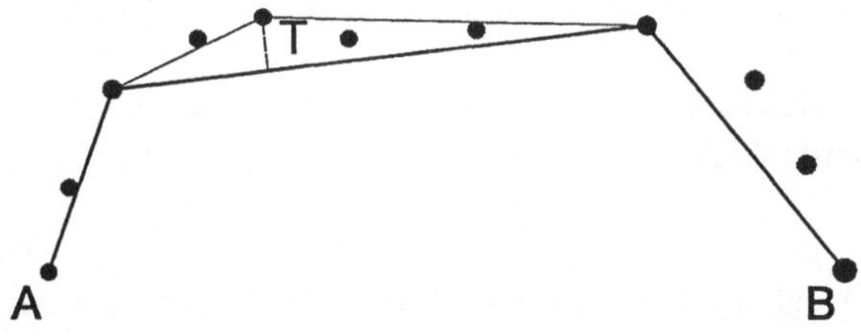

Merge-Schritte

Bild 3.38: Split and Merge Algorithmus

3.5.4 Slope Density Function

Die Slope Density Function stellt ein Histogramm der Orientierung von Konturcodeelementen dar. Der Konturcode unterschiedlicher Formen führt zu charakteristischen Slope Density Functions. Es lassen sich daraus formbeschreibende Merkmale ableiten. Bild 3.39 verdeutlicht den Zusammenhang für einfache Formen.

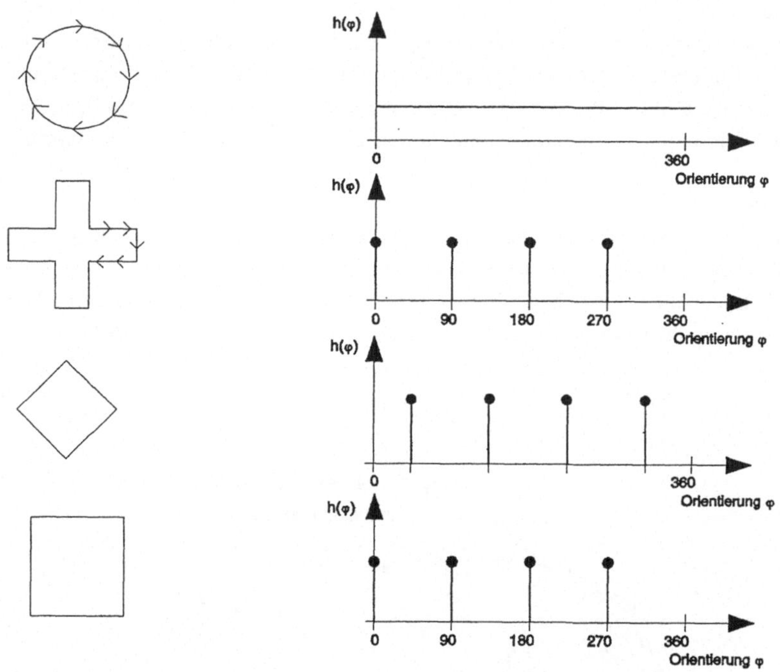

Bild 3.39: Kreis-, kreuz-, quadrat- und rautenförmige Struktur mit dazugehöriger Slope Density Function

3.5.5 Fourier-Descriptoren

Auch Konturverläufe lassen sich nach einer Fouriertransformation durch die Fourierkoeffizienten beschreiben.

Als Basis kann die Folge aufeinanderfolgender Orientierungen (→ Kapitel 3.5.2, Kettencodes) herangezogen werden.

Ein vergleichendes Bildbeispiel der Beschreibung einer "3" bei zunehmend verminderter Anzahl berücksichtigter Fourierkoeffizienten zeigt [3.15].

Übungsaufgabe 3.5

Beschreiben Sie eine Möglichkeit um Konturverläufe aus verrauschten Bildern zu detektieren?

Übungsaufgabe 3.6

Unterstützen Bildeinzugs-/verarbeitungskarten die Slope Density Function?

3.6 Hough-Transformation

Die Hough-Transformation ist ein sehr universelles Verfahren, das sich sowohl eignet um eine Folge von Konturpunkten mit verschiedensten Funktionen (Geraden, Kreise,...) zu approximieren, als auch komplexe Objekte aufgrund ihrer Beschreibung im Bild zu finden. Und zwar dies auch dann, wenn Konturpunkte fehlen oder Störungen überlagert sind bzw. sich Objekte nur ähnlich ihrer Beschreibung im Bild wiederfinden.

3.6.1 Geradenapproximation

Ziel der Hough-Transformation ist es, Konturpunkte (die beispielsweise nach einer Laplaceoperation vorliegen) in einem lokalen Bildbereich durch eine Gerade anzunähern. Dazu wird die approximierende Funktion in einer Parameterdarstellung angegeben. Eine Gerade läßt sich durch zwei Parameter r und φ (Hessesche Normalform) formulieren zu

$$r = x \cos\varphi + y \sin\varphi$$

Beispielhaft ist in Bild 3.40 durch den Konturpunkt E eine Gerade, dargestellt als Funktion von r und φ, eingezeichnet.

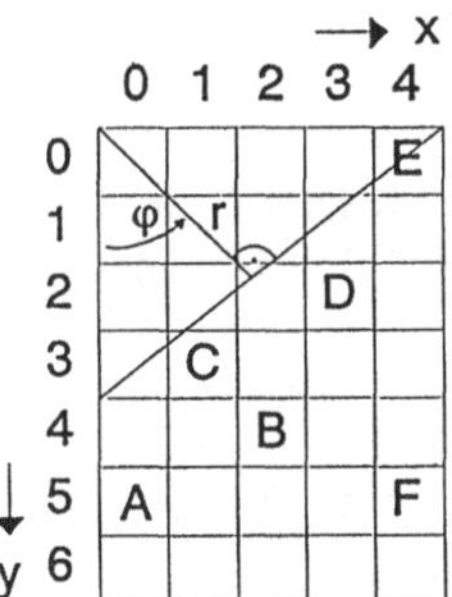

Bild 3.40: Die sich aus einer lokalen Kontrastoperation ergebenden Konturpunkte A, B, C, D, E und F.
Geradendarstellung mit Hilfe der Parameter r und φ

Die Parameter r und φ werden quantisiert und eine sogenannte Akkumulatortabelle (Bild 3.41) angelegt.

r \ φ	0	45	90	135
0			A	
1				
2				
3		A		A
4				
5	A			
6				

Bild 3.41: Akkumulatortabelle; Parameter r, φ

Jeder Konturpunkt in Abbildung 3.40 wird betrachtet und alle Geraden berechnet, die sich entsprechend der Quantisierung von r und φ durch den jeweiligen Konturpunkt legen lassen. Jede Gerade, charakterisiert durch r und φ erhöht die anfangs leere Akkumulatortabelle an der entsprechenden Stelle um 1 (Bild 3.41).
Geraden die durch mehrere Konturpunkte laufen werden das entsprechende Feld (r,φ) der Akkumulatortabelle entsprechend der Anzahl von Konturpunkten erhöhen. Es bildet sich also eine Häufung in der Akkumulatortabelle aus, an der Stelle, welche die approximierende Gerade beschreibt.

3.6.2 Schablonenvergleich

Ein einfacher Schablonenvergleich (→ Kapitel 3.1, Schablonenvergleich) hat den Nachteil, daß er empfindlich auf Störungen im Bild reagiert die sich nur in wenigen speziellen Fällen vermeiden lassen. Auch ist es möglich, daß das zu identifizierende Bild gedreht und/oder in der Größe variiert und/oder verschoben ist.
Die Hough-Transformation stellt einen Weg dar, mit diesen Schwierigkeiten des Vergleichs ökonomisch zurecht zu kommen.

Der erste Schritt besteht, wie auch bei der Geradenapproximation darin, das im Bild zu suchende Template zu definieren. Falls keine analytische Beschreibung möglich ist, werden seine Merkmale in einer Referenztabelle (R-table) abgelegt.
Beispielsweise läßt sich die Form (shape) des Musters (Bild 3.42) durch Tangenten an verschiedenen Positionen, bezogen auf einen willkürlich festgelegten Koordinatenursprung beschreiben.

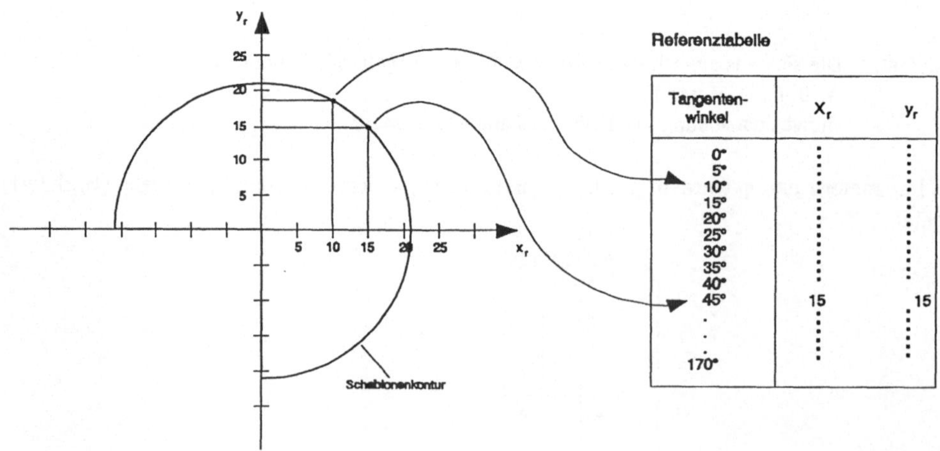

Bild 3.42: Template und beschreibende R-table

Der Vergleich von Schablone und Bild erfolgt dadurch, daß aus im Bild gefundenen Tangenten mit Hilfe entsprechend orientierter Tangenten in der R-table und deren Koordinaten auf den, bei der Festlegung gewählten Koordinatenursprung zurückgerechnet wird.

$$(x_0,y_0) = ((x_i-x_r),(y_i-y_r))$$
$$(10,5) = ((25-15),(20-15))$$

Der Eintrag in die entsprechende Koordinate der Akkumulatortabelle wird dann erhöht. Die Akkumulatortabelle spiegelt damit die Wahrscheinlichkeit wieder für das Vorhandensein und die x,y-Verschiebung des Musters im Bild.

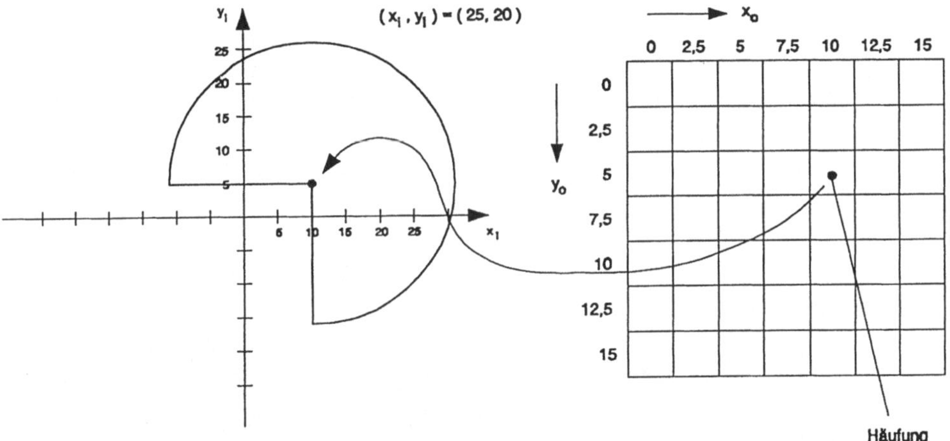

Bild 3.43: Akkumulatortabelle zur Bestimmung der Lage (x,y-Verschiebung) eines Musters im Bild

Wird das Muster nicht in Abhängigkeit seiner lokalen Orientierungen und deren Position definiert, sondern durch die Orientierung und Länge seiner Konturteilstücke (→ Kapitel 3.5.2, Kettencodes), führt dies zu einer R-table entsprechend Bild 3.44 und schließlich zu einer Aussage seiner Orientierung im Bild, bzw. des Zoom-Faktors.
Dazu muß jedes Konturteilstück des Objekts mit allen Features der Referenztabelle verrechnet werden.

$$(z_0,\varphi_0) = ((\frac{l_i}{l_r}),(\varphi_i-\varphi_r))$$
$$(1{,}5,-45^0) = (\frac{1{,}5}{1},(0^0-45^0))$$

Es ergibt sich dann in der Akkumulatortabelle eine Häufung am Ort des aktuellen Zoomfaktors bzw. der aktuellen Orientierung des Objektes gegenüber dem Template.

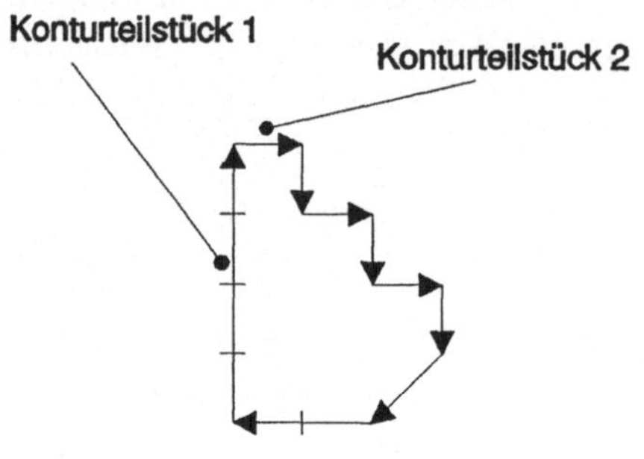

Referenztabelle

Konturteilstück	l_r	phi_r
1	4	90
2	1	0
3	1	270
4	1	0
5	1	270
6	1	0
7	1	270
8	1	225
9	2	180

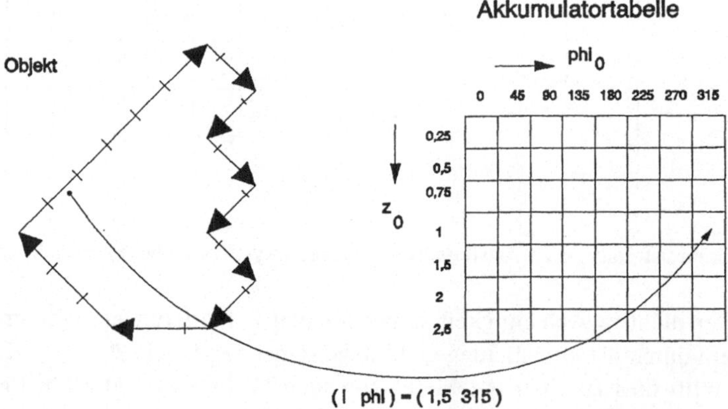

Bild 3.44: Orientierung und Zoomfaktor, abzulesen aus der Akkumulatortabelle

Zwar ist die Hough-Transformation sehr leistungsfähig jedoch auch rechenintensiv. Die Beispiele zeigen aber auch, daß die Berechnungen recht einfach in Hardware abbildbar sind. Einen Prozessor, der neben Histogrammoperationen auch zu Hough-Transformation geeignet ist, gibt im Blockdiagramm Bild 3.45 wieder.

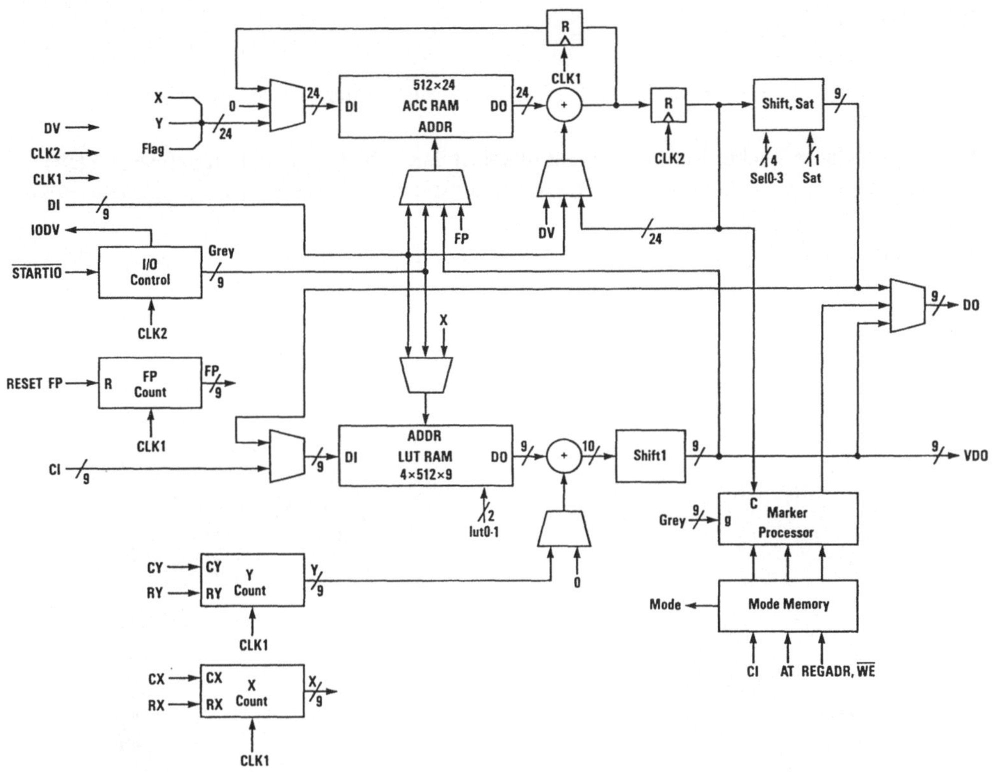

Bild 3.45: Histogram/Hough-Transform Processor von LSI-Logic

Übungsaufgabe 3.7

Berechnen Sie die vollständige Akkumulatortabelle Bild 3.41 ausgehend von den in Bild 3.40 eingetragenen Konturpunkten. Zeichnen Sie die approximierende Gerade in Bild 3.40 ein.

Übungsaufgabe 3.8

Vollziehen Sie das in Bild 3.44 gegebene Beispiel nach, indem Sie die Akkumulatortabelle vollständig berechnen. Lesen Sie aus der Häufung den Orientierungsunterschied φ_0 zwischen Bild und Template sowie den Zoomfaktor z_0 ab.

3.7 Textur

Klassifikationsverfahren basieren auf oft lokalen Merkmalen, die es erlauben, Objekte zu beschreiben.

Eine große Klasse solcher Merkmalsoperationen ist dadurch charakterisiert, daß sie, angewandt auf einen beliebigen Bildpunkt, typische Werte entsprechend dem vom Operator abgedeckten Bildmuster liefern. Im betrachteten Fall texturierter Oberflächen sind diese Bildausschnitte aufgebaut aus ähnlichen Grundmustern, sogenannten Texel's (texture elements), die sich regelmäßig oder statistisch verteilen. Einige typische Beispiele verschiedener Texturen zeigt Bild 3.46.

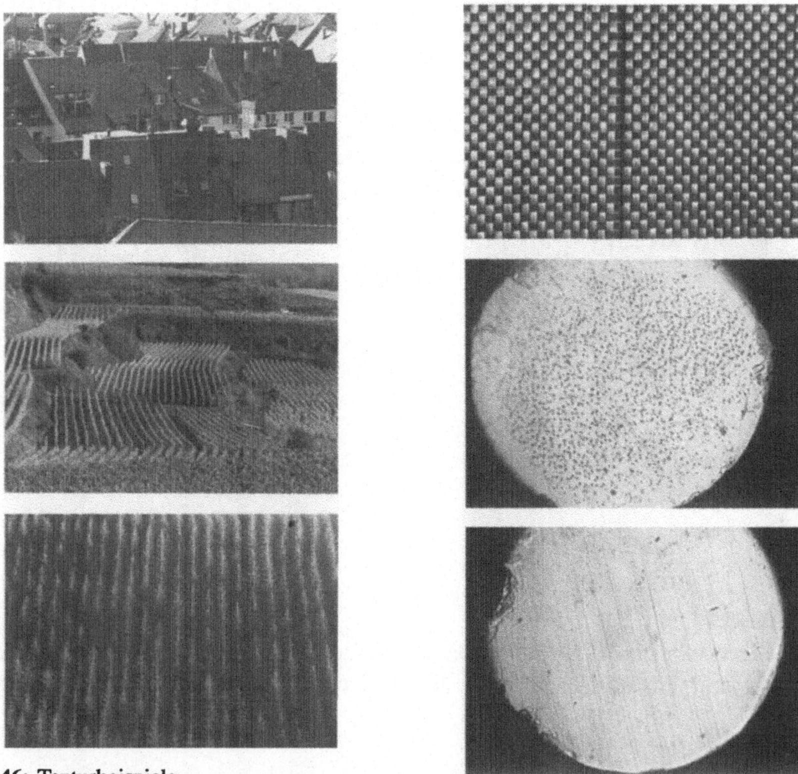

Bild 3.46: Texturbeispiele
(→15.2 Anhang, Farbtafel 8)

Um Texturkennwerte zu erzeugen, die für unterschiedliche Texturen unterschiedliche Wertebereiche annehmen, bieten sich zwei Vorgehensweisen an. Im ersten Fall werden die Texturmerkmale direkt aus dem Ausgangsbild (z.B. Farb- oder Grauwertbild) berechnet. Eine alternative Idee hierzu besteht darin, in algorithmisch einfacher Weise (Hardware) Matrizen oder Codes zu erzeugen, um aus diesen dann die verschiedensten Merkmale, natürlich auch Texturmerkmale, zu berechnen. Zwei verbreitete Verfahren sind die Run-Length-Matrix und die Grauwertematrix (co-occurrence-matrix).

3.7.1 Texturmerkmale

3.7.1.1 Transformationsparameter

Eine Möglichkeit, Texturparameter zu gewinnen, besteht darin, über eine Transformation (Fourier-, Walsh/Hadamard-,...) charakteristische Spektralanteile zu erzeugen. Diese Methode führt zu Parametern, deren Relevanz durch Rücktransformation (inverse Transformation) leicht veranschaulicht werden kann (→ Kapitel 10.2, Transformationscodierung).

3.7.1.2 Texturenergiemasken

Da in der Regel nicht beliebig verschiedene Texturen untersucht werden müssen und die Operationen lediglich die Aufgabe haben für jede zu unterscheidende Textur spezifische Parameter zu erzeugen, ist es zweckmäßig, angepaßte Basisfunktionen für die Transformation zu suchen. Beispielsweise kann die Transformationsmaxtrix einen gewichteten Mittelwert, einen Differenzierer und einen zweifachen Differenzierer beinhalten.

binominal gewichteter Mittelwert	(1 2 1)
Differenzierer	(-1 0 1)
zweifacher Differenzierer	(-1 2 -1)

Zweidimensional erweitert ergeben sich die Transformationsmasken Bild 3.47.

$$\begin{array}{ccc} (1\ 2\ 1) & (-1\ 0\ 1) & (-1\ 2\ -1) \\ \begin{pmatrix}1\\2\\1\end{pmatrix}\begin{pmatrix}1&2&1\\2&4&2\\1&2&1\end{pmatrix} & \begin{pmatrix}-1\\0\\1\end{pmatrix}\begin{pmatrix}1&0&-1\\0&0&0\\-1&0&1\end{pmatrix} & \begin{pmatrix}-1\\2\\-1\end{pmatrix}\begin{pmatrix}1&-2&1\\-2&4&-2\\1&-2&1\end{pmatrix} \end{array}$$

$$\begin{array}{ccc} (1\ 2\ 1) & (-1\ 0\ 1) & (-1\ 2\ -1) \\ \begin{pmatrix}-1\\2\\-1\end{pmatrix}\begin{pmatrix}-1&-2&-1\\2&4&2\\-1&-2&-1\end{pmatrix} & \begin{pmatrix}1\\2\\1\end{pmatrix}\begin{pmatrix}-1&0&1\\-2&0&2\\-1&0&1\end{pmatrix} & \begin{pmatrix}-1\\0\\1\end{pmatrix}\begin{pmatrix}1&-2&1\\0&0&0\\-1&2&-1\end{pmatrix} \end{array}$$

$$\begin{array}{ccc} (1\ 2\ 1) & (-1\ 0\ 1) & (-1\ 2\ -1) \\ \begin{pmatrix}-1\\0\\1\end{pmatrix}\begin{pmatrix}-1&-2&-1\\0&0&0\\1&2&1\end{pmatrix} & \begin{pmatrix}-1\\2\\-1\end{pmatrix}\begin{pmatrix}1&0&-1\\-2&0&2\\1&0&-1\end{pmatrix} & \begin{pmatrix}1\\2\\1\end{pmatrix}\begin{pmatrix}-1&2&-1\\-2&4&-2\\-1&2&-1\end{pmatrix} \end{array}$$

Bild 3.47: Texturenergiemasken nach Law [3.4]

3.7.1.3 Hust-Transformation

Eine leistungsfähige Maskenoperation, die zur Texturcharakterisierung deren fraktale Dimension (→ Kapitel 10.3, Fraktale Beschreibung) berechnet, ist die Husttransformation.
Bild 3.48 zeigt die etwa kreisförmige Maske eines hexagonalen Rasters, wobei die Indizierung auf Pixel gleichen Abstandes zum Mittelpunkt hinweist.

Abstandsklasse	Abstand zum Mittelpunkt
a	0
b	1
c	$\sqrt{3}$
d	2
e	$\sqrt{7}$
f	3

Bild 3.48: Pixelabstand vom Mittelpunkt zur Berechnung der Hust-Koeffizienten.

Für jede Abstandsklasse wird der hellste und dunkelste Pixel (für Grauwertbilder) gesucht und der Helligkeitsunterschied ΔY berechnet. So ergeben sich, entsprechend der Anzahl von Abstandsklassen, Punkte im Diagramm Bild 3.49.

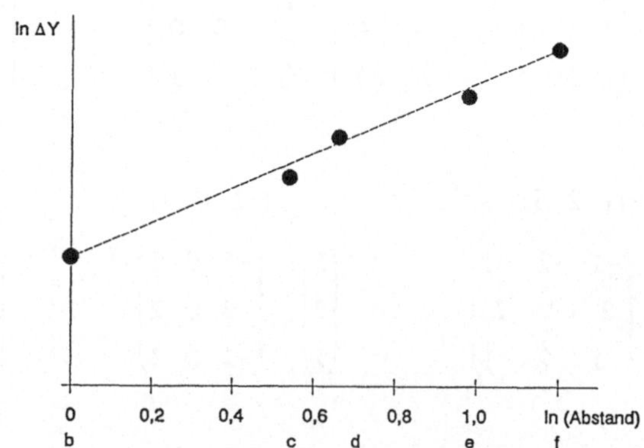

Bild 3.49: Fraktale Dimension

Nach der Methode der kleinsten Fehlerquadrate (→ Kapitel 11.3, Paßpunktmethode) lassen sich diese Punkte durch eine Gerade approximieren deren Steigung proportional der fraktalen Dimension des unter der Operatormaske liegenden Musters ist. Um eine Beeinflussung durch der Textur überlagertes Rauschen zu minimieren, sollte das zugrunde liegende Koppelfeld in Abhängigkeit der verfügbaren Rechenzeit möglichst groß gewählt werden.
Bildbeispiele im Vergleich zu anderen Maskenoperationen in [3.7].

3.7.2 Grauwertübergangsmatrix

Co-Occurrence-Matrix

Die Grauwertübergangsmatrizen C_r stellen Häufigkeitsverteilungen dar, mit denen Grauwerte i und j (Grauwertepaar) in einer vorgegebenen Lagebeziehung r (Relation) zueinander stehen.

Beispiel

Für das Grauwertbild entsprechend Abbildung 3.50 sind die co-occurrence-Matrizen C der Relationen $(\Delta x,\Delta y)=(1,0)$ und $(\Delta x,\Delta y)=(2,1)$ berechnet.

$\downarrow$ $\rightarrow$ x

y

$$\begin{pmatrix} 1 & 1 & 1 & 3 & 3 & 2 & 3 & 4 \\ 1 & 4 & 1 & 4 & 3 & 4 & 3 & 3 \\ 1 & 1 & 1 & 4 & 3 & 4 & 4 & 4 \\ 1 & 1 & 1 & 3 & 3 & 4 & 3 & 3 \\ 1 & 1 & 1 & 3 & 4 & 3 & 4 & 4 \\ 1 & 1 & 1 & 2 & 2 & 3 & 4 & 4 \\ 1 & 1 & 1 & 4 & 4 & 3 & 4 & 3 \\ 1 & 1 & 1 & 3 & 3 & 3 & 4 & 3 \end{pmatrix}$$

Grauwertematrix

Relationen

$(\Delta x,\Delta y)=(1,0)$ $(\Delta x,\Delta y)=(2,1)$ $(\Delta x,\Delta y)=(0,3)$ $(\Delta x,\Delta y)=(2,2)$

$\downarrow$ $\rightarrow$ Grauwert j

Grauwert i

$$\begin{pmatrix} 14 & 1 & 4 & 4 \\ 0 & 1 & 2 & 0 \\ 0 & 1 & 6 & 9 \\ 1 & 0 & 8 & 5 \end{pmatrix} \quad \begin{pmatrix} 7 & 2 & 7 & 2 \\ 0 & 0 & 2 & 1 \\ 0 & 0 & 4 & 3 \\ 0 & 0 & 2 & 7 \end{pmatrix} \quad \begin{pmatrix} . & . & . & . \\ . & . & . & . \\ . & . & . & . \\ . & . & . & . \end{pmatrix} \quad \begin{pmatrix} . & . & . & . \\ . & . & . & . \\ . & . & . & . \\ . & . & . & . \end{pmatrix}$$

Bild 3.50: Grauwertematrix und daraus abgeleitete Grauwertübergangsmatrizen

Aus den co-occurrence-Matrizen, die für eine Hardwareumsetzung wenig aufwendig sind, lassen sich leicht verschiedene texturbeschreibende Merkmale (Kontrast, Varianz, Entropie, Homogenität, Korrelation usw.) ableiten [3.14], [3.2]).

Die Auswahl einer zweckmäßigen Quantisierung der Grauwerte, der Relationen und der Merkmale muß gut auf das aktuelle Problem abgestimmt sein ($\rightarrow$ Kapitel 5, Klassifikatonsverfahren).

3.7.3 Run-Length-Matrix

Die Komponenten der run-length-Matrizen beinhalten die Aussage, wie oft der Wert eines Bildpunktes nacheinander bei einer bestimmten Fortschreiterichtung durch das Bild aufgetreten ist. Verschiedene Fortschreiterichtungen führen zu unterschiedlichen Run-Length-Matrizen.

Beispiel
Ausgehend von Bild 3.50 werden die run-length-Matrizen für die Fortschreiterichtungen 0° und 45° bestimmt.

↓ → run length
Grauwert

$$\varphi = 0^o \quad \begin{pmatrix} 2 & 0 & 7 & 0 & 0 \\ 1 & 1 & 0 & 0 & 0 \\ 9 & 4 & 1 & 0 & 0 \\ 8 & 3 & 1 & 0 & 0 \end{pmatrix} \qquad \varphi = 45^o \quad \begin{pmatrix} 4 & 2 & 5 & 0 & 0 \\ 3 & 0 & 0 & 0 & 0 \\ 14 & 3 & 0 & 0 & 0 \\ 12 & 1 & 1 & 0 & 0 \end{pmatrix}$$

↓ → run length
Grauwert

$$\varphi = 90^o \quad \begin{pmatrix} \cdot & \cdot & \cdot & \cdot & \cdot \\ \cdot & \cdot & \cdot & \cdot & \cdot \\ \cdot & \cdot & \cdot & \cdot & \cdot \\ \cdot & \cdot & \cdot & \cdot & \cdot \end{pmatrix} \qquad \varphi = 135^o \quad \begin{pmatrix} \cdot & \cdot & \cdot & \cdot & \cdot \\ \cdot & \cdot & \cdot & \cdot & \cdot \\ \cdot & \cdot & \cdot & \cdot & \cdot \\ \cdot & \cdot & \cdot & \cdot & \cdot \end{pmatrix}$$

Bild 3.51: Run-Length-Matrizen verschiedener Fortschreiterichtungen

Wie auch bei den co-occurrence-Matrizen lassen sich auch aus den run-length-Matrizen einfach Texturmerkmale berechnen [3.5].

Übungsaufgabe 3.9
Bestimmen Sie die co-occurrence-Matrizen der Relationen $(\Delta x,\Delta y)=(0,3)$ und $(\Delta x,\Delta y)=(2,2)$ basierend auf Bild 3.50.

Übungsaufgabe 3.10
Bestimmen Sie die run-length-Matrizen für die Fortschreiterichtungen 90° und 135° durch das Bild 3.51.

Übungsaufgabe 3.11
Geben Sie einige aus run-length-Matrizen berechnete Texturmerkmale an die Ihnen günstig erscheinen um die Luftbildszenen in Bild 3.46 zu charakterisieren?

3.8 Hierarchien

Pyramids

Bildverarbeitungsprozeduren sind in der Regel sehr rechenaufwendig. Die bisher vorgestellten Standardverfahren, die von einer festen Bildrasterung (der feinsten Rasterung) ausgehen, sind unnötig rechenintensiv, da sie sich nicht auf interessierende Bildbereiche (area of interest, region of interest) beschränken, sondern Details auch in Gebieten auflösen, welche nicht unbedingt für den Erkennungsprozeß von Bedeutung sind.
Der Schlüssel zu einer effektiven Bildanalyse, so die Idee, die hinter dem Begriff Hierarchie steht, ist die Möglichkeit eines Systems zuerst die relevanten Bildinhalte (in Ebenen geringer Auflösung) schnell zu finden, um dann erst deren Details aus Ebenen hoher Auflösung gezielt zu erfassen.

3.8.1 Grauwert-, Laplacepyramide

Bild 3.52 zeigt die Struktur einer Pyramide mit k=4 Ebenen L_k (levels).
Die Ebenen stellen beispielsweise Grauwertbilder oder Konturbilder dar, deren Rasterung mit größer werdendem Index k gröber wird. Im Falle von Grauwertbildern lassen sich Pixel in Ebenen L_{k+1} aus der Mittelung entsprechender Pixel in Ebenen L_k bestimmen.

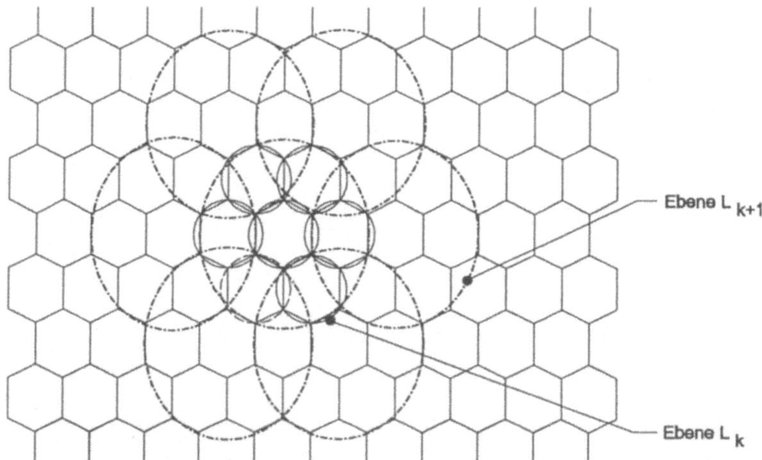

Bild 3.52: Pyramidenstruktur; eingezeichnet ist der von den jeweiligen Bildpunkten erfaßte Bereich

Die pyramidiale Datenstruktur ist für eine Vielzahl von Anwendungen zweckmäßig.
Grundsätzliche Abarbeitungsstrategie ist in einer Ebene L_k nahe der Pyramidenspitze zu beginnen und für einen lokalen Bereich dieser Ebene die Frage zu beantworten, ob sich ein gesuchtes Objekt innerhalb dieses Bereiches (Fensters) befindet. Falls dies nicht der Fall ist, wird die gleiche Operation in einem anderen Bereich der gleichen Ebene wiederholt. Ist ein gesuchtes Objekt gefunden, werden Teilbereiche des aktuellen Fensters in der Ebene L_{k-1} untersucht. Die Suche nach den Objekten wird von "Erkennungsregeln", denen a prirori Information über Gestalt und Größe der Objekte zugrunde liegen, gesteuert.

Eine derartige Vorgehensweise wird als "top-down" Strategie bezeichnet. (Im Gegensatz zu "bottom-up" Strategien bei denen Substrukturen zu Objekten verschmolzen werden.)

In den meisten Fällen interessiert zur Mustererkennung nicht der Grauwert (bzw. Farbwert) selbst, sondern dessen Änderung. Diese kann durch einen mexican-hat-operator (Bild 3.53a) detektiert werden.
Da es sich bei der Laplace-Operation um ein lineares Filter handelt, können höhere Laplace-Ebenen direkt aus niedereren mit Hilfe des Superpositionsprinzips abgeleitet werden [3.11]. Um ein mexican-hat-Filter in der Ebene k+1 am Ort **x**, das den doppelten Koppelfeldradius gegenüber den Filtern der Ebene k haben soll, zu berechnen werden die Gewichtungen an den Orten **x**, **y**, **u** und **v** überlagert (Bild 3.53 a,b,c). Dies führt zu den Gleichungen

$$\begin{pmatrix} -6 \\ -2{,}37 \\ 1 \\ 0{,}32 \end{pmatrix} = \begin{pmatrix} -6 & 6 & 0 & 0 \\ 1 & -4 & 1 & 2 \\ 0 & 1 & -6 & 2 \\ 0 & 2 & 2 & -6 \end{pmatrix} \begin{pmatrix} x_C \\ y_C \\ u_C \\ v_C \end{pmatrix}$$

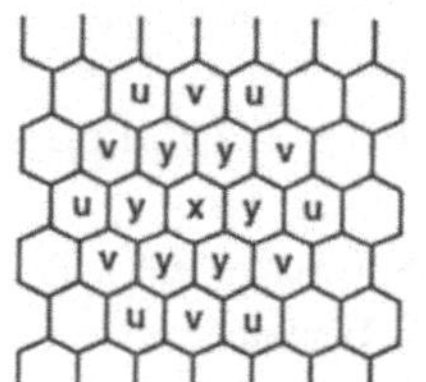

Mit den Lösungen

$$\begin{pmatrix} x_C \\ y_C \\ u_C \\ v_C \end{pmatrix} = \begin{pmatrix} 2{,}6097 \\ 1{,}6097 \\ 0{,}2955 \\ 0{,}5817 \end{pmatrix}$$

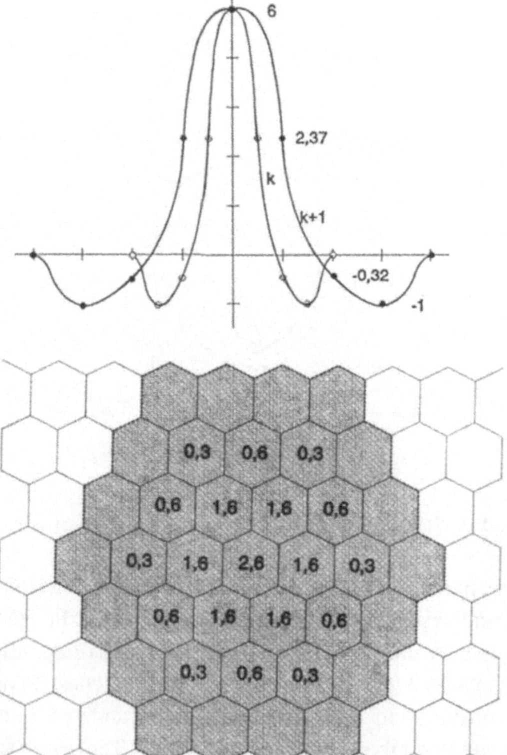

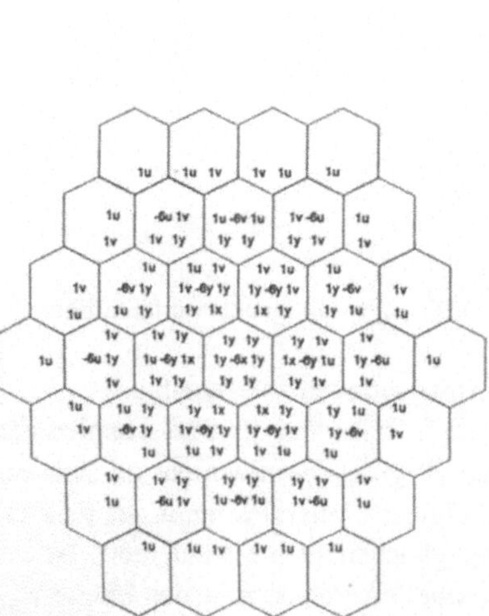

Bild 3.53: Berechnung der Laplace-Pyramide

Die Ergebnisse der Laplace-Operation an den Orten **x**, **y**, **u** und **v** gewichtet mit den Koeffizienten x_C, y_C, u_C und v_C (Bild 3.53d) führt also wieder zu einem Laplacefilter das jetzt jedoch über einen größeren Bildbereich ausgedehnt ist.

3.8.2 Quad Trees

Quad Trees sind Baumstrukturen, basierend auf dem Binärbild, die sich in jeder Ebene 4-fach verzweigen (Bild 3.54). Unterschieden werden Bereiche A, die vollständig aus logisch 1-Pixeln bestehen, Bereiche B, aufgebaut nur aus 0-Pixeln und Bereiche C, die sowohl schwarze als auch weiße Pixel beinhalten.

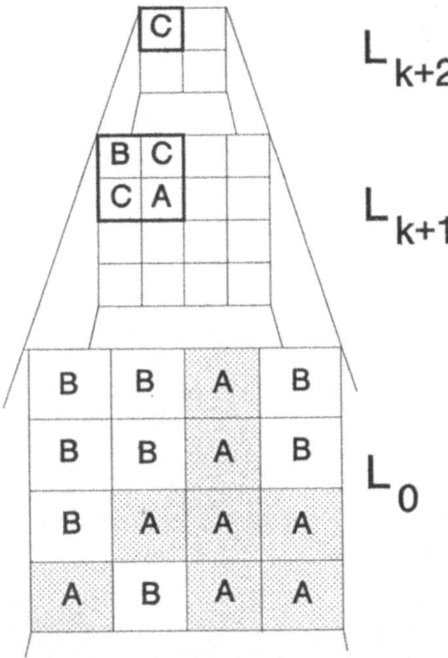

Bild 3.54: Hierarchie einer Quad Tree Pyramide

Quad Trees lassen sich zur Steuerung adaptiver Prozesse heranziehen. Ebenso bilden sie eine Grundlage zur einfachen Berechnung von Formmerkmalen.

3.8.3 Hierarchische Konturcodes

Die Idee der Verwendung unterschiedlicher Auflösungsebenen für einen effektiven Erkennunsprozeß beschränkt sich nicht nur auf Grauwert und Kontrast, sondern auch Konturverläufe können in ähnlicher Weise verallgemeinert werden [3.12].
So sind innerhalb eines lokalen Bereiches (Insel) n verschiedene Konturverläufe möglich. Diese n-Konturverläufe werden von einem Satz von n Formen vollständig erfaßt (Bild 3.55).

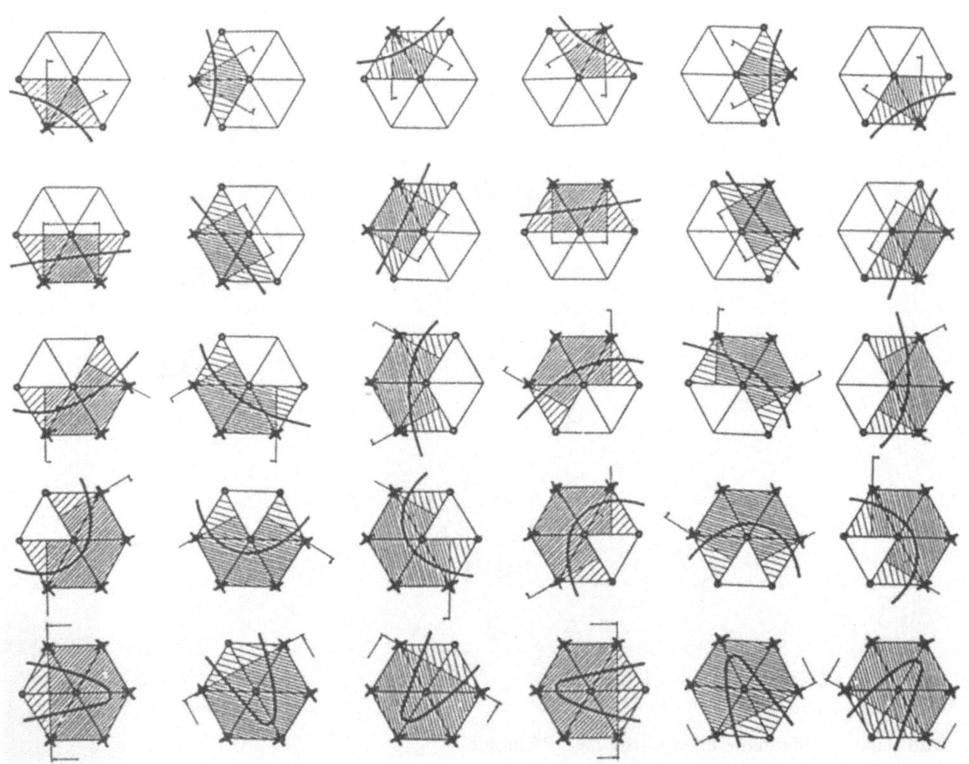

Bild 3.55: Konturverläufe innerhalb eines Hexagons, detektiert basierend auf dem Signum des Laplacebildes

Bei der Verallgemeinerung werden die Konturverläufe innerhalb Inseln der nächst höheren Ebene auf den ursprünglichen Formsatz zurückgeführt. Bild 3.56 erläutert den Hierarchieschritt an der Form für horizontale Kanten.

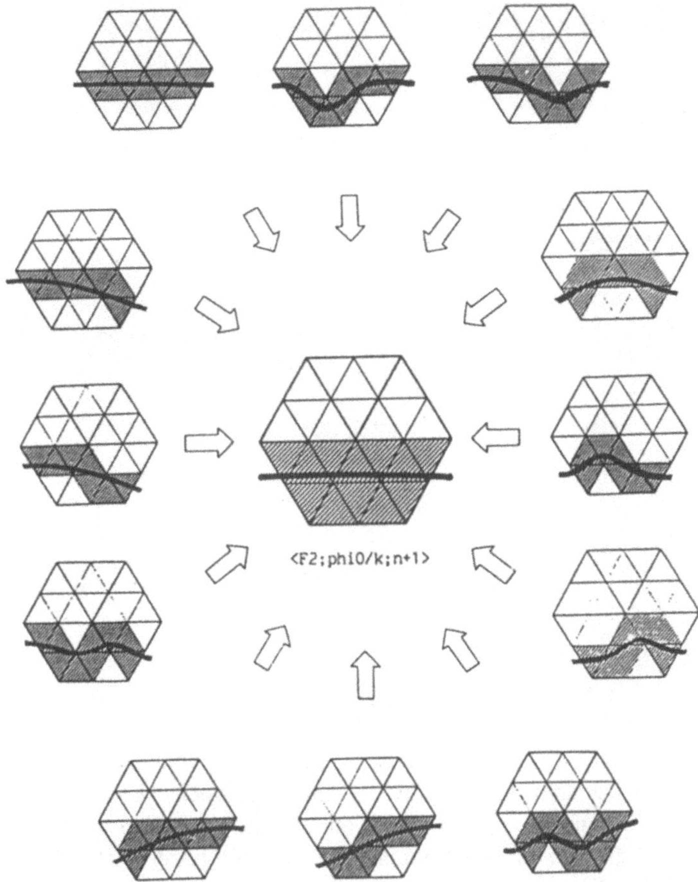

Bild 3.56: Verallgemeinerungsschritt: Alle 12 Konturverläufe, die von verschiedenen Formkombinationen in der Hierarchieebene k erfaßt werden, haben die Eigenschaft innerhalb des konturempfindlichen Bereiches der Grundform 2 in 0°-Orientierung der Ebene k+1 zu liegen und werden deshalb durch diese verallgemeinernd beschrieben.

Details dieses sehr interessanten Ansatzes der hierarchischen Konturcodierung finden Sie u.a. in [3.16], [3.17] und [3.18].

4 Farbverarbeitung

In vielen Fällen stellen Farben bzw. Farbkombinationen wichtige Merkmale eines zu erkennenden Objektes dar. Da der Erkennungsprozeß häufig darauf abgestimmt wird, wie der Mensch die Szene wahrnimmt, ist es oft zweckmäßig, die objektbeschreibenden Kenngrößen für die Farbe auf den subjektiven Farbeindruck abzustimmen.

4.1 Farbensehen

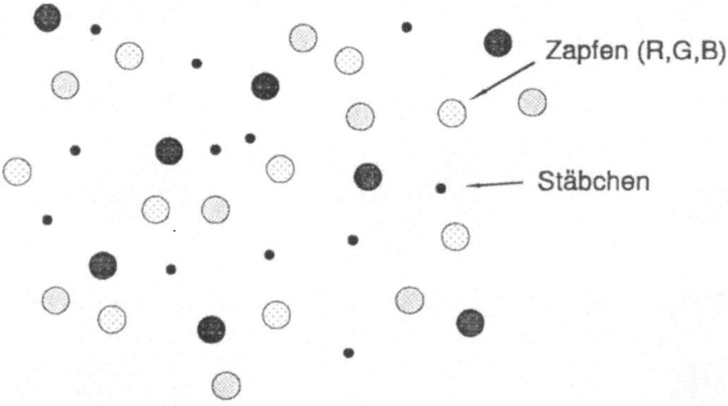

Bild 4.1: Rezeptormosaik der Netzhaut

Die Retinia ist besetzt mit 10^8 Stäbchen für die Helligkeitsempfindung und 10^7 Zapfen, die das Farbensehen ermöglichen und von denen drei verschiedene Typen existieren (Bild 4.1). Sie sind so gruppiert, daß in einem lokalen Bereich sowohl ein Zapfen mit hoher Blauempfindlichkeit, ein Zapfen mit hoher Grünempfindlichkeit und ein Zapfen mit hoher Rotempfindlichkeit liegen. Aus Bild 4.2 geht der Zusammenhang zwischen der Wellenlänge des farbigen Lichtes und der Empfindlichkeit der einzelnen Zapfen hervor. Zum Vergleich hierzu wurden die typischen Empfindlichkeitsverläufe der Rot-, Grün- und Blaukanäle von CCDs für Farbkameras eingetragen.

Hin zu kürzeren Wellenlängen wird das Licht weniger stark gebeugt. Das hat zur Folge, daß der Brennpunkt für Grün auf der Netzhaut liegt, während er für Blau etwas dahinter und für Rot etwas davor liegt, d.h. dieses Spektrum etwas unscharf abgebildet wird. Die Ortsauflösung des menschlichen Auges hängt also auch vom Spektrum ab.

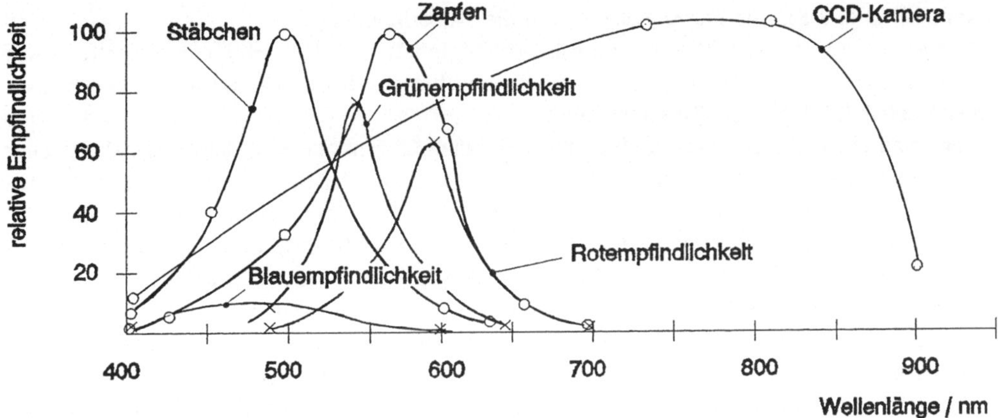

Bild 4.2: Relative Empfindlichkeit von rot-, grün- und blausensitiven Zapfen und verschiedener Bildwandler
Die absolute Empfindlichkeit der Stäbchen entspricht etwa dem 1000-fachen der Zapfenempfindlichkeit (Tag-/Nachtsehen)

Wie aus Bild 4.3 hervorgeht, lassen sich gleiche Farbeindrücke, d.h. gleiche Erregung von rot-, grün- und blauempfindlichen Zapfen auf unterschiedlichste Art hervorrufen.

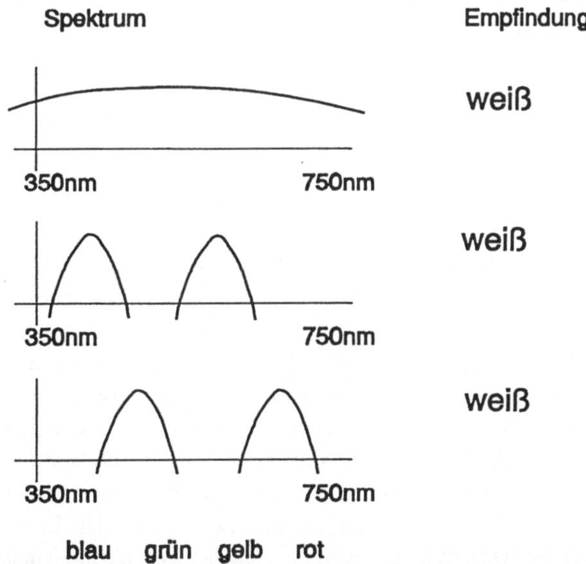

Bild 4.3: Erregung und Farbeindruck

Effekte, die darüber hinaus deutlich die Farbwahrnehmung beeinflußen, sind der Simultankontrast (Bild 1.8), die Farbsuggestion und die Farberinnerung.
Der Simultankontrast läßt eine Farbe in Abhängigkeit von der farblichen Gestaltung des Hintergrundes unterschiedlich erscheinen, obwohl ihre physikalischen Werte konstant bleiben (→ Kapital 1.2, Optische Täuschungen).
Legt man einer Versuchsperson einen nicht farbigen Gegenstand vor, der durch Glanz- oder Schattenverhältnisse nicht eindeutig weiß ist, so ist es relativ leicht, eine entsprechende Suggestion, es bilden sich im Schatten beispielsweise ein Violett oder auch ein Rot, zu geben [4.4].
Bei der Farberinnerung spielen Suggestion und bereits getroffene Zuordnung von Farben und Formen bzw. von Farben und ihrer Lage zu andersfarbigen Objekten eine Rolle. So wird es leichter sein, einem Beobachter zu einem bananenförmigen weißen Körper ein Gelb als ein Violett zu suggerieren. Ein Autofahrer erkennt die Symbolik einer roten Ampel trotz Blendung immer noch durch Zuordnung des Helligkeitswertes zur Lage im Ampelgehäuse. Das Tragen einer getönten Brille verändert den farblichen Eindruck uns bekannter Objekte nicht, oder nur unwesentlich. Auf Abbildungen, auf denen Gegenstände unterschiedlich beleuchtet sind (Schatten) wird die Farbe als einheitlich empfunden, wenn die Körper uns zusammengehörig erscheinen.
Schwierigkeiten bereitet auch die Beurteilung geringer Farbunterschiede bei länger anhaltender Betrachtung der Objekte. So muß bei der Bewertung der Blick bereits nach kurzer Zeit auf andersfarbige Flächen gerichtet werden um Farbunterschiede auf den Proben wieder wahrnehmen zu können.
Auch der psychische Typus des Beobachters oder sein psychischer Zustand kann eine Rolle bei der Beurteilung einer Farbe spielen. Dem Grün wird allgemein eine beruhigende Wirkung zugeschrieben, dem Rot eine anregende oder wärmende Wirkung. Von einem nervösen oder aufgeregten Betrachter werden Farben anders empfunden, als von einem Normalbeobachter.
Zum Erkennen einer Farbe ist also nicht nur die spektrale Zusammensetzung des vom betrachteten Objekt remittierten Lichtes von Bedeutung, sondern die verschiedensten Einzeleffekte führen zum Farbeindruck.

4.2 Additive Farbmischung

Durch Überlagerung verschiedenfarbigen Lichtes ergeben sich, wie im vorigen Abschnitt dargestellt, Farbeindrücke. Von zentraler Bedeutung hierbei ist die sogenannte additive Farbmischung. Sie läßt sich dadurch erzielen, daß auf engem Raum, für den die Sehschärfe des Auges nicht mehr ausreicht, rote, grüne und blaue Strahlungsquellen (Primärfarben) mit unterschiedlicher Intensität Licht emittieren (Farbfernsehröhre). Eine andere Möglichkeit, Farbeindrücke mit Hilfe der additiven Farbmischung zu erzeugen, ist, drei Projektoren, die Licht in unterschiedlichen Spektralbereichen (z.B. wieder Rot, Grün und Blau) aussenden, auf die gleiche Projektionsfläche auszurichten. Je nach den Intensitätsverhältnissen der Projektoren, können verschiedenste Farbeindrücke erzeugt werden. Eine weitere Art der additiven Farbmischung stellt der Newtonsche Kreisel dar. Er besteht aus einer Kreisscheibe mit verschiedenfarbigen Sektoren. Bei schneller Rotation der Scheibe ist das Auge nicht mehr in der Lage die Farben der einzelnen Sektoren wahrzunehmen. Der Kreisel erscheint einfarbig in der additiven Mischfarbe.

Je nach den Strahlungsleistungen der einzelnen (roten (R), grünen (G) und blauen (B)) Lichtquellen wird sich durch additive Mischung ein Farbeindruck einstellen. Sind die Strahlungsleistungen der Lichtquellen gleich groß, so nimmt man Grau wahr. Werden sie gleichmäßig gesteigert, so erscheint Weiß, falls die Helligkeit der Umgebung konstant bleibt. Die Beträge der einzelnen Lichtquellen in der Mischung werden als Farbwerte (R,G,B) bezeichnet. Sie bestimmen die Farbvalenz (F). Falls nur ein Farbwert ungleich Null ist spricht man von Grundvalenzen bzw. Primärvalenzen (R), (G), (B).

$$(F) = R(R) + G(G) + B(B)$$

Die Primärfarben, aus denen sich durch additive Mischung jede andere sichtbare Farbe herstellen läßt, werden so gewählt, daß sich keine der drei Primärfarben durch additive Mischung von nur zwei Primärfarben erzeugen läßt. Von der internationalen **B**eleuchtungs**k**omission (IBK) wurden die **Primärfarben**

(R) = 700,0 nm
(G) = 546,0 nm
(B) = 435,8 nm

festgelegt, sowie **Gleichenergieweiß** (W) (im sichtbaren Bereich eine wellenlängenunabhängige kontunierliche Strahlung)

$$(W) = 1(R) + 1(G) + 1\,(B)$$

Mit Hilfe eines visuellen Fotometers, wie in Bild 4.4 erläutert, können die einer bestimmten Farbe (F) zuzuordnenden Werte R, G und B ermittelt werden.

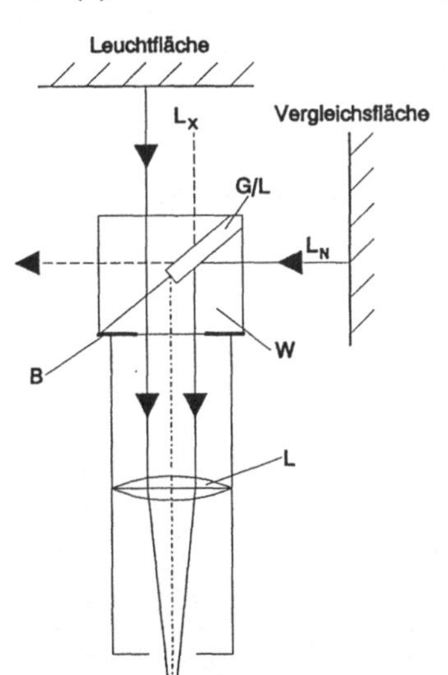

Visuelles Fotometer

L_N : Leuchtdichte, normal
L_X : unbekannte Leuchtdichte
W : Fotometerwürfel nach Lummer-Brodhun
B : 2^0 Blende (Ausdehnung der Fovea Centralis)
G/L: Glas-/Luftschicht
L : Lupe

Bild 4.4: Visuelles Photometer nach Lummer und Brodhum zum Helligkeits- und Farbvergleich

Die Intensitäten R, G und B der auf die Leuchtfläche projizierten Primärfarben werden dabei so lange verändert, bis die Photometerfelder sich nicht mehr unterscheiden lassen. Um diese subjektive Messung im Sinne einer Mittelung über viele Beobachter zu objektivieren, wurden die IBK-Farbmischkurven (Bild 4.5) festgelegt.

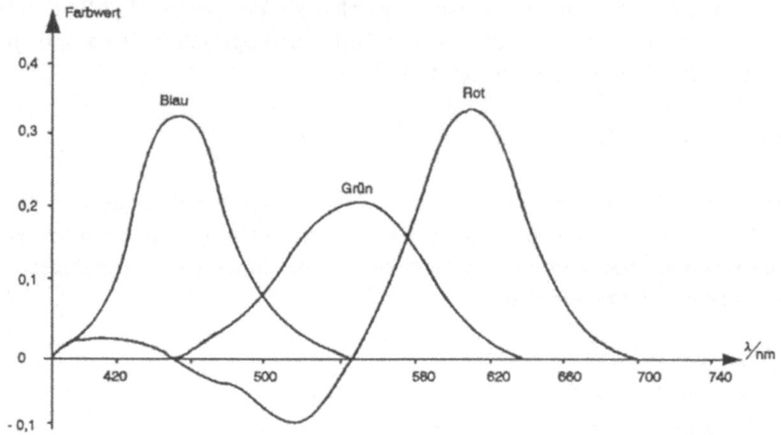

Bild 4.5: IBK-Farbmischkurven (R)=700,0 nm, (G)=546,0 nm, (B)=435,8 nm

Aus dem Diagramm geht hervor, daß sich Farben zwischen 454 nm und 550 nm nur durch einen negativen Rotanteil einstellen lassen, bzw. der Addition eines entsprechenden Rotanteils zur Vergleichsfarbe.

Wichtig ist, sich die in Bild 4.3 gezeigten Beispiele vor Augen zu halten, die verdeutlichen, daß Farbreize unterschiedlicher spektraler Zusammensetzung ein gleiches Farbempfinden hervorrufen können. Unterschiedliche Farbreizfunktionen, die zu Farben gleicher Farbvalenz führen, bezeichnet man als metamere bzw. bedingt gleiche Farben.

4.3 Farbmodelle

Die Farbe (F) läßt sich im sogenannten RGB-Raum (Bild 4.6) definieren. Hier nimmt die Raumdiagonale eine Sonderstellung ein. Auf ihr liegen die Grauwerte zwischen Schwarz F=R+G+B=0 und Weiß F=R+G+B=1.

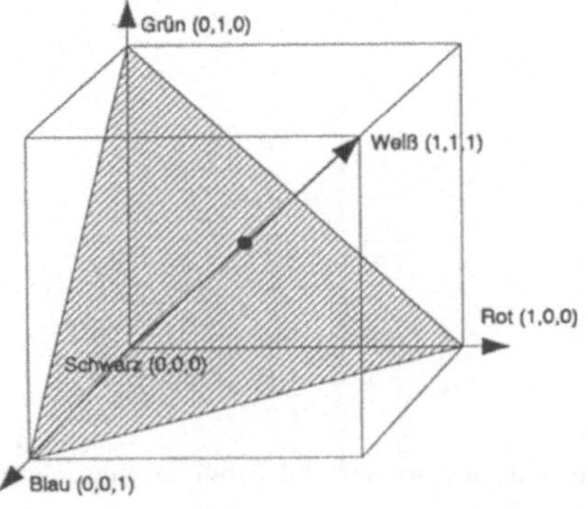

Bild 4.6: RGB-Modell

Betrachtet man die in Bild 4.6 schraffiert eingezeichnete Fläche, so wird dieses gleichseitige Dreieck durch die Primärfarben an den Ecken und den Unbuntpunkt in der Mitte gekennzeichnet. Alle voll **gesättigten** Farben liegen auf dem Umfang des Dreiecks, alle Farben gleichen **Farbtones** auf einer vom Unbuntpunkt ausgehenden Geraden. Nahe am Unbuntpunkt bezeichnet man die dort stark entsättigten Farben als Pastellfarben. Sich additiv zu Weiß ergänzende Farben, die Komplementärfarben, liegen sich am Ende einer Geraden durch den Unbuntpunkt gegenüber, (z.B. ist die Komplementärfarbe zu Blau Gelb, wobei sich Gelb aus der Mischung gleicher Anteile von Rot und Grün ergibt).

4.3.1 Normalfarbdreieck

Um die negativen Anteile der Farbmischkurven (Bild 4.5) zu vermeiden, wurden von der IBK die fiktiven Primärfarben X, Y, Z eingeführt. Mit

$$\begin{pmatrix} X \\ Y \\ Z \end{pmatrix} = \begin{pmatrix} 2{,}7690 & 1{,}7518 & 1{,}1300 \\ 1{,}0000 & 4{,}5907 & 0{,}0601 \\ 0{,}0000 & 0{,}0565 & 5{,}5943 \end{pmatrix} \begin{pmatrix} R \\ G \\ B \end{pmatrix}$$

sind sie aus den Größen R, G, B bestimmbar bzw. können mit Hilfe der Kehrmatrix die RGB-Werte

$$\begin{pmatrix} R \\ G \\ B \end{pmatrix} = \begin{pmatrix} 0{,}4184 & -0{,}1587 & -0{,}0828 \\ -0{,}0912 & 0{,}2524 & 0{,}0157 \\ 0{,}0009 & -0{,}0025 & 0{,}1786 \end{pmatrix} \begin{pmatrix} X \\ Y \\ Z \end{pmatrix}$$

aus den Primärfarben berechnet werden.

Es ergeben sich die Mischkurven nach Bild 4.7.

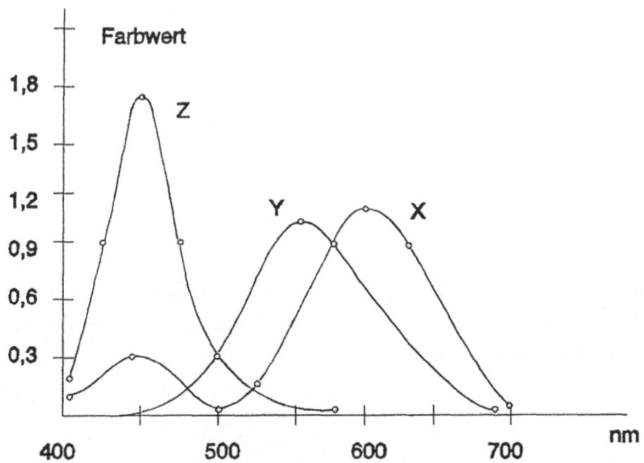

Bild 4.7: Farbmischkurven basierend auf den Farbreizen X, Y und Z

Wird in einem X-, Y-, Z-Modell (entsprechend Bild 4.6) nur das Dreieck mit den Eckpunkten (0 1 0), (1 0 0) und (0 0 1) betrachtet, d.h. Farben einer bestimmten Helligkeit, so läßt sich jede Farbe auf dieser Fläche mit nur zwei Parametern x und y angeben.

$$x+y+z = 1$$

$$x = \frac{X}{X+Y+Z}$$

$$y = \frac{Y}{X+Y+Z}$$

Trägt man die Größen x und y rechtwinkelig enstsprechend Bild 4.8 auf, so wird der Weißpunkt gegeben sein zu x = 0,33 und y = 0,33.

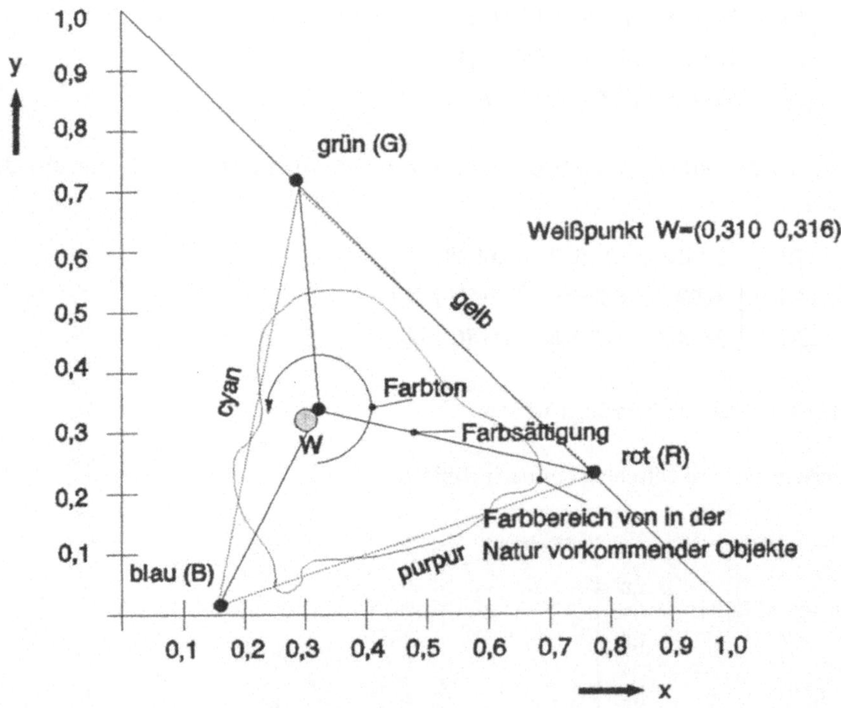

Bild 4.8: x,y-Farbdreieck, Lage des Weißpunktes und der Primärfarben, Bereich der Spektralfarben des Sonnenlichtes und Farbbereich von in der Natur vorkommender Objekte (→15.2 Anhang, Farbtafel 9)

Eine wichtige Frage bei der Skalierung der Farbachsen ist die nach dem gerade noch wahrnehmbaren Unterschied (**j**ust **n**oticeable **d**ifference - jnd) zweier Farbreize.
Um diese kleinste Einheit des Farbabstandes festzulegen ist es, wie man sich leicht vorstellen kann (→Kapitel 1.2, Optische Täuschungen), wesentlich unter welchen Randbedingungen der Beobachter die Farbgleichheit ermitteln soll. Die Versuche von MacAdams zeigen für kleine Farbabstände im gesamten Farbraum der Normfarbtafel Ellipsen, innerhalb derer Farbunterschiede nicht mehr erkannt werden. Eine Beschreibung des Versuchsaufbaues finden sie in [4.2] und [4.3].

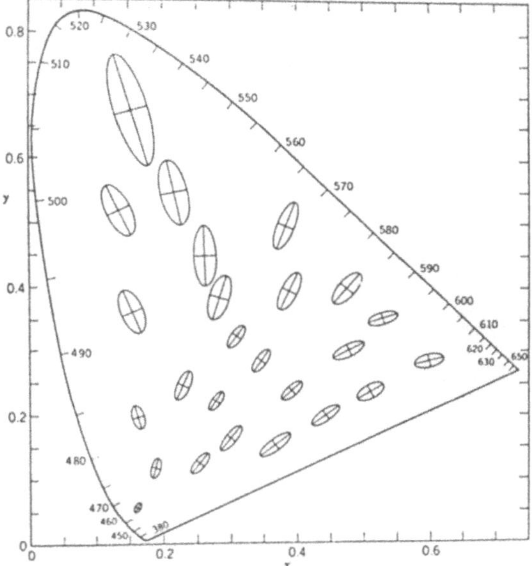

Bild 4.9: Normtafeln mit MacAdam-Ellipsen über Gebiete mit etwa 3 jnd [4.1]

Wie die MacAdam-Ellipsen zeigen, ist das Farbunterscheidungsvermögen für Purpur wesentlich größer als im Grünbereich. Über eine lineare Transformation läßt sich die Normfarbtafel in eine empfindungsgemäßere Farbtafel (**u**niform **c**hromaticity **s**cale diagram) umrechnen so, daß die Achsen der Ellipsen nur noch im Bereich 1:2 schwanken und weiterhin Geraden in der Normfarbtafel Geraden im UCS-Diagramm entsprechen. Damit liegen auch in dieser Farbtafel die Mischfarben auf Verbindungsgeraden der die Mischfarben erzeugenden Komponenten (Bild 4.10). Der Zusammenhang mit dem RGB-Primärvalenzsystem und dem UCS-Diagramm ist gegeben durch

$$\begin{pmatrix} U \\ V \\ W \end{pmatrix} = \begin{pmatrix} 0{,}287 & 0{,}228 & 0{,}119 \\ 0{,}222 & 0{,}707 & 0{,}071 \\ 0{,}128 & 0{,}954 & 0{,}487 \end{pmatrix} \begin{pmatrix} R \\ G \\ B \end{pmatrix}$$

$$u+v+w = 1$$

$$u = \frac{U}{U+V+W}$$

$$v = \frac{V}{U+V+W}$$

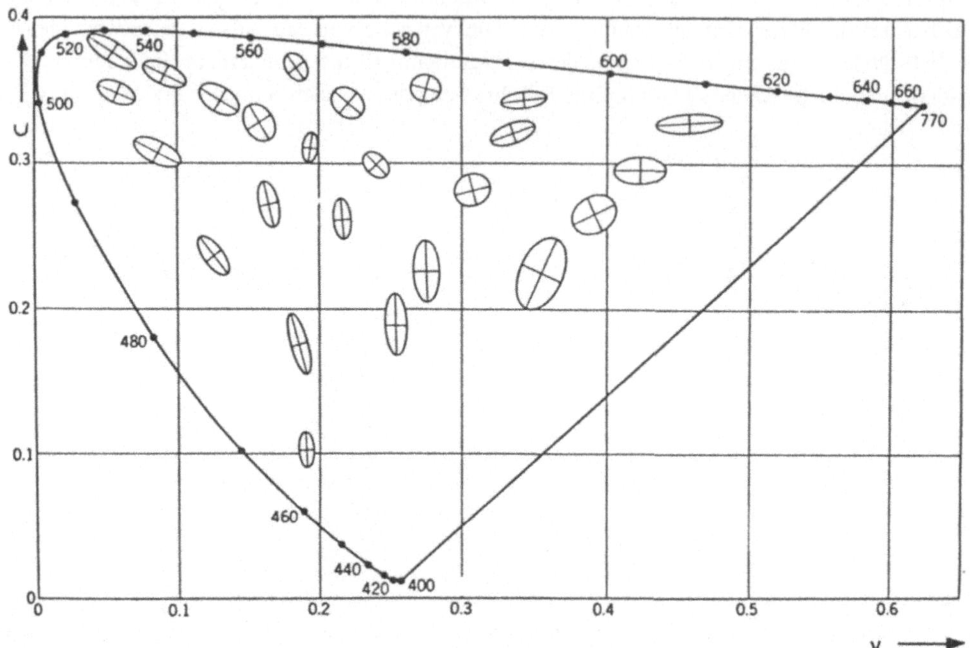

Bild 4.10: CIE-UCS-Farbtafel
MacAdam Ellipsen mit 10facher Standardabweichung σ (1jnd ≈ 3σ) [4.1]

Die MacAdam-Ellipsen wurden für Farbpaare ermittelt bei gleicher Leuchtdichte. Ein Abstandsmaß, das aber nur Farbarten unterscheidet, ist allein nicht ausreichend zur Beurteilung von Farbunterschieden.

Der Zusammenhang zwischen der relativen Leuchtdichte Y und der empfindungsgemäßen Helligkeit W^* (Weber/Fechnersches Gesetz) ist ebenfalls vom Aufbau der Testszene abhängig (→ Kapitel 1.2, Optische Täuschungen). Eine erste Näherung für diesen Zusammenhang gibt Bild 4.11.

$$W^* = 25\, Y^{\frac{1}{3}} - 17$$

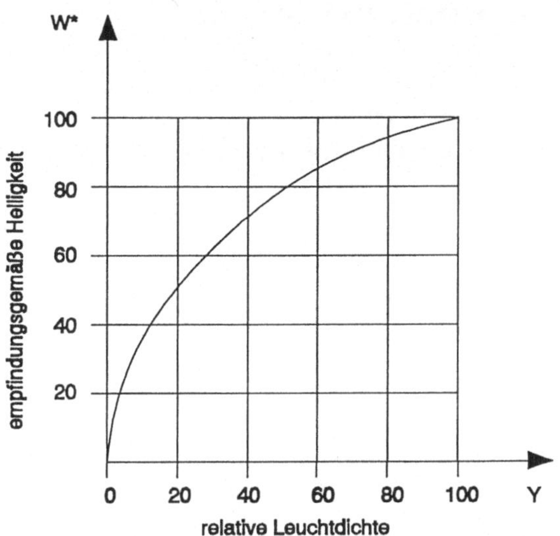

Bild 4.11: Leuchtdichte Y (auf Weiß normiert) und empfindungsgemäße Helligkeit W^*

Um zu einem Farbraum zu kommen, in dem sich subjektiv gleich eingestufte Farbabstände annähernd durch die gleiche Maßzahl (ΔE) ausdrücken, muß die Leuchtdichte Y mit einbezogen werden. Mit

$$U^* = 13W^*(u-u_0)$$
$$V^* = 13W^*(v-v_0)$$
$$W^* = 25Y^{\frac{1}{3}}-17$$

u_0: u-Koordinate des Unbuntpunktes
v_0: v-Koordinate des Unbuntpunktes (→Normlichtarten [4.1])

führt (CIE-$U^*V^*W^*$-System) dies zur Farbabstandsformel

$$\Delta E = \sqrt{(U_2^*-U_1^*)^2+(V_2^*-V_1^*)^2+(W_2^*-W_1^*)^2}$$

In vielen Problemstellungen der Farbindustrie kommt es allerdings darauf an, die Farbnuancen unter ganz speziellen Randbedingungen zu erkennen. Z.B. soll bei der Einfärbung von Armaturenteilen, also hochglänzenden Oberflächen, sehr genau ein Erscheinungsbild erreicht werden, das keine visuell erkennbaren Unterschiede zu Referenzteilen aufweist. Hier kann keineswegs immer von bestimmten Lichtquellen und Leuchtdichten usw. ausgegangen werden.
In solchen Fällen reicht die oben aufgeführte oder eine der zahlreichen weiteren Farbabstandsformeln für die gewünschte Beurteilung selten aus. Einen kurzen Überblick mehrerer Farbabstandsmaße findet man in [4.5].

4.3.2 Heringsches System, NTSC-System

Ein etwas anderer Ansatz einer Farbentheorie als der Young/Helmholtzsche wurde von E. Hering, die sogenannte Gegenfarbentheorie, entwickelt. Er geht von antagonistischen Prozessen, der Rot/Grün-Empfindung, Gelb/Blau-Empfindung und Schwarz/Weiß-Empfindung aus, (Bild 4.12).

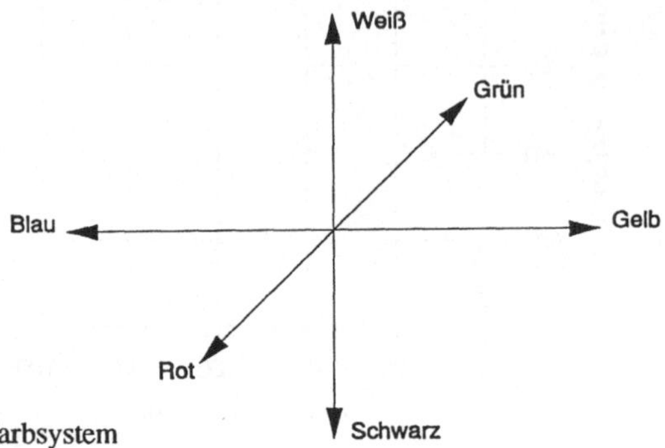

Bild 4.12: Heringsches Farbsystem (vgl. CIE-L*a*b*-Modell)

Dieses System korrespondiert sehr stark mit Ergebnissen neurophysiologischer Untersuchungen [4.8] und ist, ebenso wie das NTSC-System (**N**ational **T**elevision **S**ystem **C**ommittee), eine ideale Basis zur Bestimmung von Farbkonturen.
Die Achsen des NTSC-Systems (I Q Y) = (rot/cyan magenta/grün weiß/schwarz) berechnen sich aus den RGB-Werten zu

$$\begin{pmatrix} Y \\ I \\ Q \end{pmatrix} = \begin{pmatrix} 0{,}299 & 0{,}587 & 0{,}114 \\ 0{,}596 & -0{,}274 & -0{,}322 \\ 0{,}211 & -0{,}522 & 0{,}311 \end{pmatrix} \begin{pmatrix} R \\ G \\ B \end{pmatrix}$$

bzw. errechnen sich die RGB-Werte aus der Kehrmatrix

$$\begin{pmatrix} R \\ G \\ B \end{pmatrix} = \begin{pmatrix} 0{,}299 & 0{,}587 & 0{,}114 \\ 0{,}596 & -0{,}274 & -0{,}322 \\ 0{,}211 & -0{,}522 & 0{,}311 \end{pmatrix}^{-1} \begin{pmatrix} Y \\ I \\ Q \end{pmatrix}$$

zu

$$\begin{pmatrix} R \\ G \\ B \end{pmatrix} = \begin{pmatrix} 1 & 0{,}956 & 0{,}623 \\ 1 & -0{,}272 & -0{,}648 \\ 1 & -1{,}105 & 1{,}705 \end{pmatrix} \begin{pmatrix} Y \\ I \\ Q \end{pmatrix}$$

Übungsaufgabe 4.1
Aus welchen Normfarbanteilen setzt sich eine Spektralfarbe mit λ = 450 nm zusammen.

4.4 Farbkontrastoperationen

Genauso wie Weiß nur dann als solches empfunden wird, wenn die Umgebung dunkler ist, so gilt dies auch für die Farbwahrnehmung, welche nur möglich ist, wenn in der Szene Farbgegensätze vorhanden sind [1.1]. Gerade aber Konturen sind die wesentlichen Informationsträger einer Szene.

Um Farbkontraste zu detektieren, lassen sich grundsätzlich ähnliche Operationen wie im Graubild anwenden. Der Farbunterschied zu einem gegebenen Punkt im Farbraum kann jedoch in Richtung verschiedener Koordinaten dieses Farbraumes liegen.

Eine recht effiziente Möglichkeit zur Detektion des Farbkontrastes besteht darin, aus dem RGB-Farbraum, basierend auf der Heringschen Idee der Gegenfarben, Kontrastzellen aufzubauen, die auf Rot/Grünkontrast, Blau/Gelbkontrast und Schwarz/Weißkontrast reagieren.

Diese lassen sich, entsprechend den Eigenschaften des Laplaceoperators in Grauwertbildern, gestalten. Für das kartesische Koordinatensystem können die Kontrastoperatoren wie in Bild 4.13 aufgebaut werden. Es reicht aus, eine Zelle für Rot/Grünkontrast und Blau/Gelbkontrast aufzubauen. Beide Zellen reagieren jeweils auch auf Schwarz/Weißkontraste [4.9].

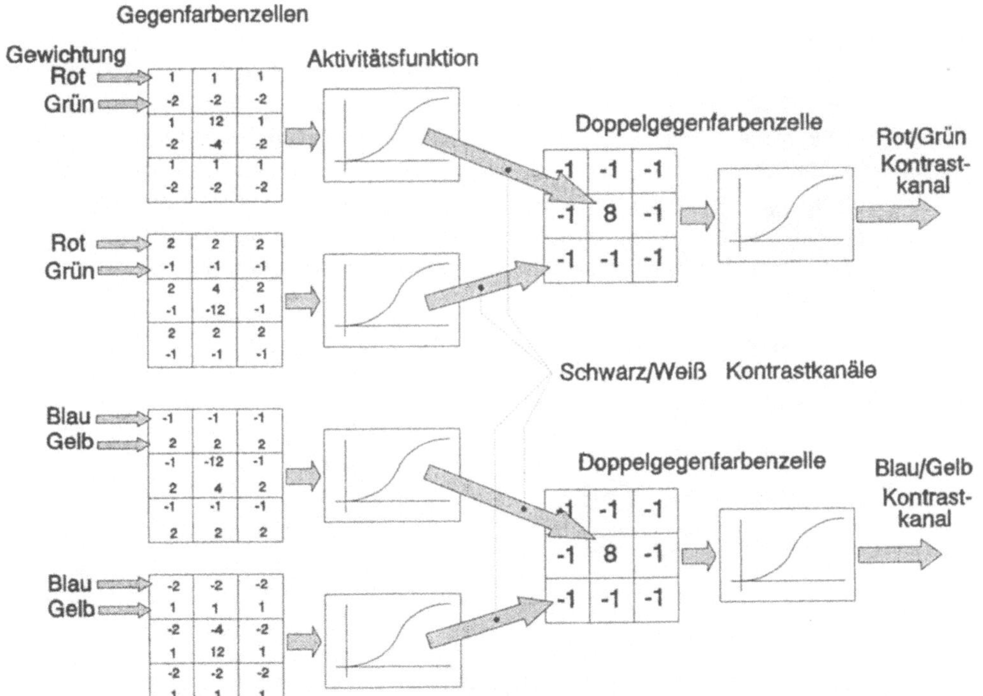

Bild 4.13: Doppelgegenfarbenzellen zur Detektion von Farbkontrast

5 Klassifikationsverfahren

Basierend auf den Merkmalen einzelner Bildpunkte oder Bildbereiche ist die Aufgabe der Klassifikation verschiedene bekannte oder auch nicht näher definierte Objekte oder Objektteile zu unterscheiden. Es ist offensichtlich, daß dies nur gelingen kann wenn die zugrunde gelegten Merkmale bzw. daraus abgeleitete Kenngrößen charakteristische Eigenschaften hinsichtlich der verschiedenen Objektklassen haben.
Die Vorgehensweise besteht darin geeignete klassentrennende Merkmale aus dem Bild zu berechnen und in einen sogenannten Merkmalsraum einzutragen. Zur Merkmalsbildung finden z.B. die in Kapitel 3 beschriebenen Verfahren Anwendung. Ein Objekt bestimmter Klassenzugehörigkeit wird dann durch Merkmalsvektoren beschrieben die in einen bestimmten, im Idealfall eng begrenzten, Bereich des Merkmalsraumes zeigen. Darüberhinaus wird sich dieser Bereich mit dem einer anderen Klasse nicht überlappen.
Der Klassifikationsschritt trennt die einzelnen Bereiche voneinander ab und benennt sie.

Merkmalsraum
Die beispielsweise über einen Kettencode errechneten n Formmerkmale einer Steckschraubklemme werden in den Merkmalsraum Bild 5.1 der Dimension n (n=Anzahl von Merkmalen) eingetragen. Da Merkmale berücksichtigt wurden welche für unterschiedliche Objektausprägungen jeweils charakteristische Werte liefern, stellen sich im Merkmalsraum nach einer Reihe von Stichproben der einzelnen Klassen gegenseitig abgegrenzte Cluster (charakteristische Populationen) ein, innerhalb derer von einer entsprechenden Klassenzugehörigkeit (z.B. "gut"-Klasse, "Feder schräg eingepreßt"-Klasse usw.) ausgegangen werden kann.

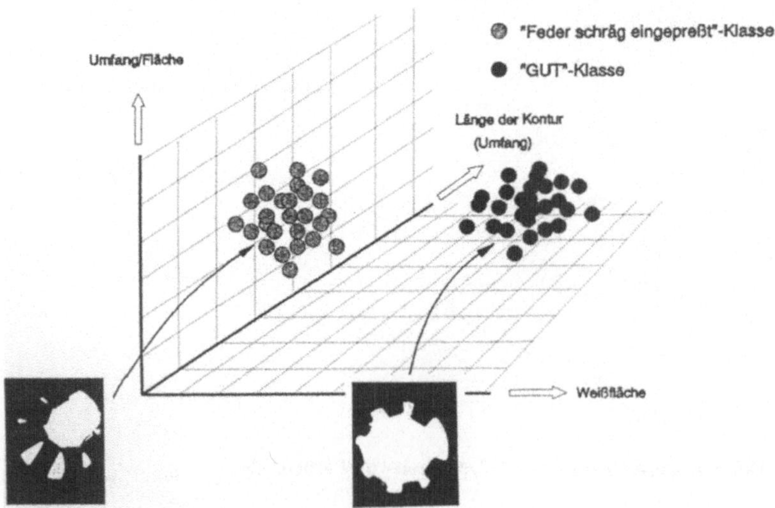

Bild 5.1: Objekt, Merkmale, Merkmalsraum

5.1 Karhunen/Loeve-Transformation

Hauptachsentransformation, Hauptkomponententransformation,
Eigenvektortransformation, Hotelling-Transformation

Wesentliche Voraussetzung einer erfolgreichen Klassifikaton sind nicht viele sondern solche Merkmale die untereinander keine Ähnlichkeit haben, nicht korreliert sind.

Nehmen wir an, eine Szene wird von einer Farbkamera mit RGB-Ausgang aufgenommen. Dann liegen drei Merkmalsbilder vor. Jeder Bildpunkt ist gekennzeichnet durch drei Merkmale, seinen R-, G- und B-Anteil. Betrachten wir zunächst nur das Merkmal R und G jedes Pixels. Trägt man die Größe des R-Anteils über dem Wert des G-Anteils in ein Diagramm (2-dimensionaler Merkmalsraum) dann ergibt sich für ein Farbbild ein Zusammenhang entsprechend Bild 5.2a. Die Merkmale haben nur wenig Ähnlichkeit, sind weitgehend unkorreliert. Stellt sich die Szene jedoch als Grauwertbild dar (R≈G≈B) führt dies zu einem Zusammenhang wie er aus Bild 5.2b hervorgeht. Zu jedem Wert des Merkmals R läßt sich mit geringer Streuung ein Wert für G angeben. Die Merkmale sind jetzt stark korreliert, in diesem Fall so, daß auf eines der Merkmale ohne Informationsverlust verzichtet werden kann. Der Merkmalsraum reduziert sich dann um eine Dimension.

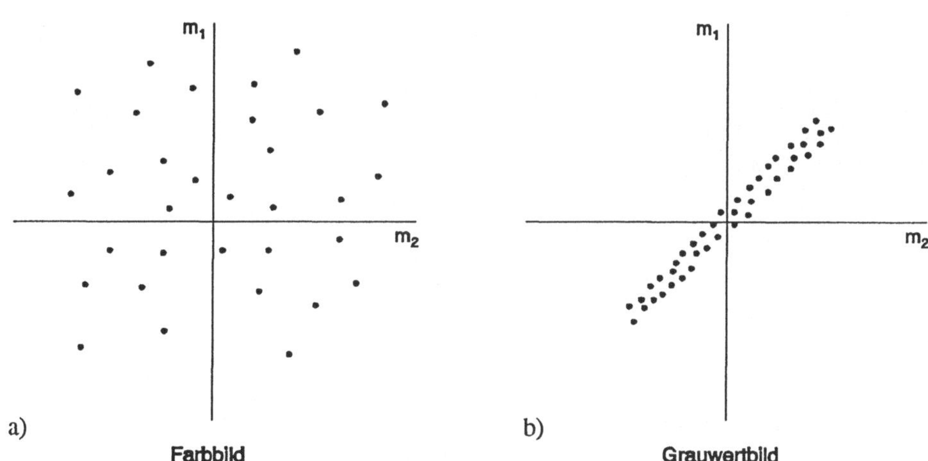

Bild 5.2: 2D-Merkmalsraum
m_1 entspricht dem Rotanteil eines Pixels
m_2 entspricht dem Grünanteil eines Pixels

Jeder Punkt im Koordinatensystem repräsentiert die RG-Anteile eines Pixels aus dem Farbbild (a) bzw. dem Grauwertbild (b)

Aus den Diagrammen in Bild 5.2 kann man jeweils die mittlere Korrelation

$$\overline{m_1 m_2} = \sum_{n=1}^{N} (m_1 \; m_2)_i$$

berechnen. Für das Farbbild mit seiner statistischen Unabhängigkeit der beiden Merkmale folgt, im Gegensatz zum Grauwertbild, ein kleiner Wert. Es ist zweckmäßig diesen Wert zu normieren (→Kapitel 3.1.1, Korrelation) bzw. die Werte m_1^2 und m_2^2 zusammen mit $m_1 m_2$ anzugeben.

$$\begin{pmatrix} \overline{m_1^2} & \overline{m_1 m_2} \\ \overline{m_2 m_1} & \overline{m_2^2} \end{pmatrix}$$

Kehren wir wieder zurück zur Ausgangssituation, so war jeder Pixel mit drei Farbmerkmalen gekennzeichnet. Im allgemeinen Fall werden aber durchaus mehr Merkmale das Objekt (z.B. den Bildpunkt) beschreiben, d.h. der Merkmalsraum ist vieldimensional.

Ziel ist es, die Dimension des Merkmalsraumes auf die Anzahl unkorrelierter Merkmale zu reduzieren.
Geht man von M Merkmalen aus, so lassen sich deren Produkte $m_i m_j$ als Matrix formulieren

$$V_p = \begin{pmatrix} m_{1p} \\ m_{2p} \\ \cdot \\ \cdot \\ \cdot \\ m_{Mp} \end{pmatrix} (m_{1p} \; m_{2p} \; . \; . \; . \; m_{Mp})$$

und anschließend die Mittelung, über alle durch die Merkmale beschriebenen Objekte, durchführen.

$$V = \frac{1}{N} \sum_{i=1}^{N} V_{p_i}$$

V, die Korrelationsmatrix, ist eine symmetrische Matrix. Ihre Hauptdiagonale enthält, wie im vorgenannten Beispiel, die quadratischen Mittelwerte der einzelnen Merkmale. Falls die arithmetischen Mittelwerte Null sind (m_i=0) entsprechen die quadratischen Mittelwerte den Varianzen

$$\sigma_i^2 = \overline{(m_i - \overline{m_i})^2} = \overline{m_i^2}$$

und die mittlere Korrelation gleich den Kovarianzen. V wird dann auch als Kovarianzmatrix bezeichnet.

Die Karhunen/Loeve-Transformation läßt sich ganz allgemein einsetzen zur Redundanzreduktion (→Kapitel 10, Bildcodierung).

Ziel ist es aus einer Matrix **V** eine neue Matrix **W** mit maximal ungleicher Aufteilung der Varianzen (Maß für die Streuung der Meßwerte) zu erzeugen. Wie das Eingangs erwähnte Beispiel verdeutlicht, entspricht dies der Forderung nach unkorrelierten Elementen in $\mathbf{W}_d$ d.h.

$$W_d = \begin{pmatrix} w_{11} & 0 & 0 & 0 & 0 \\ 0 & w_{22} & 0 & 0 & 0 \\ 0 & 0 & . & 0 & 0 \\ 0 & 0 & 0 & . & 0 \\ 0 & 0 & 0 & 0 & w_{MM} \end{pmatrix}$$

$\mathbf{W}_d$ berechnet sich mit der Transformationsmatrix **U** [5.3], [5.4] zu

$$W_d = \frac{1}{k_B^2} U V U^T$$

Es müssen die Eigenwerte (Varianzen) und Eigenvektoren (Basisfunktionen) der Kovarianzmatrix **V** bestimmt werden.
Die orthogonalen Basisfunktionen u lassen sich formal als Vektoren u_i und u_i^T angeben

$$UVU^T = \begin{pmatrix} u_1^T \\ u_2^T \\ . \\ . \\ . \\ u_M^T \end{pmatrix} V \begin{pmatrix} u_1 & u_2 & . & . & . & u_M \end{pmatrix}$$

und in etwas erweiterter Schreibweise

$$UVU^T = \left[\begin{pmatrix} 1 \\ 0 \\ 0 \\ . \\ . \\ . \\ 0 \\ 0 \end{pmatrix} u_1^T + \ldots + \begin{pmatrix} 0 \\ 0 \\ . \\ . \\ . \\ 0 \\ 0 \\ 1 \end{pmatrix} u_M^T \right] V \left[(1 \ 0 \ . \ . \ . \ 0)\, u_1 + \ldots + (0 \ . \ . \ . \ 0 \ 1)\, u_M \right]$$

Ausmultipliziert ergibt sich

$$\boldsymbol{UVU}^T = \begin{pmatrix}1\\0\\0\\.\\.\\.\\0\\0\end{pmatrix} \boldsymbol{u}_1^T \boldsymbol{V} (1\ 0\ .\ .\ .\ 0\ 0)\, \boldsymbol{u}_1 + \dots + \begin{pmatrix}0\\0\\.\\.\\.\\0\\0\\1\end{pmatrix} \boldsymbol{u}_M^T \boldsymbol{V} (0\ 0\ .\ .\ .\ 0\ 1)\, \boldsymbol{u}_M$$

Falls gilt

$$\boldsymbol{V}\boldsymbol{u}_j = \lambda_j \boldsymbol{u}_j$$

└─Konstante (Eigenwert)

und die Basisfunktionen (Eigenvektoren) orthogonal sind

$$\boldsymbol{u}_i^T\boldsymbol{u}_j = k_b \qquad \textit{für} \quad i=j$$

$$\boldsymbol{u}_i^T\boldsymbol{u}_j = 0 \qquad \textit{für} \quad i \neq j$$

vereinfacht sich der Ausdruck zu

$$\boldsymbol{UVU}^T = \begin{pmatrix}1&0&0&0&0&0\\0&0&0&0&0&0\\0&0&0&0&0&0\\0&0&0&0&0&0\\0&0&0&0&0&0\\0&0&0&0&0&0\end{pmatrix} k_B\, \lambda_1 + \dots + \begin{pmatrix}0&0&0&0&0&0\\0&0&0&0&0&0\\0&0&0&0&0&0\\0&0&0&0&0&0\\0&0&0&0&0&0\\0&0&0&0&0&1\end{pmatrix} k_B \lambda_M$$

d.h. die gewünschte Diagonalform liegt vor

$$\boldsymbol{UVU}^T = k_B \begin{pmatrix}\lambda_1&0&0&0&0&0\\0&\lambda_2&0&0&0&0\\0&0&.&0&0&0\\0&0&0&.&0&0\\0&0&0&0&.&0\\0&0&0&0&0&\lambda_M\end{pmatrix}$$

Die Bedingung hierfür war

$$\boldsymbol{V}\boldsymbol{u}_j = \lambda_j \boldsymbol{u}_j$$

$\boldsymbol{u}_j$ – Eigenvektor j

λ_j – Eigenwert j

bzw. umgestellt

$$(\boldsymbol{V} - \lambda_j\ \boldsymbol{E})\ \boldsymbol{u}_j = 0$$

und ausgeschrieben

$$\begin{pmatrix} v_{11}-\lambda_j & v_{12} & \cdots & v_{1M} \\ v_{21} & v_{22}-\lambda_j & \cdots & v_{2M} \\ \cdot & \cdot & \cdots & \cdot \\ \cdot & \cdot & \cdots & \cdot \\ \cdot & \cdot & \cdots & \cdot \\ v_{M1} & \cdot & \cdots & v_{MM}-\lambda_j \end{pmatrix} \begin{pmatrix} u_{j1} \\ u_{j2} \\ \cdot \\ \cdot \\ \cdot \\ u_{jM} \end{pmatrix} = 0$$

Um λ_j zu bestimmen, wird die Determinate der quadratischen Matrix Null gesetzt und die Gleichung n-ten Grades berechnet.

Die Eigenvektoren (Basisfunktionen) ergeben sich mit den bekannten Eigenwerten zu

$$\boldsymbol{V}\boldsymbol{u}_j = \lambda_j \boldsymbol{u}_j$$

$$\begin{pmatrix} v_{11} & v_{12} & \cdots & v_{1M} \\ v_{21} & v_{22} & \cdots & v_{2M} \\ \cdot & \cdot & \cdots & \cdot \\ \cdot & \cdot & \cdots & \cdot \\ \cdot & \cdot & \cdots & \cdot \\ v_{M1} & \cdot & \cdots & v_{MM} \end{pmatrix} \begin{pmatrix} u_{j1} \\ u_{j2} \\ \cdot \\ \cdot \\ \cdot \\ u_{jM} \end{pmatrix} = \lambda_j \begin{pmatrix} u_{j1} \\ u_{j2} \\ \cdot \\ \cdot \\ \cdot \\ u_{jM} \end{pmatrix}$$

Die Eigenwerte und entsprechend die zugehörigen Eigenvektoren werden ihrer Größe nach geordnet, wobei schließlich solche Eigenvektoren mit kleinen Eigenwerten nur noch wenig Information beinhalten und vernachlässigt werden können (→Kapitel 10.2.1, Transformationscodierung, Grundlegende Gesichtspunkte).

Beispiel

Jedes Pixel eines Bildes sei charakterisiert durch die Merkmale m_1, m_2 und m_3. Das Bild habe eine Größe von 16^2 Bildpunkten.

Daraus folgt für die Korrelationsmatrix **V**

$$V_p = \begin{pmatrix} m_1^2 & m_1 m_2 & m_1 m_3 \\ m_2 m_1 & m_2^2 & m_2 m_3 \\ m_3 m_1 & m_3 m_2 & m_3^2 \end{pmatrix}$$

$$V = \frac{1}{16^2} \sum_{i=1}^{16^2} V_{p_i}$$

$$V = \begin{pmatrix} \overline{m_1^2} & \overline{m_1 m_2} & \overline{m_1 m_3} \\ \overline{m_2 m_1} & \overline{m_2^2} & \overline{m_2 m_3} \\ \overline{m_3 m_1} & \overline{m_3 m_2} & \overline{m_3^2} \end{pmatrix}$$

wobei in diesem Beispiel gelten soll

$$V = \begin{pmatrix} 1 & \rho & 0 \\ \rho & 1 & 0 \\ 0 & 0 & 0 \end{pmatrix}$$

Durch Nullsetzen der Determinante berechnen sich die Eigenwerte λ_j zu

$$0 = \begin{vmatrix} 1-\lambda & \rho \\ \rho & 1-\lambda \end{vmatrix}$$

$$(1-\lambda)(1-\lambda)-\rho^2 = 0$$

$$\lambda_1 = 1+\rho$$
$$\lambda_2 = 1-\rho$$

Für den Eigenvektor $\mathbf{u}_1$ und $\mathbf{u}_2$ folgt dann

$$\begin{pmatrix} 1 & \rho \\ \rho & 1 \end{pmatrix} \begin{pmatrix} u_{11} \\ u_{12} \end{pmatrix} = \lambda_1 \begin{pmatrix} u_{11} \\ u_{12} \end{pmatrix}$$

$$u_{11} = u_{12}$$

$$\begin{pmatrix} 1 & \rho \\ \rho & 1 \end{pmatrix} \begin{pmatrix} u_{21} \\ u_{22} \end{pmatrix} = \lambda_2 \begin{pmatrix} u_{21} \\ u_{22} \end{pmatrix}$$

$$u_{22} = -u_{21}$$

$$\boldsymbol{u_1} = \begin{pmatrix} 1 \\ 1 \end{pmatrix} \qquad \boldsymbol{u_2} = \begin{pmatrix} 1 \\ -1 \end{pmatrix}$$

$\mathbf{U}$ ergibt sich zu

$$\boldsymbol{U} = \begin{pmatrix} 1 & 1 \\ 1 & -1 \end{pmatrix}$$

und für k_B gilt

$$\boldsymbol{k_B} = \boldsymbol{u_1}^T \boldsymbol{u_1} = \boldsymbol{u_2}^T \boldsymbol{u_2} = 2$$

Übungsaufgabe 5.1
Wie soll sich ein Merkmalsraum repräsentieren der zur Unterscheidung verschiedener Texturen herangezogen werden soll?

5.2 Überwachte, unüberwachte und lernende Klassifikationsverfahren

Überwachte Klassifikationsstrategien

Voraussetzung für eine überwachte Klassifikation ist die Verfügbarkeit einer repräsentativen Stichprobe für jede der zu unterscheidenden Klassen. Sind aus einer Luftaufnahme Bildelemente wie "See", "Stadt", "Wald" und dgl. zu klassifizieren, können entsprechende Bildausschnitte vorgegeben und die Merkmalsvektoren daraus berechnet werden [3.5]. Für Stichproben verschiedener Trainingsgebiete ergeben sich Punktwolken im Merkmalsraum die eine Näherung an die tatsächliche Population der entsprechenden Klasse darstellen. Ein Merkmalsvektor, berechnet aus der aktuellen Szene, muß im Klassifikationsprozeß einer bestimmten Klasse zugeordnet werden, d.h. derjenigen Klasse in die er "am besten paßt".

Da der Merkmalsraum nichts anderes darstellt als eine n-dimensionale Häufigkeitsverteilung und jede Stichprobe zu einer klassenspezifischen Häufigkeitsverteilung der Musterklasse führt, bietet es sich an, die Zuordnung eines unbekannten Merkmalsvektors entsprechend der maximalen Wahrscheinlichkeit an diesem Punkt im Merkmalsraum vorzunehmen.

Alternativ lassen sich die Hüllen um die Punktwolken der Musterklassen näherungsweise durch einfache geometrische Figuren beschreiben. Bei der Klassenzuweisung wird dann lediglich überprüft in welche Hülle der unbekannte Merkmalsvektor zeigt.

Unüberwachte Klassifikationsstrategien

Falls keine repräsentativen Stichproben der zu unterscheidenden Klassen verfügbar sind und auch die Anzahl der Klassen nicht bekannt ist, wird es bei geeigneten zugrunde gelegten Merkmalen natürlich auch zu einer Clusterbildung im Merkmalsraum kommen. Es ergibt sich das Problem, die Cluster so gegeneinander abzugrenzen, daß unterschiedliche Cluster auch unterschiedliche Klassen beschreiben. Eine Möglichkeit der Clusteranalyse besteht in diesem Fall beispielsweise darin, entsprechend Bild 5.3 jeden Eintrag in den Merkmalsraum mit einem Toleranzkreis (Kugel,...) zu versehen. Die sich ergebenden Vereinigungsmengen werden dann jeweils als eine Klasse aufgefaßt.

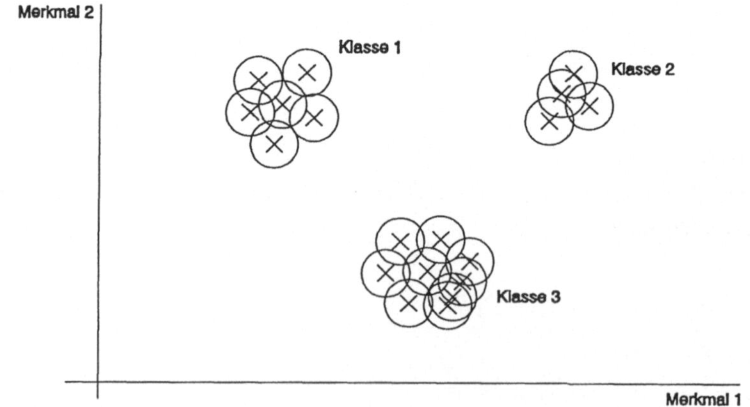

Bild 5.3: Die Vereinigungsmengen charakterisieren einzelne Klassen

Lernende Klassifikationsverfahren
Bei vielen Problemstellungen sind zum Zeitpunkt der Erstellung des Klassifikators nicht ausreichend viele Realisationen des zu untersuchenden Prozesses vorhanden oder es ist damit zu rechnen, daß sich die zu klassifizierenden Objekte ändern. In diesen Fällen ist es notwendig das Klassifizierungssystem den sich verändernden Bedingungen anzupassen (→Kapitel 6, Neuronale Netze).

5.2.1 Klassifikation mit Look-up Tabellen

Das hinsichtlich der Verarbeitungszeit günstigste Verfahren ist, für den Merkmalsraum eine Look-up Tabelle zu verwenden, in die für jeden Punkt des Merkmalsraumes die entsprechende Klassenzuordnung eingetragen wird. Allerdings wächst der notwendige Speicherplatz mit der Potenz der Anzahl von Merkmalen. (Bei nur 6 Merkmalen, die mit je 5 bit quantisiert sind, wird zur Unterscheidung von 16 Klassen ein $(2^5)^6$ 4 bit = 0,5 Gbyte großes RAM notwendig!) Gelingt es, die Merkmale so zu wählen, daß die Klassen trennbar sind durch die Verknüpfung mehrerer zweidimensionaler Merkmalsräume [3.5], und dies ist oft der Fall, reduziert sich entsprechend drastisch der Speicherbedarf.

5.2.2 Maximum Likelihood

Der Merkmalsraum repräsentiert eine, der Anzahl n von Merkmalen entsprechende n-dimensionale Häufigkeitsverteilung.
Ziel ist es, mit Hilfe der statistischen Entscheidungstheorie den Merkmalsraum so in Subräume R_i, welche die einzelnen Klassen K_i begrenzen, zu unterteilen, daß Fehlklassifizierungen minimiert werden, d.h. ein Merkmalsvektor g der richtigen Klasse zugeordnet wird. Mit Hilfe von Stichproben läßt sich zu jeder Musterklasse K_i eine Verteilungsdichte $f(g|K_i)$ bestimmen. Zur Charakterisierung des Merkmalsraumes reichen die Verteilungsdichten der einzelnen Klassen nicht aus, weil man in der Regel nicht annehmen kann, daß alle Musterklassen die gleiche Auftretenswahrscheinlichkeit (a-priori-Wahrscheinlichkeit) $p(K_i)$ haben. Beispielsweise wird das Objekt "x" auf dieser Buchseite eine deutlich geringere Auftretenswahrscheinlichkeit haben als die Klasse der "e" bzw. der Hintergrund.
Falls ein Merkmalsvektor zur Klasse K_i gehört berechnet sich die Wahrscheinlichkeit, daß er auch zu K_i klassifiziert wird mit

$$p(g)|_{K_i} = p(K_i)\int_{R_i} f(g|K_i)dg$$

R_i — Bereich des Merkmalsraumes welcher der der Klasse K_i zugeordnet wird

$p(K_i)$ — a-priori-Wahrscheinlichkeit der Klasse K_i

$p(g)|_{K_i}$ — Wahrscheinlichkeit für die Zuordnung von g zur Klasse K_i

Entsprechend läßt sich natürlich auch die Wahrscheinlichkeit angeben, mit der ein Merkmalsvektor, der zur Klasse K_i gehört, fälschlicherweise einer anderen Klasse K_j zugeordnet wird.

$$p(g)\big|_{K_j} = p(K_i)\int_{R_j} f(g|K_i)\,dg$$

Zur Ableitung der Klassifikationsregel wird eine Kostenfunktion L(i,j), die das Klassifikationsergebnis bewertet, eingeführt.
Beispielsweise könnte bei einer richtigen Zuordnung $i=\mu$

$$L(i,\mu)\big|_{i=\mu} = 0$$

gesetzt und für alle falschen Zuordnungen $i\neq\mu$

$$L(i,\mu)\big|_{i\neq\mu} = 1$$

gewählt werden.
Das sogenannte Risiko, der Erwartungswert der Kostenfunktion,

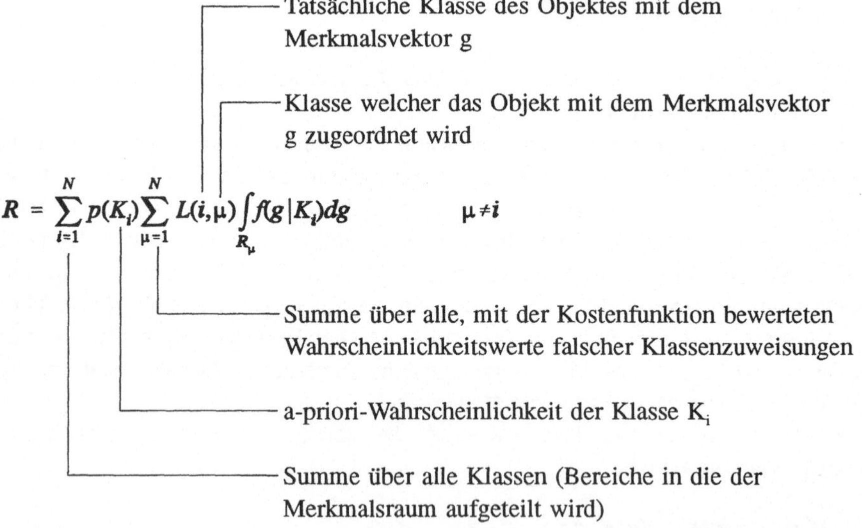

$$R = \sum_{i=1}^{N} p(K_i) \sum_{\mu=1}^{N} L(i,\mu) \int_{R_\mu} f(g|K_i)\,dg \qquad \mu\neq i$$

soll dann, durch entsprechende Wahl der Subräume R_i des Merkmalsraumes, minimiert werden. Dies ist der Fall (Bayes-Klassifikator), wenn der Merkmalsvektor g im Raum der Klasse R_j liegt und gilt

$$\sum_{i=1\; i\neq j}^{N} p(K_i)L(i,j)f(g|K_i) < \sum_{i=1\; i\neq\mu}^{N} p(K_i)L(i,\mu)f(g|K_i) \qquad \mu=1,\ldots,N \quad \mu\neq j,$$

Beispiel

Wo liegt in Bild 5.4 die Klassengrenze, welche sich nach dem Maximum-Likelihood Verfahren ergibt falls die a-priori-Wahrscheinlichkeiten $p(K_1)$ und $p(K_2)$ gleich sind und für die Kostenfunktion gilt

$$L(i,\mu)\big|_{i=\mu} = 0$$

$$L(i,\mu)\big|_{i\neq\mu} = 1$$

Dieses Beispiel zeigt den einfachsten Fall - nur zwei Klassen, gleiche a-priori-Wahrscheinlichkeiten und eine binäre Kostenfunktion.
Es gilt dann

$$f(g|K_1) > f(g|K_2)$$

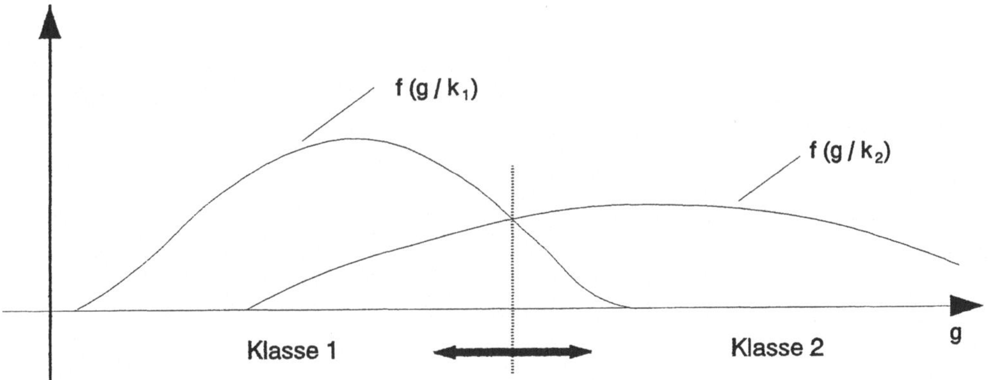

Bild 5.4: Eindimensionaler Merkmalsraum mit zwei Klassen

5.2.3 Minimum Distance

Der Minimum-Distance-Algorithmus eignet sich zur Klassifikation dann, wenn die Merkmalsvektoren der gleichen Merkmalsklasse in jeder Dimension des Merkmalsraumes um einen Schwerpunkt etwa gleich streuen.
Diese Bedingung kann dadurch überprüft werden, indem die Einträge verschiedener Realisationen einer Klasse i in den Merkmalsraum zu einer kompakten "Wolke" führen, deren "Mittelpunkt" (z.B. der Schwerpunkt, der häufigste Wert,...) c_i sei.
Unterschiedliche Klassen müssen durch unterschiedliche c_i charakterisiert sein (Bild 5.5).

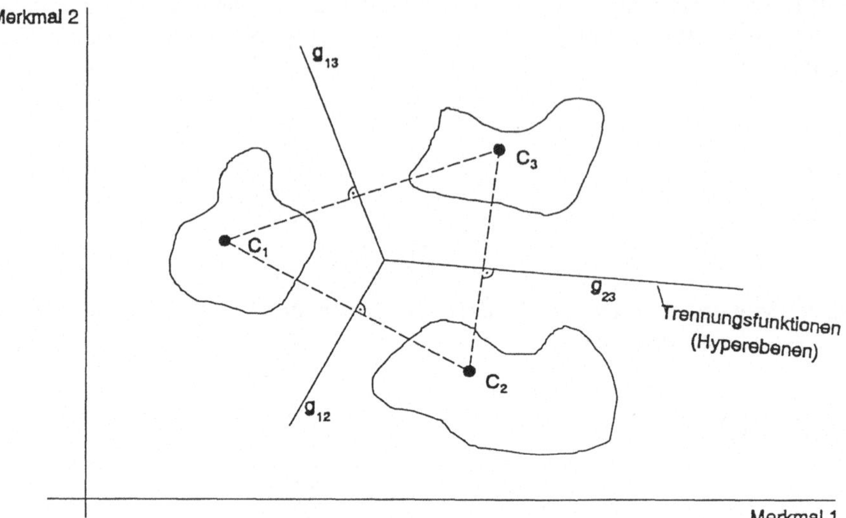

Bild 5.5: "Populationswolken" und Zentren c_i der Klassen 1, 2 und 3

Die Idee des Minimum-Distance-Klassifikators besteht darin, basierend auf einem geeigneten Abstandsmaß (in einem orthogonalen Merkmalsraum z.B. der Euklidischen Distanz), einen Merkmalsvektor g der Klasse zuzuweisen, zu deren Zentrum c_i er den minimalen Abstand d_{min} hat.

$$d(c_i,g) = \sqrt{\sum (c_i-g)^2}$$

Summe über alle Komponenten in Richtung der Merkmale des Abstandsvektors

Die einzelnen Klassen werden nach diesem Verfahren durch Hyperebenen (Bild 5.5) getrennt. Es reicht also zur Klassifikation eines Merkmalsvektors aus, zu bestimmen, in welchen Raum, aufgespannt durch die Hyperebenen, er zeigt. Insbesondere dann, wenn die Klassen mit unterschiedlicher Häufigkeit auftreten, d.h. die Wahrscheinlichkeit hoch ist, daß eine bestimmte Klasse auftritt, kann statt der Berechnung des Abstandes zu allen Klassenzentren und der anschließenden Suche nach dem Minimum, direkt ermittelt werden, ob der Merkmalsvektor in der wahrscheinlichen Klasse liegt. In einem 2D-Merkmalsraum muß lediglich bestimmt werden auf welcher Seite der Punkt zu den einzelnen Klassentrennungsgeraden liegt.
Sind diese in Hessescher Normalform gegeben (Bild 5.6) bestimmt sich seine Lage zu

$$m_1 \cos\alpha + m_2 \sin\alpha - p > 0$$

falls p und der Koordinatenursprung auf verschiedenen Seiten der Geraden liegen und zu

$$m_1 \cos\alpha + m_2 \sin\alpha - p < 0$$

falls p und der Koordinatenursprung auf der gleichen Seite der Geraden liegen.

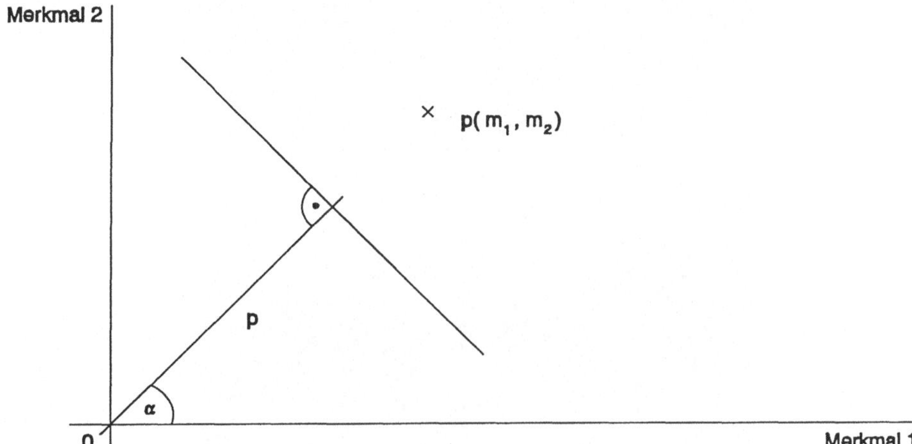

Bild 5.6: Hessesche Normalform einer Trennungsgeraden

Eine einfache logische Verknüpfung, die abklärt, ob sich der Punkt hinsichtlich aller die Klasse begrenzenden Geraden richtigen Seite befindet, ermittelt schließlich die Klassenzugehörigkeit.

5.3 Verbesserung der Klassifikation

Eine Verbesserung der Klassifikation (oder von Entscheidungen ganz generell) ist durch Einbringen zusätzlicher Information (Kontextwissen) in den Klassifikationsprozeß möglich. Denkt man beispielsweise an ein Dokumentenanalysesystem, so sind einzelne Schriftzeichen, Wörter, Sätze usw. zu interpretieren. Bei der Klassifikation von Schriftzeichen durch einen Einzelzeichenklassifikator ist es, insbesondere bei Handschrift, schwierig, immer eine sichere Zuordnung zu treffen. Auch kann es sein, daß einzelne Buchstaben eines Wortes (Bild 5.7) ganz fehlen. Der menschliche Betrachter kennt dieses Problem nicht, da er nicht nur die Ausprägung einzelner Zeichen eines Wortes, sondern das Wort selbst (z.B. die Gestalt in Form seiner Skyline) und den Zusammenhang, in dem es steht, mit in den Klassifikationsprozeß einbezieht.
Es ist also günstig die Klassifikaton nicht absolut, sondern als Wahrscheinlichkeit aufzufassen, die durch weitere spätere Verarbeitungsschritte manipulierbar ist.

Bild 5.7: Entscheidend für den Erkennungsprozeß sind nicht nur die einzelnen Schriftzeichen sondern auch der Kontext in dem sie stehen

5.3.1 Viterbi-Verfahren

Der Viterbi-Algorithmus [5.1], [5.2] ist ein Verfahren, das sich für viele Problemstellungen, welche die Einbeziehung von Kontextinformation verlangen, eignet. Es ist ein Pfadsuchverfahren in einem Trellis (Gitterwerk, Spalier), das zur Berechnung des optimalen Pfades nicht alle Pfadmöglichkeiten vom Startknoten zum Zielknoten bestimmen muß (Bild 5.8).

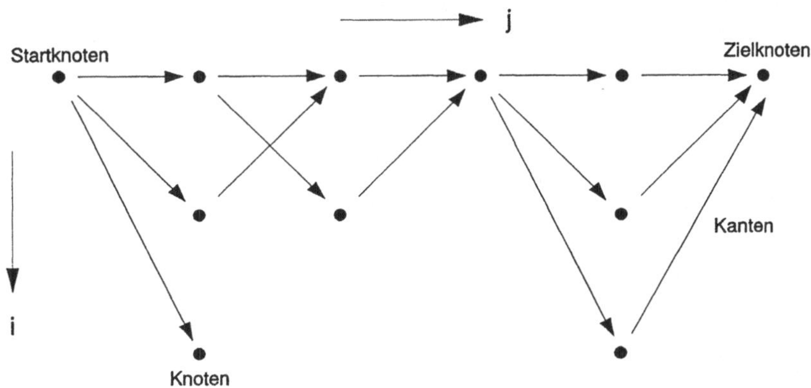

Bild 5.8: Trellis der Länge 6

Im Trellis ist ein Objekt (z.B. ein Wort oder eine Form) abgebildet, dessen Subobjekte (z.B. die Buchstaben des Wortes oder die Kanten der Form) Klassifikationsergebnisse darstellen und durch die Knoten repräsentiert werden. Die Knoten einer Spalte j stellen unterschiedliche Klassenzuweisungen für das gleiche Subobjekt dar. Die Summe der den Klassenzuweisungen zugeordneten Wahrscheinlichkeiten in einer Spalte des Trellis ist 1 (sicheres Ereignis). Die Kanten beinhalten die Bewertung von Relationen zwischen zwei Knoten (z.B. im Falle zweier durch eine Kante verbundener Zeichen oder Orientierungen durch deren Auftretenswahrscheinlichkeit).

In der Regel sind die Knoten benachbarter Spalten vollständig durch Kanten verknüpft.

Der Suche zugrunde gelegt wird eine Verknüpfungsfunktion F, welche die Wahrscheinlichkeit eines Pfades vom Startknoten bis zu betrachteten Knoten in der Spalte j und schließlich zum Zielknoten angibt.

Den Ablauf des Verfahrens erläutert folgendes Beispiel.

Worte in einem Text sollen automatisch gelesen werden. Die Knoten des Trellis (Bild 5.9) sind die Erkennungsergebnisse eines Einzelzeichenklassifikators, während für den Zusammenhang zweier Knoten, die Kanten, zusätzliches Wissen eingebracht werden kann.

Die Wahrscheinlichkeiten, die der Einzelzeichenklassifikator liefert, seien:

j=1		j=2		j=3	
Zeichen	Wahrscheinlichkeit	Zeichen	Wahrscheinlichkeit	Zeichen	Wahrscheinlichkeit
B	0,7;	**1**	0,6;	**s**	0,5;
8	0,2;	**I**	0,2;	**S**	0,3;
0	0,1;	**i**	0,2;	**5**	0,2;

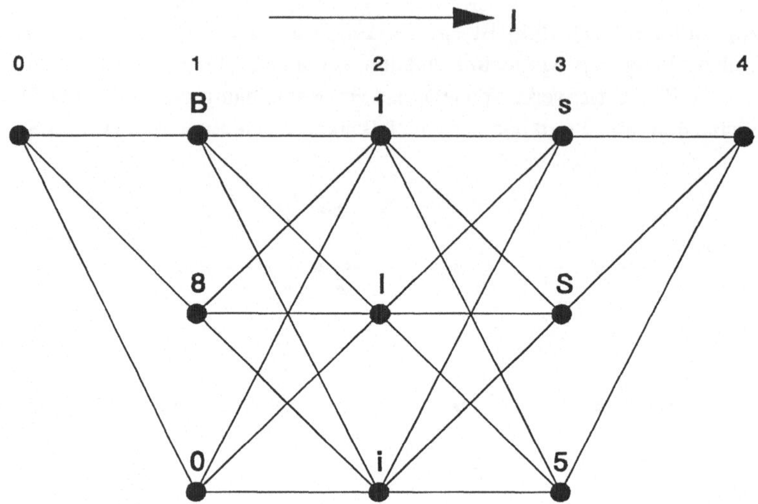

Bild 5.9: Trellis der Länge 5 zur Interpretation einer Zeichenfolge

Wie die Tabelle zeigt, ergeben die Zeichen mit der jeweils größten Wahrscheinlichkeit, ohne Berücksichtigung ihres Zusammenhanges, den String "B1s" und nicht, einen normalen deutschen Text vorausgesetzt, das Wort "Bis".
Der Zusammenhang zwischen den Zeichen, als allgemeines Wissen (a priori Wissen) über den zu erwartenden Text, d.h. die Wahrscheinlichkeit zwischen den möglichen Zeichentypen kann z.B. in Form einer Tabelle formuliert werden. So sei die Wahrscheinlichkeit, daß auf einen Großbuchstaben ein Großbuchstabe folgt 0,9, daß auf eine Ziffer ein Großbuchstabe folgt 0,1, usw..

Wahrscheinlichkeit p	der Kante zwischen	Knoten j und	Knoten j+1
0,9		Großbuchstabe	Großbuchstabe
0,9	(falls Großbuchstabe 1. Zeichen des Wortes)	Großbuchstabe	Kleinbuchstabe
0,1		Großbuchstabe	Ziffer
0,1		Kleinbuchst.	Großbuchstabe
0,9		Kleinbuchst.	Kleinbuchstabe
0,1		Kleinbuchst.	Ziffer
0,1		Ziffer	Großbuchstabe
0,1		Ziffer	Kleinbuchstabe
0,9		Ziffer	Ziffer

Die Verknüpfungsfunktion F ließe sich in diesem Fall definieren zu

F = p(Pfad zum Knoten j-1) p(Knoten j) p(Kante zwischen dem Knoten j-1 und j)

Im ersten Schritt werden alle Knoten der 1. Spalte entwickelt. Mit der Bewertung 1 der Kanten zwischen diesen Knoten und dem Startknoten ergeben sich für j=1 die in Bild 5.10 eingetragenen Werte der Verknüpfungsfunktion. Nun werden die Knoten der Spalte j=2 entwickelt. Die Verknüpfungsfunktion liefert dann die in Bild 5.10 gezeigten Größen, von denen für jeden Knoten der maximale Wert gesucht und die entsprechende Kante mit einem Rückwärtszeiger markiert wird.

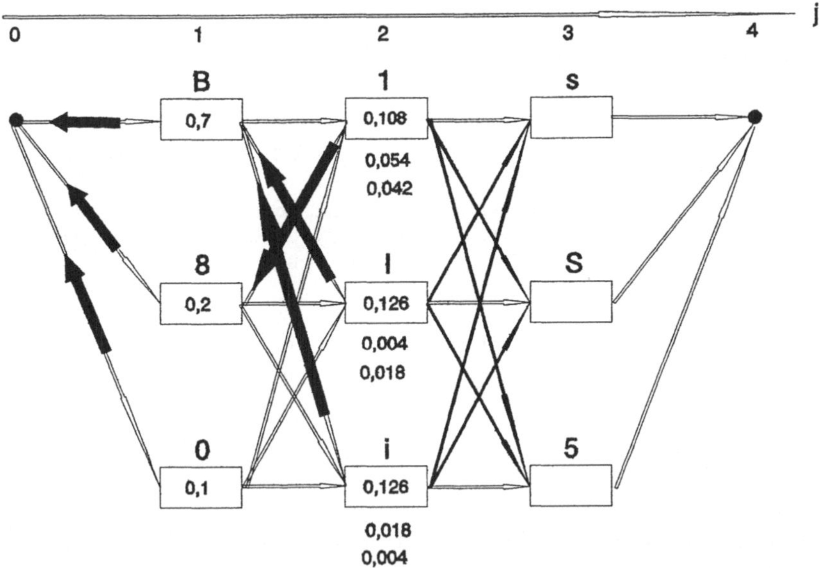

Bild 5.10: Trellis; Eingetragen sind die Werte der Verknüpfungsfunktion und die Rüchwärtsverzeigerung

Der Zielknoten besitzt schließlich die Bewertung des günstigsten Pfades, der über die Rückwärtszeiger nachvollzogen werden kann.
Mit dem eingebrachten Wissen über den Zusammenhang der Knoten ergibt sich der durch den Kontext wahrscheinlichste String "Bis".

Sollen die Daten in einen weiteren Kontext eingebunden werden, ist es wünschenswert mehrere Alternativen für die Klassifikation bereit zu halten. Dies führt zur Berechnung der n besten Pfade [5.2].

5.3.2 Relaxation

Unter Relaxation versteht man allgemein eine Technik, die, mit sich aus dem Zusammenhang ergebender Information, lokale Mehrdeutigkeiten reduziert.
So läßt sie sich beispielsweise einsetzen, um Konturteilstücke im Bild zu verstärken oder, in Abhängigkeit der Umgebung des Kontexts, abzuschwächen.

Walz-Filteralgorithmus

Iterativ wird das Bild so lange bearbeitet, bis sich keine Änderungen mehr ergeben, d.h. eine globale Konsistenz erreicht ist.

```
DO UNTIL globale Konsistenz erreicht
    behalte eine Bedeutung in der Teilmenge der möglichen Bedeutungen für ein Primitiv
    dann und nur dann, wenn für jedes Nachbarprimitiv eine verträgliche Bedeutung in der
    zugehörigen Teilmenge der möglichen Bedeutungen enthalten ist.
END
```

Angewandt auf obiges Beispiel wird unter Primitiv ein lokales Konturteilstück verstanden und unter den möglichen Bedeutungen die Orientierungen wie sie sich z.B. mit dem Kirsch-Maskensatz ergeben. Nachbarprimitive sind umgebende Konturteilstücke. Die Bewertung der Verträglichkeit von Bedeutungen könnte entsprechend der Verträglichkeitsmatrix

		Orientierung des Nachbarkonturteilstückes (Orientierung der max. bewerteten Kirschmaske des Nachbarprimitivs)							
		K_0	K_{45}	K_{90}	K_{135}	K_{180}	K_{225}	K_{270}	K_{315}
Orientierung des zu	K_0	1	0,6	0,9	0,2	0,1	0,2	0,9	0,8
modifizierenden	K_{45}	0,6	1	0,6	0,9	0,2	0,1	0,2	0,9
Primitivs	K_{90}	0,9	0,6	1	0,6	0,9	0,2	0,1	0,2
	K_{135}	0,2	0,9	0,6	1	0,6	0,9	0,2	0,1
	K_{180}	0,1	0,2	0,9	0,6	1	0,6	0,9	0,2
	K_{225}	0,2	0,1	0,2	0,9	0,6	1	0,6	0,9
	K_{270}	0,9	0,2	0,1	0,2	0,9	0,6	1	0,6
	K_{315}	0,6	0,9	0,2	0,1	0,2	0,9	0,6	1

definiert sein. Darauf basierend wird iterativ die Bewertung k jedes Konturteilstückes modifiziert

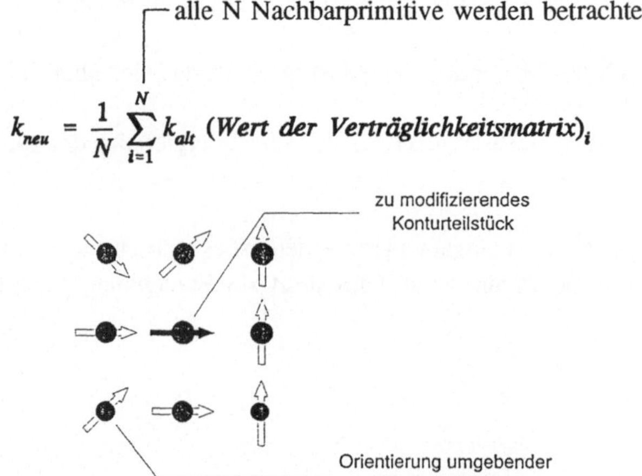

$$k_{neu} = \frac{1}{N} \sum_{i=1}^{N} k_{alt} \, \textit{(Wert der Verträglichkeitsmatrix)}_i$$

Bild 5.11: Einfaches Beispiel zur Anwendung der Relaxation

Übungsaufgabe 5.2

Vervollständigen Sie die Einträge in den Trellis Bild 5.10.

6 Neuronale Netze

Neural Networks

6.1 Grundlagen Neuronaler Netze

Ein technisches neuronales Netz ist ein aus sehr vielen einfachen Prozessor-Elementen bestehendes, stark vermaschtes System. Bild 6.1 zeigt ein solches System, das nur aus drei Ebenen (Layers) aufgebaut ist und die jeweils ohne Rückkoppelung (feed forward) vollständig vermascht sind. Im Gegensatz hierzu weist das biologische Vorbild eine ganze Reihe von Zwischenlagen (hidden layers) auf.

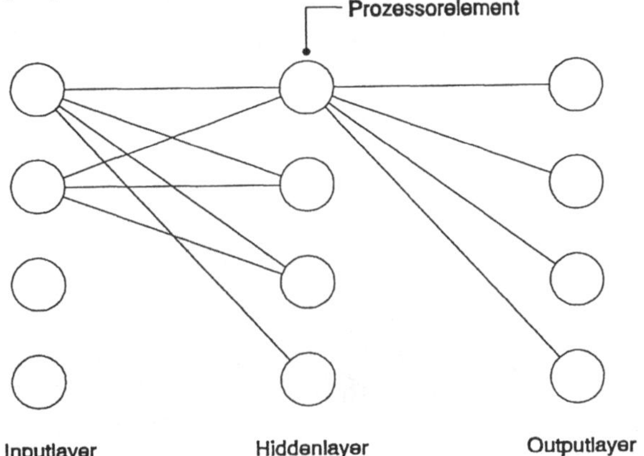

Bild 6.1: Beispiel für die Struktur eines einfachen, vollständig vermaschten feed forward-Netzes, das aus einem Inputlayer, einem Hiddenlayer und einem Outputlayer besteht.

Im Bild 6.2 ist das neuronale Netz als "Black Box" dargestellt. Die Zahl der Ein- und Ausgänge ist vom Einsatz des Netzes abhängig. Der Eingangsvektor kann aus beliebig vielen Eingangssignalen x_N bestehen. Das gleiche gilt für den Ausgangsvektor.

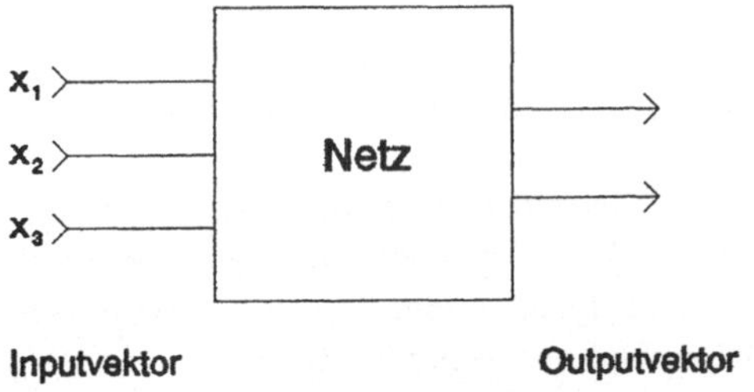

Bild 6.2: System mit Ein- und Ausgängen. Die Systemfunktion des Neuronalen Netzes wird beim - Lernvorgang trainiert.

Der Eingangsvektor wird mit der Systemfunktion des Neuronalen Netzes multipliziert. Dadurch ergibt sich der Ausgangsvektor. Die Systemfunktion ist beim Neuronalen Netz nicht fest vorgegeben, sondern sie bildet sich während des Lernvorganges. Wird der Lernvorgang während des Betriebes weitergeführt, so paßt sich die Systemfunktion den aktuellen Verhältnissen kontinuierlich an. Beim Lernvorgang wird, und hierfür sind verschiedene Lernregeln bekannt, die Systemfunktion so verändert, daß sich zu jedem Eingangsvektor ein bestimmter Ausgangsvektor einstellt.

Bei einfachen Netzen sind die einzelnen Prozessorelemente (Units, Neuronen) gleichartig und sehr einfach entsprechend Abbildung 6.3 aufgebaut.

Die Ausgänge der vorgeschalteten Units werden mit dem Gewichtsfaktor $w_{ij}(k)$ multipliziert. Das bedeutet, daß die Verbindung zwischen der vorgeschaltenen Unit j mit dem Neuron i zum Zeitpunkt k mit dem Wert w gewichtet ist, die Information des vorgeschaltenen Prozessorelementes also mehr oder weniger stark berücksichtigt wird. An einem weiteren, ebenfalls gewichteten Eingang liegt eine konstante Größe, der sogenannte Offset an. Die Gewichtsfaktoren $w_{ij}(k)$ sind variabel und beinhalten das Wissen bzw. den Algorithmus, den das gesamte Netz ausführen soll. Die bewerteten Eingangswerte werden zum Wert $net_i(k)$ aufsummiert, und mit Hilfe der Aktivitätsfunktion $f(net_i(k))$ das Ausgangssignal $o_i(k)$ gebildet.

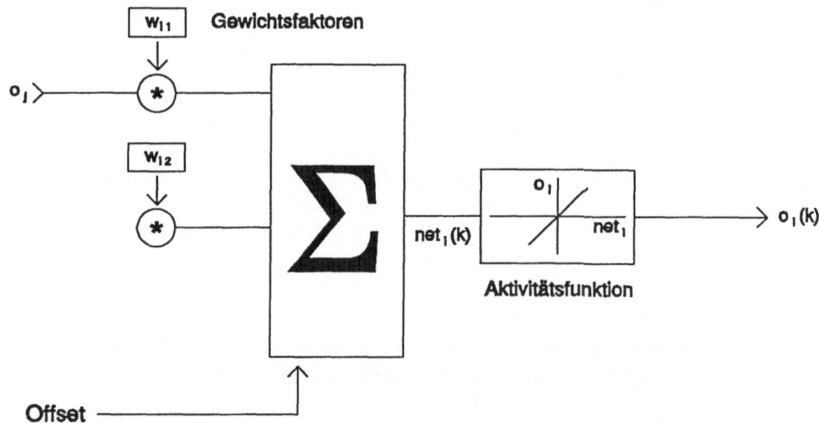

Bild 6.3: Prinzip eines einfachen Prozessorelementes i (Unit, Neuron). (Entspricht bei linearer Aktivitätsfunktion der Struktur eines FIR-Filters).

Die herausragenden Eigenschaften Neuronaler Netze sind:

- Lernfähigkeit.
  Sie müssen nicht programmiert, sondern können trainiert werden (mit/ohne Lehrer)
- Massive Parallelität.
  Dies führt zu einer weitgehenden Fehlertoleranz und Adaptivität.
  Falls ein oder mehrere Prozessor-Elemente bzw. Verbindungen ausfallen, arbeitet der Rest des Netzes bei genügend großer Anzahl von Neuronen, ungestört weiter.
  Die Gesamtfunktion wird nur wenig verändert.

6.2 Lernregeln für feed-forward-Netze

Die Verbindung zwischen den einzelnen Zellen werden mit dem Faktor $w_{ij}(k)$ gewichtet. Als Lernregel bezeichnet man den Algorithmus, der diese Gewichte beim Trainieren des Netzes justiert, bis sie so eingestellt sind, daß das Netz die gewünschte Systemfunktion abbildet. Aus diesem Grund wird die Matrix der Gewichte auch als Wissensbasis bezeichnet.

6.2.1 Deltaregel

Eine einfache Lernregel, wie sie von B. Windrow und M. Hoff für die Modelle ADALINE und MADALINE schon 1960 formuliert wurde, ist die Delta-Regel. Dem Netz werden hierbei K Lernmusterpaare p_k vorgegeben. Ein Lernmusterpaar besteht aus einem Inputvektor und dem (vom Netz idealerweise nach dem Lernvorgang zu realisierenden) zugehörigen Outputvektor. Der wesentliche Nachteil der Delta-Regel ist, daß sie nur auf Netze, bestehend aus Input- und Outputlayer, angewandt werden kann. Ferner soll die Aktivitätsfunktion, wie in Bild 6.3 ausgeführt, linear sein. Für den Zusammenhang zwischen den Eingangsgrößen o_j der Zelle i und ihrer Ausgangsgröße o_i soll gelten

$$o_i = \sum_j w_{ij} o_j$$

Die Standard-Delta-Regel verändert dann das Gewicht w_{ij}, mit dem die Eingangsgröße o_j bewertet wird, um den Faktor Δ_p

$$\Delta_p (w)_{ij} = \eta (t_{pi} - o_{pi}) o_{pj} = \eta \delta_{pi} o_{pj}$$

Die Gewichte w_{ij} werden verändert in Abhängigkeit des Inputwertes o_{pj} und des noch vorhandenen Fehlers. Dieser Fehler, die Differenz zwischen dem gewünschten Ergebnis t_{pi} und dem vom Netz erzeugten Wert o_{pi} wird "Delta" genannt $(t_{pi}-o_{pi})=\delta_{pi}$. Zusammen mit der Lernrate η $(0<\eta<1)$ ergibt sich das sogenannte "amount of learning".

Als Maß für den Fehler zwischen dem aktuellen Outputvektor und dem gewünschten Zieloutputvektor dient die Summe der Fehlerquadrate (Gauß).

$$E_p = \sum_i (t_{pi} - o_{pi})^2$$

Beim Lernvorgang wird dieser Fehler minimiert, d.h. die Gewichte entsprechend der zu Null gesetzten partiellen Ableitungen bestimmt. Es bildet sich ein einziges Minimum aus.
Die Delta-Regel eignet sich in dieser Form nur für Feed-Forward-Netzwerke ohne Hidden-Ebenen und mit linearen Aktivierungsfunktionen.

6.2.2 Error-Backpropagation-Algorithmus

Sind beliebig viele Hidden-Ebenen im Netz vorhanden so lassen sich mit der sogenannten generalisierten Delta-Regel auch Gewichtsänderungen für die Zwischenlagen bestimmen. Während des Lernprozesses werden dem Netz auch hier paarweise Inputvektoren und Zieloutputvektoren präsentiert. Ein Inputvektor mit seinem zugehörigen Zieloutputvektor stellt wieder ein Lernmusterpaar p dar. Als erstes berechnet das System anhand des angelegten Inputvektors entsprechend der in der Initialisierungsphase zufällig gegebenen Gewichtsfaktoren $w_{ij}(k=0)$ den Outputvektor. Dieser Outputvektor wird mit dem gewünschten Zieloutputvektor verglichen. Bei einem noch untrainierten Netz ergibt sich eine Differenz, die duch Modifikation der Gewichte reduziert werden soll. Im Unterschied zur Delta-Regel wird als Aktivierungsfunktion für die einzelnen Units eine nichtlineare, differenzierbare und ansteigende Funktion, wie beispielsweise die Sigmoid-Funktion oder der tanh, verwendet. Der Zusammenhang zwischen net_i und der Ausgangsgröße o_i des i-ten Prozessorelements (Bild 6.4) ist damit gegeben zu

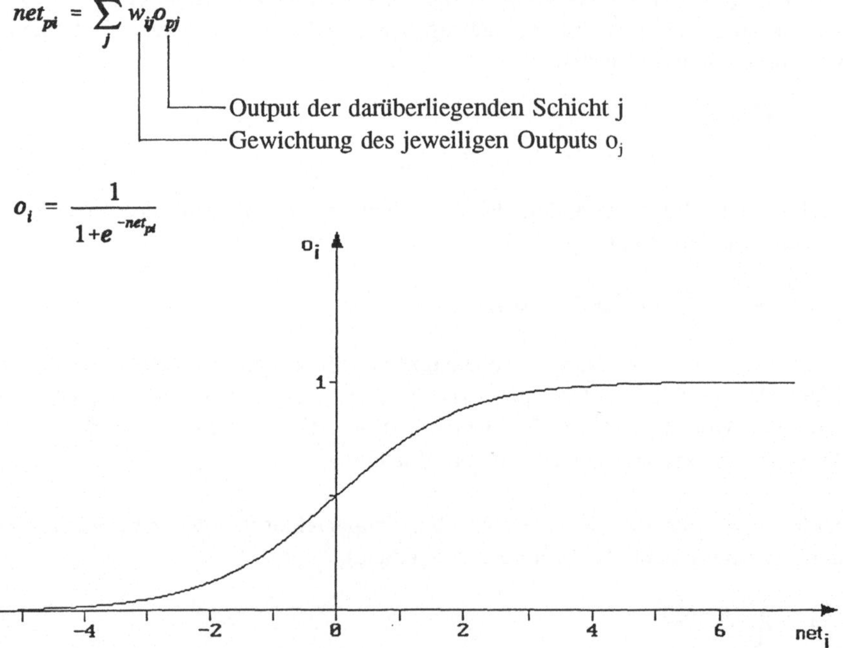

Bild 6.4: Aktivierungsfunktion

Der Fehler E_p zwischen dem aktuellen Outputvektor und dem gewünschten Zieloutputvektor bei angelegtem Lernmusterpaar p sei auch hier als mit dem Faktor 0,5 normierte Summe der Fehlerquadrate definiert, wobei o_{pi} der Outputvektor der letzten Schicht ist.

$$E_p = 0{,}5 \sum_i (t_{pi} - o_{pi})^2$$

Normierungsfaktor

Die partiellen Ableitungen des Fehlers E_p nach den Gewichten w_{ij} zu Null gesetzt ergeben Gewichte w_{ij}, welche zu einem minimalen E_p führen.

$$\frac{d\,E_p}{d\,w_{ij}} = 0$$

Sind die Gewichte w_{ij} zu Beginn der Lernphase noch zufällig eingestellt, wird die Steigung (1. Ableitung) noch ungleich Null sein. Die Gewichte werden proportional, wie bei der Delta-Regel, zu der noch vorhandenen Steigung verändert, bis diese, und damit auch die Gewichtsänderungen, sehr klein, d.h. Null werden.
Für die letzte Schicht der units i, für die man den Fehler δ_{pi} aus dem Vergleich zwischen sich ergebendem Output o_{pi} und dem Zieloutputvektor t_{pi} direkt errechnen kann, läßt sich die Änderung des Fehlers dE_p in Abhängigkeit der Gewichtsänderung dw_{ij} angeben zu

$$\frac{d\,E_p}{d\,w_{ij}} = \frac{d\,E_p}{d\,o_{pi}}\,\frac{d\,o_{pi}}{d\,net_{pi}}\,\frac{d\,net_{pi}}{dw_{ij}}$$

Der Faktor

$$\frac{d\,o_{pi}}{d\,net_{pi}}$$

stellt die Steigung der Aktivierungsfunktion dar. Mit der Festlegung der Aktivierungsfunktion entsprechend Bild 6.4 ist der daraus resultierende Wert für jedes net_{pi} angebbar.

$$\frac{d\,o_{pi}}{d\,net_{pi}} = f'(net_{pi})$$

Die Ableitung des Fehlers E_p nach dem Output o_{pi} mit

$$E_p = 0{,}5\sum_i (t_{pi}^2 - 2t_{pi}o_{pi} + o_{pi}^2)$$

ergibt sich zu

$$\frac{d\,E_p}{d\,o_{pi}} = -(t_{pi} - o_{pi}) = -\delta_{pi}$$

Der dritte Faktor, der die Abhängigkeit der Größe net_{pi} von den Gewichten w_{ij} zeigt, führt zu

$$\frac{d\,net_{pi}}{dw_{ij}} = \frac{d}{d\,w_{ij}}\sum_j w_{ij}o_{pj} = o_{pj}$$

Für die Abhängigkeit des Fehlers E_p von den Gewichten w_{ij} gilt dann

$$\frac{d\,E_p}{d\,w_{ij}} = -\delta_{pi}\,f'(net_{pi})\,o_{pj}$$

Für Hidden-units i ist der Fehler δ_{pi} nicht direkt angebbar. Der Output einer Hidden-unit o_{pi} wirkt auf k Units der sich anschließenden Schicht. Damit bewirkt eine Änderung do_{pi} eine Änderung des Fehlers E_p aller k Units dieser Schicht. Die gesamte Änderung läßt sich mit der Kettenregel schreiben

$$\sum_k \frac{d\,E_p}{d\,o_{pi}} = \sum_k \frac{d\,E_p}{d\,net_{pk}} \frac{d\,net_{pk}}{d\,o_{pi}}$$

$$\sum_k \frac{d\,E_p}{d\,o_{pi}} = \sum_k \left(\frac{d\,E_p}{d\,net_{pk}} \frac{d}{d\,o_{pi}} \sum_i w_{ik} o_{pi}\right)$$

$$\sum_k \frac{d\,E_p}{d\,o_{pi}} = \sum_k \left(\frac{d\,E_p}{d\,net_{pk}} w_{ik}\right)$$

$$\sum_k \frac{d\,E_p}{d\,o_{pi}} = \sum_k \left(\frac{d\,E_p}{d\,o_{pk}} \frac{d\,o_{pk}}{d\,net_{pk}} w_{ik}\right)$$

$$\sum_k \frac{d\,E_p}{d\,o_{pi}} = \sum_k (-\delta_{pk} f'(net_{pk})\, w_{ik})$$

Für Hidden-units folgt so die Abhängigkeit des Fehlers E_p von den Gewichten w_{ij} zu

$$\frac{d\,E_p}{d\,w_{ij}} = \sum_k (-\delta_{pk} f'(net_{pk})\, w_{ik})\, f'(net_{pi})\, o_{pj}$$

Proportional zur Abhängigkeit des Fehlers E_p von den Gewichten werden diese nun, ausgehend von der letzten Schicht, modifiziert.

$$\Delta_p(w_{ij}) = \eta(t_{pi} - o_{pi})\, f'(net_{pi})\, o_{pj}$$

Im nächsten Schritt werden die Gewichte der darüberliegenden Schicht verändert

$$\Delta_p(w_{ij}) = \eta \sum_k (\delta_{pk} f'(net_{pk})\, w_{ik})\, f'(net_{pi})\, o_{pj}$$

Entsprechend werden Schicht für Schicht zur Inputebene aufsteigend (zurückpropagierend) die Gewichte w_{ij} manipuliert.

6.3 Bildverarbeitungsnetzwerke

6.3.1 Neocognitron von Fukushima

Das Neocognitron von Fukushima lehnt sich stark an Erkenntnissen aus Experimenten am visuellen Cortex höherer Wirbeltiere an. Es besteht aus mehreren Lagen von Prozessorelementen und ist in der Lage, Objekte unabhängig von ihrer Lage im Bild, ihrer aktuellen Größe und Rotation zu erkennen. Darüberhinaus toleriert es, charakteristisch für Netze schlechthin, Variationen im Erscheinungsbild der Objekte wie sie sich z.B. durch Verdeckungen oder Verzerrungen ergeben.

6.3.1.1 Zelltypen des Neocognitrons

Analog zum biologischen Neuron, das in erregtem Zustand "feuert", d.h. eine erhöhte Pulsfolge am Ausgang zeigt, liefern die vier verschiedenen Zelltypen (S-Zellen, C-Zellen, V_s-Zellen und V_c-Zellen) des Neocognitrons nur positive Ausgangswerte.

Bild 6.5 skizziert eine S-Zelle (simple-cell), den Zusammenhang zwischen erregenden (excitatorischen) und hemmenden (inhibitorischen) Eingangsgrößen und dem daraus gebildeten Ausgangswert.

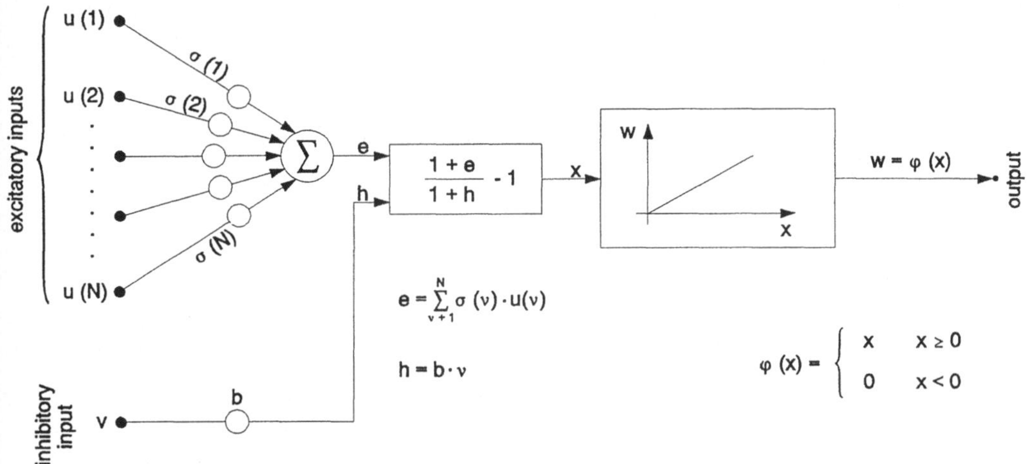

Bild 6.5: Ein/Ausgangscharakteristik einer S-Zelle

Mit dem Lernvorgang, der die Gewichte a_υ und b modifiziert, wächst sowohl e als auch h. Die Ausgangsgröße w

$$w = \varphi[\frac{1+e}{1+h}-1] = \varphi[\frac{e-h}{1+h}]$$

stellt sich dann für große Werte von e und h ($e \gg 1, h \gg 1$) als das Verhältnis von erregenden und hemmenden Inputs dar

$$w \approx \varphi[\frac{e}{h}-1]$$

Variiert das Verhältnis von e und h

$$e = \epsilon x, \quad h = \eta x, \quad \epsilon > \eta$$

berechnet sich w zu

$$w = \frac{\epsilon x - \eta x}{1+\eta x} = (\epsilon - \eta)\frac{x}{1+\eta x}$$

$$w = \frac{\epsilon - \eta}{2\eta}[1+\tanh(\frac{1}{2}\log \eta x)]$$

Die sich so ergebende Funktion w stimmt mit dem Weber/Fechnerschen Gesetz (→Kapitel 4, Leuchtdichte, empfindungsgemäße Helligkeit) überein und wird oft zur Approximation empirisch ermittelter Zusammenhänge von Input/Outputrelationen des Sensorsystems höherer Wirbeltiere verwendet.

Die C-Zellen (complex-cells) entsprechen in ihrem Übertragungsverhalten den S-Zellen bis auf die Aktivitätsfunktion ψ.

$$w = \psi[x]$$

$$\psi[x] = \frac{x}{\alpha + x} \quad x \geq 0$$

└── positive Konstante (typisch α=0,5)

$$\psi[x] = 0 \quad x < 0$$

Die S- und C-Zellen sind erregende (excitatory) Zellen, deren Ausgang nur mit excitatorischen Eingängen anderer Zellen verschaltet ist. Im Gegensatz dazu sind die V_s- und V_c-Zellen hemmende (inhibitory) Zellen deren Ausgänge an die hemmenden Eingänge anderer Zellen angeschlossen sind. Beide Zelltypen haben nur erregende Eingänge.
Der Ausgangswert w einer V_s-Zelle berechnet sich lediglich aus der gewichteten Summe der Eingangsgrößen.
V_c-Zellen hingegen errechnen ihren Output w indem die Inputs $u(\upsilon)$ quadriert, gewichtet und aufsummiert werden.

$$w = \sqrt{\sum_{\nu=1}^{N} u^2(\nu)c(\nu)}$$

6.3.1.2 Struktur des Netzwerkes

An die Eingangsschicht U_0, das Kamerabild, schließen sich eine Reihe modularer Strukturen an, die jeweils aus zwei Schichten mit S-Zellen bzw. C-Zellen aufgebaut sind (Bild 6.6).

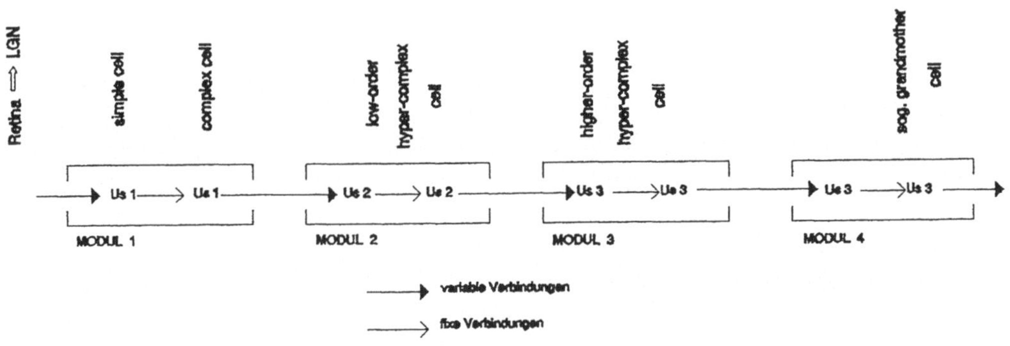

Bild 6.6: Hierarchische Struktur des Neocognitrons

S-Zellen und C-Zellen in jeder Schicht (layer) sind in Untergruppen, sogenannten Cell-Planes, zusammengefaßt. Innerhalb einer Cell-Plane erfassen die Zellen zwar unterschiedliche lokale Bereiche, haben jedoch gleiche Eigenschaften (ihre Eingangsgewichtungen entsprechen sich). In Bild 6.7 ist der Übersicht halber nur jeweils eine Zelle pro Cell-Plane eingezeichnet.

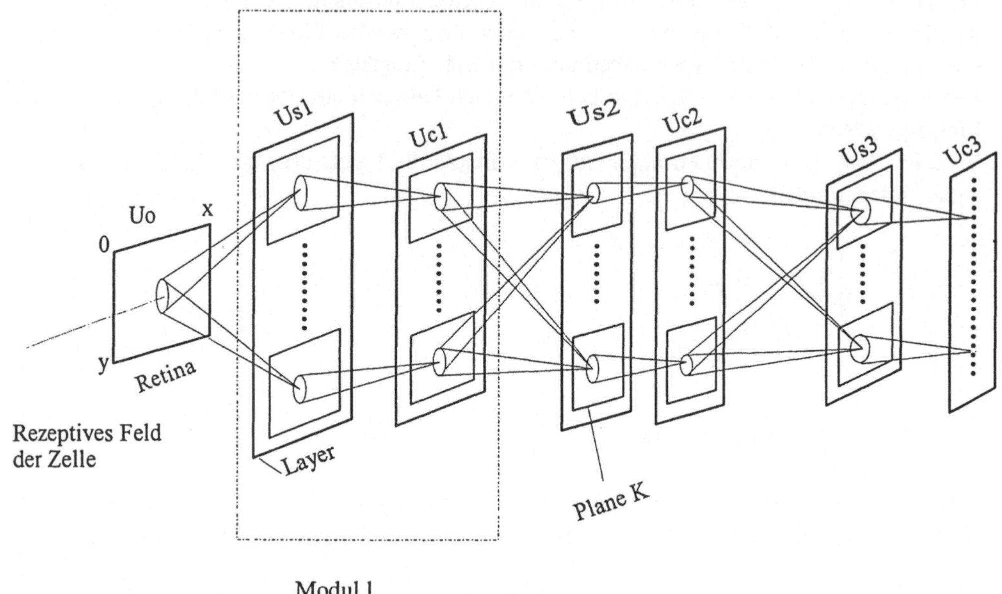

Bild 6.7: Darstellung der Verbindungen zwischen den Layern

Wie aus Bild 6.7 hervorgeht nimmt die Anzahl der Zellen von Modul zu Modul ab, entsprechend der Vergrößerung ihrer rezeptiven Felder so, daß im letzten Layer nur noch eine einzige C-Zelle, die sogenannte "grandmother cell", pro C-Plane vorhanden ist welche auf ein komplexes Objekt anspricht.

Die Verbindungen zwischen S- und C-Zellen lassen sich nicht modifizieren. Das rezeptive Feld jeder C-Zelle erfaßt einen Bereich von S-Zellen die auf exakt den gleichen Stimulus, jedoch lokal verschoben, reagieren. Die Gewichtungen der C-Zellen werden so eingestellt, daß sie feuern wenn eine der S-Zellen in ihrem rezeptiven Feld aktiv ist. Mit anderen Worten ausgedrückt, eine C-Zelle ist sensitiv für ein bestimmtes Erregungsmuster, unabhängig von dessen genauer Lage.

Entsprechend der aus Bild 6.7 hervorgehenden Struktur des Netzes und dem in Bild 6.5 gezeigten Aufbau einer Zelle läßt sich der Output einer S-Zelle U_s innerhalb eines Moduls l in einer Plane k_l am Ort (x,y) angeben zu

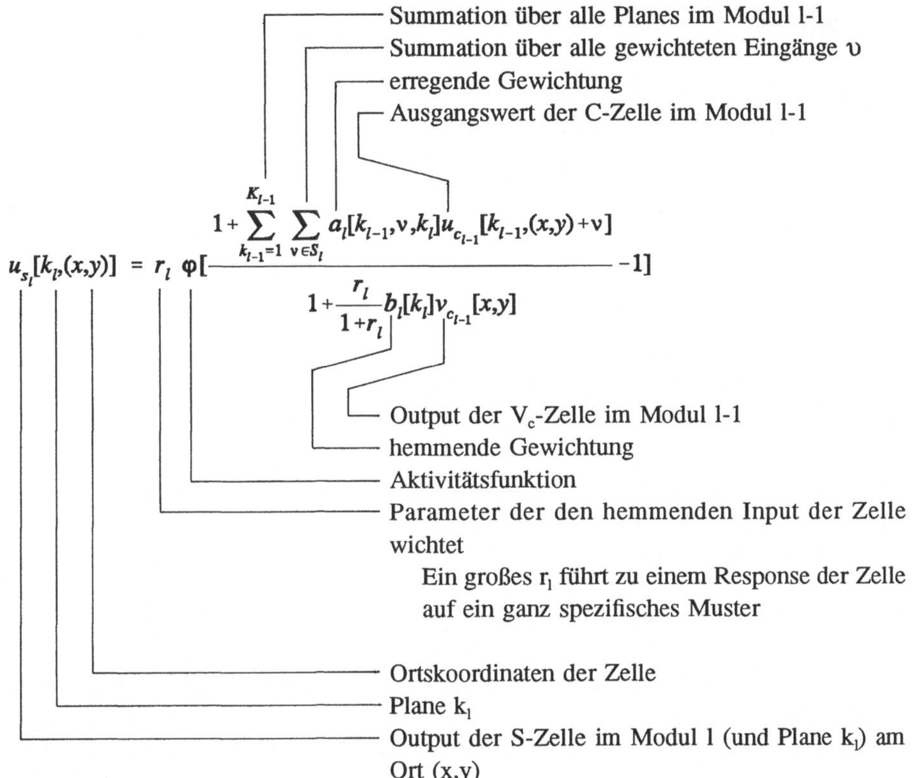

mit

$$v_{c_{l-1}}[x,y] = \sqrt{\sum_{k_{l-1}=1}^{K_{l-1}}\sum_{\nu\in S_l} c_{l-1}[\nu]\,u^2_{c_{l-1}}[k_{l-1},(x,y)+\nu]}$$

Gewichtungen

d.h. die V_c-Zelle, die das hemmende Signal für die S-Zelle generiert, hat die gleichen Eingangsverbindungen wie die S-Zelle.

Die Werte der festen Verbindungen $c_{l-1}[\upsilon]$ sind so bestimmt, daß sie in Bezug auf $|\upsilon|$ monoton fallen und die Gleichung

$$\sum_{k_{l-1}=1}^{K_{l-1}} \sum_{v \in S_l} c_{l-1}[v] = 1$$

erfüllen [6.2].
Der Output der C-Zellen errechnet sich zu

$$u_{c_l}[k_l,(x,y)] = \psi[\frac{1+\sum_{v \in D_l} d_l[v] u_{s_l}[k_l,(x,y)+v]}{1+v_{s_l}[x,y]} - 1]$$

wobei für $v_{sl}[x,y]$ der V_s-Zelle gilt

$$v_{s_l}[x,y] = \frac{1}{K_l} \sum_{k_l=1}^{K_l} \sum_{v \in D_l} d_l[v] u_{s_l}[k_l,(x,y)+v]$$

In der Gleichung für die C-Zellen werden die Werte der festen Verbindungen $d_l[\upsilon]$ so bestimmt, daß sie hinsichtlich $|\upsilon|$, wie $c_l[\upsilon]$, monoton fallen. Die Größe des rezeptiven Feldes D_l wächst von kleinen Werten in den ersten Modulen mit der Tiefe l an (vgl. Bild 6.7).

6.3.1.3 Arbeitsweise des Netzes, Lernvorgang

Es gibt mehrere Veröffentlichungen, welche die Gewichtungen des Neocognitrons in unterschiedlicher Weise einstellen.
Die Originalversion sieht zur Selbstorganisation einen unüberwachten Lernprozeß (unsupervised learning, learning without a teacher) vor. Während des Lernens wird dem Inputlayer des Netzes ein Muster präsentiert ohne gleichzeitige Information über dessen Klassenzugehörigkeit. Je nach Inputmuster und den aktuellen Gewichtungen stellen sich die Ausgänge der einzelnen Zellen des Netzes ein. Die Daten werden durch das Netz propagiert. Nachdem die Gewichte entsprechend des verwendeten Lernalgorithmus etwas modifiziert wurden, wiederholt sich der Vorgang mit der Präsentation eines neuen Lernmusters. Das Trainieren des Netzes wird abgebrochen wenn das Ausgangsmuster (V_c-Zellen des letzten Moduls) einen stabilen Zustand angenommen hat.
Die Zellen innerhalb jeder Plane des Neocognitrons haben jeweils die gleichen Eigenschaften d.h. sie sind alle gleich gewichtet. (Sie unterscheiden sich lediglich durch die Lage ihrer rezeptiven Felder. Bild 6.7.)
Denkt man sich, wie in Bild 6.8 eingetragen, die S-Planes einer Schicht übereinander gestapelt, so werden Zellen übereinander liegen mit jeweils gleicher örtlicher Lage ihrer rezeptiven Felder. Zellen ähnlicher örtlicher Lage ihrer rezeptiven Felder werden nun zu sich überlappenden sogenannten S-Columns zusammengefaßt. Jede, durch ihre (x,y) Koordinaten charakterisierte Columne, beinhaltet damit Zellen welche auf unterschiedliche Stimuli (verschiedene Planes) reagieren.

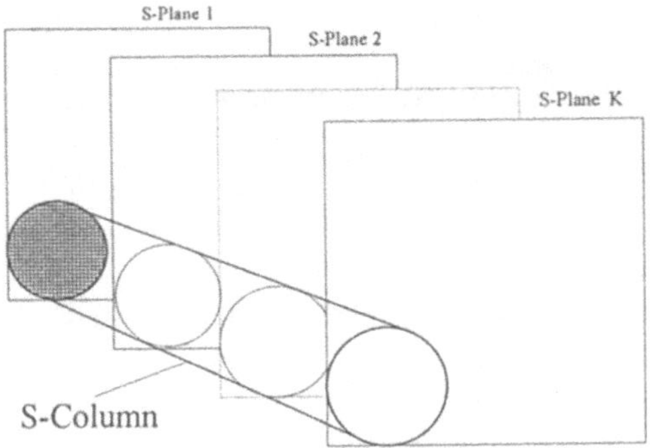

Bild 6.8: S-Planes und S-Columns in einem S-Layer

Jedes Mal, nachdem ein Lernmuster an das Netz angelegt wurde, werden die S-Zellen jeder Columne, die den größten Wert des Ausgangssignals zeigen, markiert. Anschließend wird jede S-Plane daraufhin untersucht ob mehr als 1 Zelle markiert wurde. Falls dies der Fall war werden in dieser S-Plane alle Markierungen gelöscht bis auf diejenige mit dem größten Outputwert. Die so markierten Zellen $u_{sl}[\mathbf{k_l},(\mathbf{x},\mathbf{y})]$ repräsentieren dann ihre komplette Zellplane. Ihre Gewichtung wird entsprechend

$$\Delta a_l[k_{l-1},\nu,k_l] = q_l \; c_{l-1}[\nu] \; u_{c_{l-1}}[k_{l-1},((x,y)+\nu)]$$

$$\Delta b_l[k_l] = q_l \; v_{c_{l-1}}[x,y]$$

(q_l: Parameter der Lernrate)

modifiziert und von allen anderen Zellen dieser Plane übernommen.
Sobald sich eine Zelle einem bestimmten Muster anpaßt, wird sie weniger empfindlich für andere Muster, so, daß nach der Lernphase jede Plane eine spezifische Charakteristik hat, d.h. auf "ihr" Muster mit einem starken Response reagiert. Die Zellen tieferer Ebenen l des Netzes reagieren dabei auf zunehmend komplexere Muster spezifisch.
Einen Überblick der Leistungsfähigkeit des Neocognitrons gibt Bild 6.9.

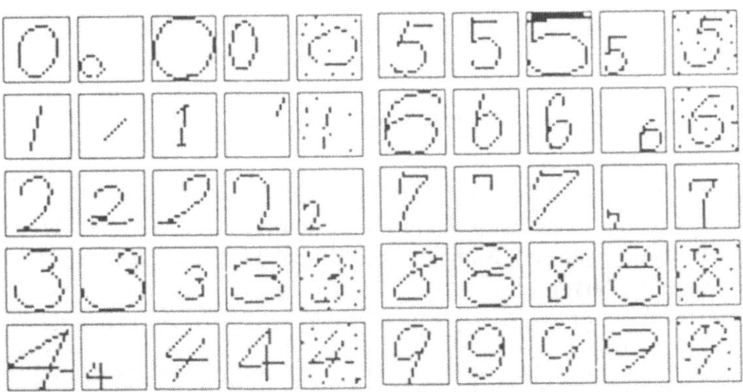

Bild 6.9: Beispiele variierender Inputmuster, die das Neocognitron korrekt klassifizieren kann [6.2]

6.3.2 Netzwerk von Marr für binokulares Sehen

Wie in Kapitel 8.3 erläutert, kann aus der Verschiebung von Strukturen im Bildfeld der beiden, für binokulare Tiefendetektion notwendigen Kameras, auf die räumliche Ausdehnung der Szene zurückgerechnet werden.
Als Strukturen, die in beiden Bildern detektiert und dann einander zugeordnet werden müssen, eignen sich einerseits einfache, andererseits jedoch nur solche Muster, für die eine eindeutige Zuordnung möglich ist. Es ist grundsätzlich nicht notwendig, daß komplexe Objekte in beiden Bildern in ihrer Ganzheit erkannt werden müssen.
Ein Zufallspunktstereogramm wie es Bild 6.10 zeigt beinhaltet zwar einfach zu detektierende Objekte (hier Punkte; Im allgemeinen Fall Texturen unterschiedlichster Art) wie aber kann die eindeutige Zuordnung korrespondierender Punkte erreicht werden?

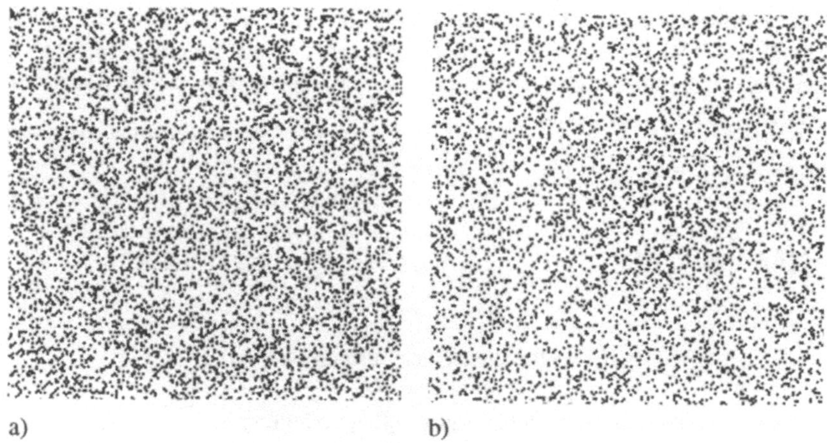

Bild 6.10: Zufallspunktstereogramm (eine Idee von Bela Julesz)
Ein Zufallspunktstereogramm, wie das hier abgebildete, läßt sich z.B. dadurch erzeugen, indem eine Fläche mit einem Zufallsmuster bedruckt wird. Eine in einem anderen Tiefenabstand wahrzunehmende Form (hier ein Quadrat) wird ausgeschnitten und etwas nach links versetzt (a) bzw. etwas nach rechts versetzt (b) über das Originalzufallsmuster geklebt. Betrachtet man Bild 6.10a mit dem linken und Bild 6.10b mit dem rechten Auge soerscheint das Quadrat gegenüber dem Hintergrund vorzutreten.

Marr und Poggio schlagen hierzu ein Verfahren vor, das aus einem Netzwerk einfacher Prozessoren aufgebaut werden kann.
Die Grundidee sieht ein dreidimensionales Netz vor, das von den (z.B. laplacegefilterten Bildern) der beiden Kameras gespeist wird. Alle Knotenpunkte des Netzes sind als Prozessoren ausgeführt. Diese Prozessoren haben, Bild 6.11 verdeutlicht den Zusammenhang, Verbindungen zu allen unmittelbaren Nachbarn.

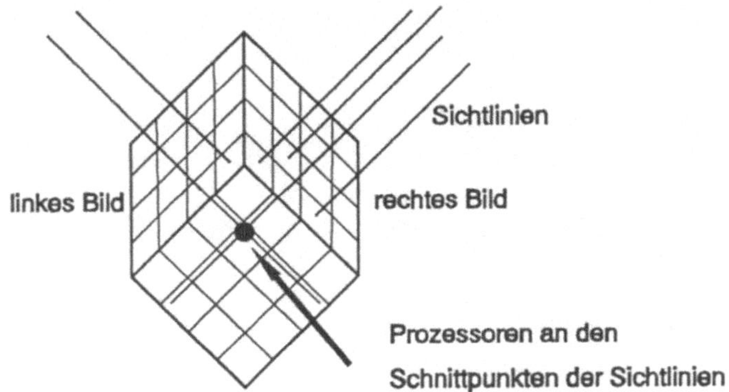

Bild 6.11: Dreidimensionales Netz für binokulares Sehen

Entlang den Sichtlinien wirken die Verbindungen hemmend. Diese Hemmung begründet sich darin, daß einem Punkt entlang einer Sichtlinie nur eine ganz bestimmte Tiefe zugeordnet werden kann, Bild 6.12. (Transparente Oberflächen sollen hier nicht betrachtet werden.) Alle anderen Verbindungen der einzelnen Prozessoren zu ihren Nachbarn in der gleichen oder ähnlichen Tiefenebene haben einen verstärkenden Einfluß auf diese, Bild 6.13.

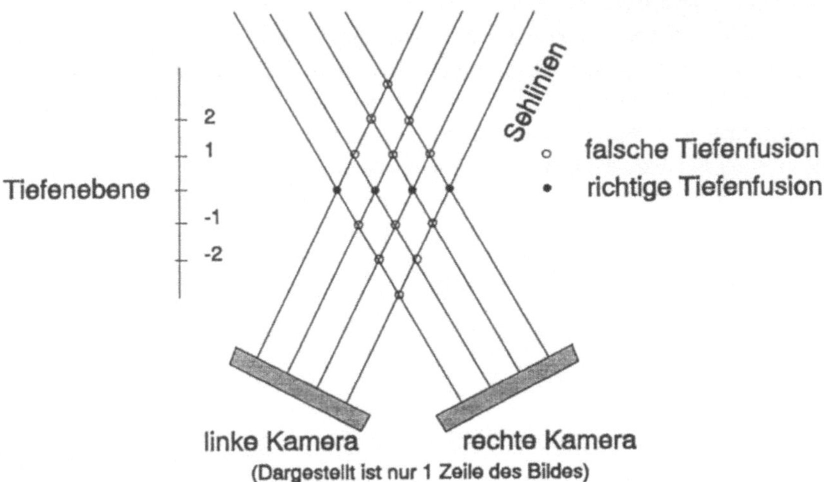

Bild 6.12: Richtige und falsche Tiefenfusionen

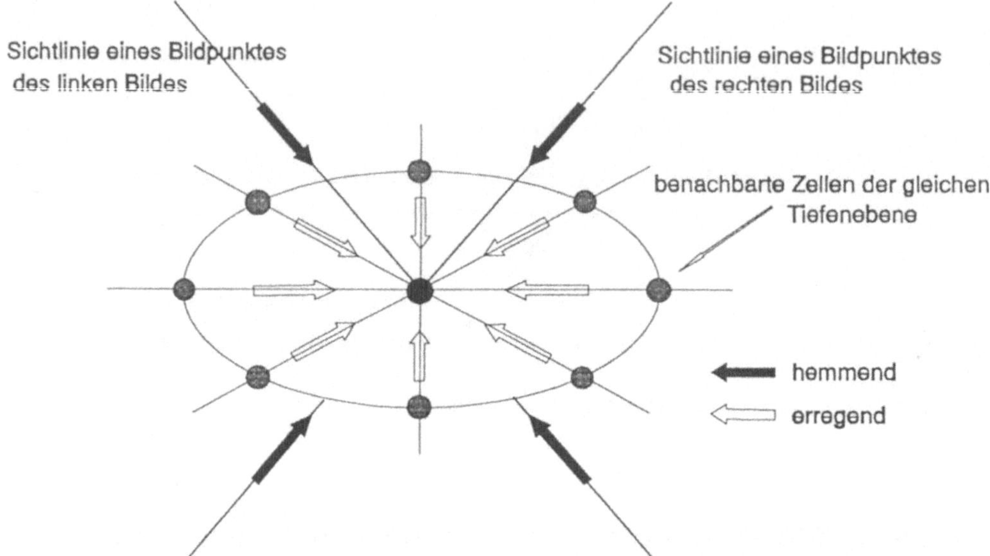

Bild 6.13: Aufbau eines Neurons. Die Verbindungen entlang der Sichtlinie sind hier mit -1, alle Verbindungen zu den umgebenden Nachbarn der gleichen Tiefenebene mit +1 gewichtet. Falls die Summation der Eingangswerte einen Schwellwert überschreitet bleibt die Zelle aktiv.

In der ersten Phase werden alle Neuronen an Knoten aktiviert, die an Schnittpunkten gleich erregter Sehachsen liegen. Knoten, für die dies nicht zutrifft, bleiben inaktiv. Dies führt dazu, daß sich relativ viele Neuronen (nicht nur die der richtigen Tiefenebene) in Erregung befinden. Nachdem jetzt das Netz über die Eingangsbilder erregt wurde, werden sich wegen der gewichteten Verbindungen die Ausgangserregungen ändern und zwar so lange, bis sich ein stabiler Zustand einstellt bei dem schließlich nur noch die Prozessoren richtig zugeordneter Pixel große Werte zeigen.
Der Aufwand, wegen des sich ergebenden dreidimensionalen Prozessornetzes, ist für feine Auflösungen natürlich gigantisch. Um so mehr bietet sich hier ein hierarchisches Vorgehen an (→Kapitel 3.9, Laplacepyramiden) bei dem von einer groben Zuordnungsprozedur, d.h. von höheren Laplaceebenen, ausgegangen wird.

Übungsaufgabe 6.1
Welche Möglichkeiten zur Abstandsdetektion kennen Sie?

7 Beleuchtungstechniken

Der Erkennungsvorgang kann aufgefaßt werden als ein über eine Vielzahl von Zwischenstufen fortgesetzter Datenreduktionsprozeß. Die erste Stufe dieses Prozesses stellt die gewählte Beleuchtung in Verbindung mit dem Empfindlichkeitsverlauf des eingesetzten Sensors dar (→ Kapitel 2.1, Eigenschaften bildgebender Sensoren).
In industriellen Szenen wird man daher versuchen, Objekt, Beleuchtung und Sensor so abzustimmen, daß sich nur wenige Klassen für jedes Pixel ergeben. Sollen z.B. Adressaufkleber auf Paketen detektiert werden, können diese fluoreszierend ausgeführt werden. Eine UV-Lichtquelle läßt dann das Objekt (Aufkleber) hell und den Hintergrund dunkel erscheinen. Eine Trennung ist damit in einfacher Weise praktisch schon vor der Bildaufnahme vollzogen.

7.1 Durchlicht, Auflicht

Durchlicht
Bild 7.1 zeigt die typische Konstellation einer Durchlichtbeleuchtung. Das Objekt schattet die Lichtquelle ab. Der Hintergrund (z.B. ein transparentes Förderband) erscheint hell, das Objekt dunkel. Diese Beleuchtungsart führt zu einem bimodalen Helligkeitshistogramm, das unkritische Schwellen zur Erzeugung von Binärbildern ermöglicht.

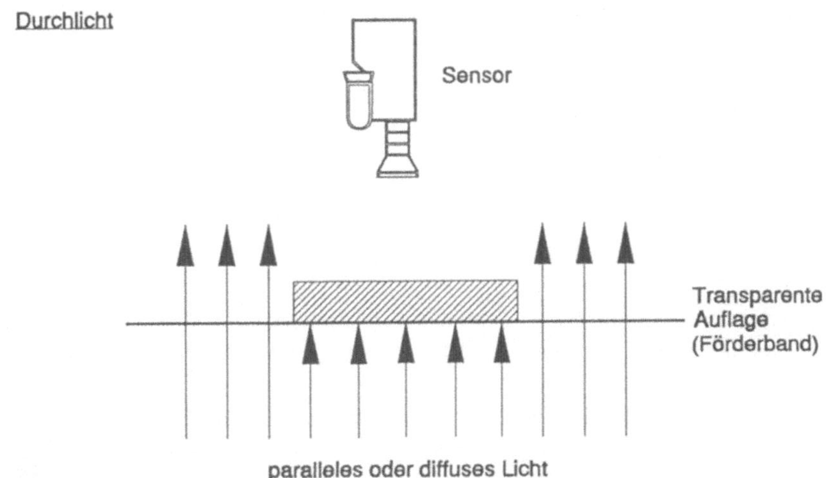

Bild 7.1: Durchlichtbeleuchtung

Als praxisnahes Beispiel für den Einsatz der Durchlichtbeleuchtung ist in Bild 7.2 eine Steckschraubklemme abgebildet. Die Kontur der Klemmfeder als Maß für die Qualität der Steckschraubklemme soll überprüft werden. Die Feder ist eingepreßt in das Sackloch des Federgehäuses.

Bild 7.2: Durchlichtbeleuchtung einer Steckschraubklemme

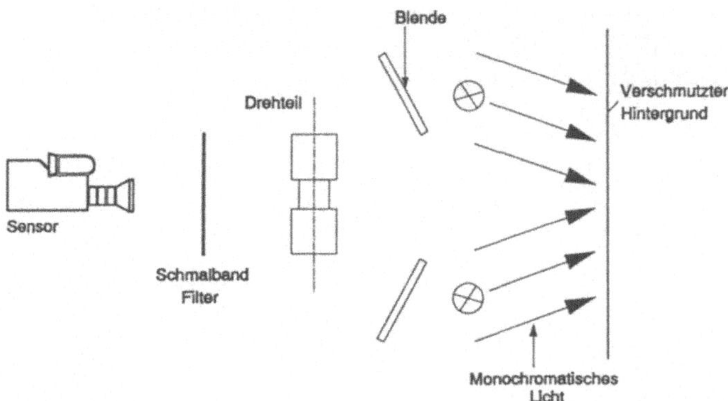

Bild 7.3: Monochromatische Beleuchtung

Um die Federelemente von unten zu beleuchten, wird der Gehäuseboden mittels eines Lichtleiters (Glasfaser) angestrahlt. Das von dort reflektierte Licht schattet die Feder ab. Sie erscheint im Bild dunkel.
Der dünne Lichtleiter stört die Beleuchtungsverhältnisse im Bild nicht (er ist fast nicht sichtbar), da er ins Bildfeld, in einer Ebene eintritt, die schon stark defokusiert (tiefpaßgefiltert) ist.

Reicht zur Charakterisierung eines Objekts dessen "Schattenbild" aus, befindet es sich jedoch vor einem Hintergrund, von dem es sich nicht kontrastreich abhebt, besteht die Möglichkeit, den Hintergrund mit monochromatischem Licht zu beleuchten und vor der Kamera ein optisches Filter anzuordnen, dessen Durchlaßbereich auf die Wellenlänge der Lichtquelle abgestimmt ist (Bild 7.3).

Auflicht

Grundsätzlich lassen sich diffuses und gerichtetes Auflicht unterscheiden. Das gerichtete Auflicht kann im Hell- bzw. Dunkelfeld beobachtet werden (Bild 7.4).

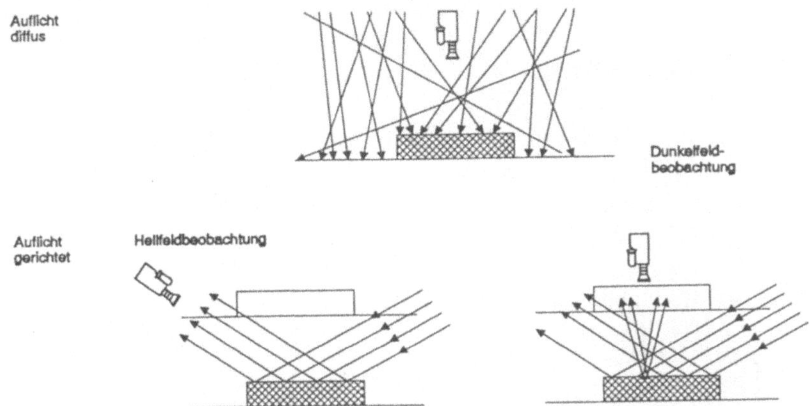

Bohrungen, Kratzer und dgl.

- reflektieren das Licht nicht und erscheinen dunkel
- werden durch dort verursachtes Streulicht heller als ihre Umgebung erscheinen

Bild 7.4: Auflichtbeleuchtung

Bei der Beleuchtung hochglänzender Oberflächen (z.B. polierte Metallflächen) ergibt sich das Problem, daß sich die Lichtquelle in der zu begutachtenden Fläche spiegelt. Es ist dann günstig, eine homogene Fläche die nicht spiegelt (z.B. Reinweiß matt RAL 9010 lackiert) gleichförmig auszuleuchten und das Objekt entsprechend Bild 7.5 auszurichten.

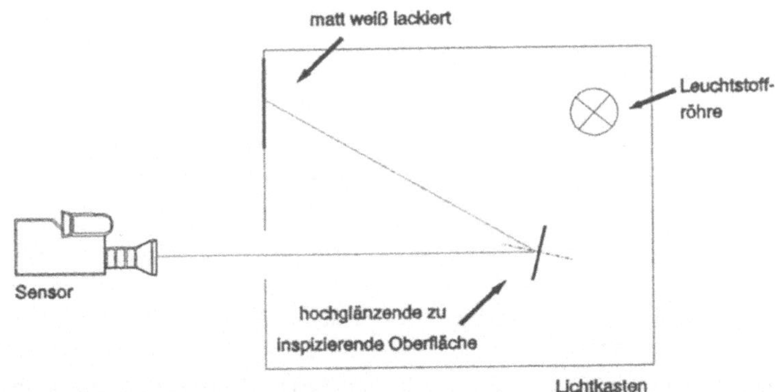

Bild 7.5: Beleuchtung spiegelnder Oberflächen

Beim Einsatz von Leuchtstoffröhren empfiehlt es sich, um den Einfluß der Netzfrequenz auf den Lichtstrom gering zu halten, sie mit Frequenzen größer ca. 50 kHz zu betreiben.
Für die Interpretation von Farben eignet sich die Osram-Leuchtstofflampe Biolux Lichtfarbe 72, die mit der Farbtemperatur von 6500 K (Kelvin) der Farbtemperatur des Tageslichtes sehr nahe kommt und damit der Normlichtart D65 ähnlich ist.

7.2 Mehrfachbeleuchtung

Um beispielsweise schwarze Zeichen auf schwarzem Hintergrund (DOT-Nummern auf Autoreifen), die jedoch gegenüber dem Hintergrund erhaben sind, kontrastreich im Bild erscheinen zu lassen, reicht diffuses Auflicht unabhängig von der Beleuchtungsstärke nicht aus.
Ein kontrastreiches Konturbild kann dadurch gewonnen werden, indem wie Bild 7.6 zeigt, nacheinander mehrere, jeweils aus verschiedenen Richtungen beleuchtete Bilder aufgenommen und anschließend zum Konturbild (Schattenbild) addiert werden.

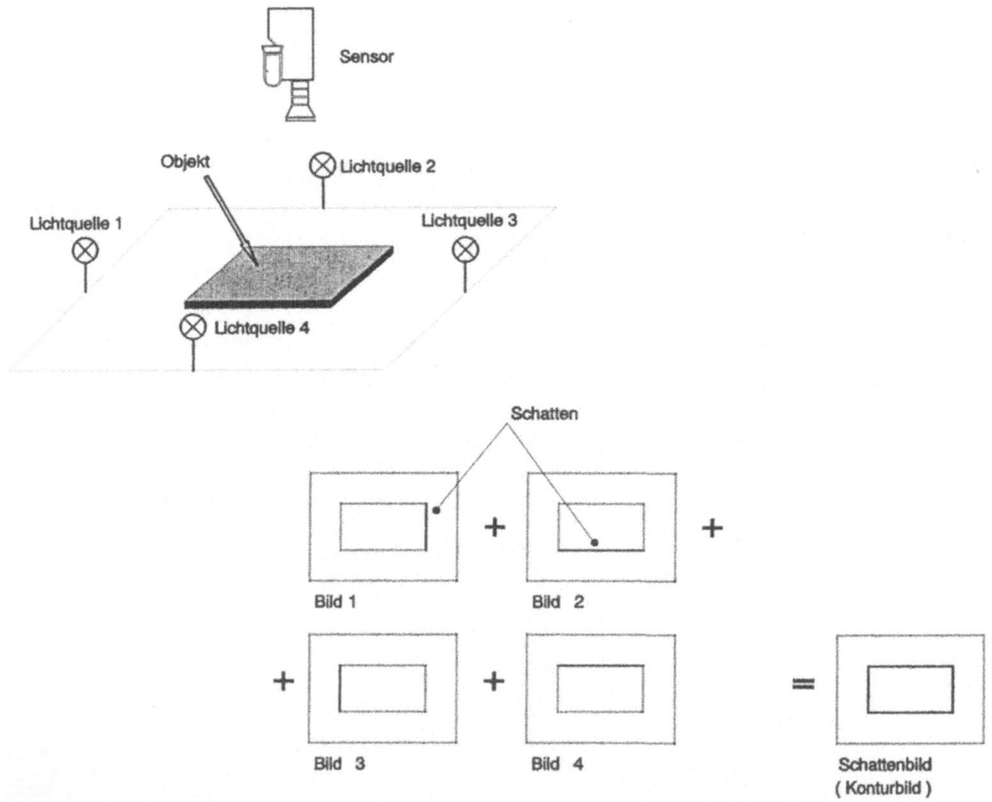

Bild 7.6: Überlagerung mehrerer, aus jeweils verschiedenen Richtungen beleuchtete Bilder

Die verschiedenen Lichtverhältnisse lassen sich auch durch unterschiedliche Polarisierung bzw. unterschiedliche spektrale Zusammensetzung der Lichtquellen realisieren.

7.3 Strukturiertes Licht

Strukturiertes Licht hat eine breite Anwendung dort gefunden, wo relativ einfache Objekte auch in ihrer dritten Dimension erfaßt werden sollen (→ Kapitel 8, 3D-Erkennung). Strukturiertes Licht wird auf das im Bildfeld der Kamera liegende Objekt projiziert. Die beobachtete Struktur im Bild ergibt sich basierend auf der Triangulation (→ Kapitel 8.1, Triangulation). Am bekanntesten sind das Lichtschnittverfahren (slit-light-method) (→ Kapitel 8.2, Lichtschnittverfahren) und das Moiré-Verfahren (grid-light-method) (→ Kapitel 8.3, Moiré- Verfahren) (Bild 7.7).

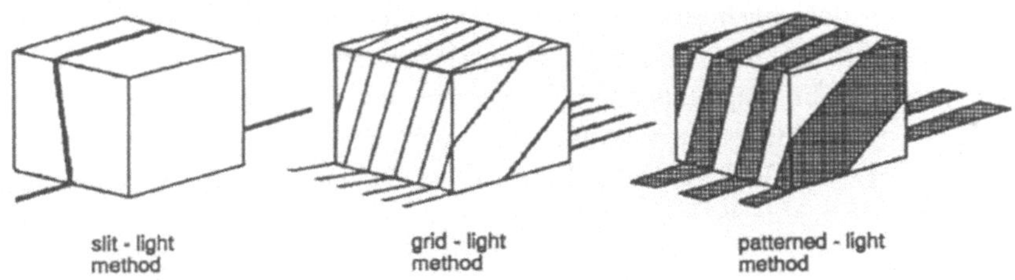

Bild 7.7: slit-light-method, grid-light-method, patterned-light-method

Ein Verfahren [7.1] der patterned-light-Methode projiziert auf das Objekt codierte Lichtmuster, wobei dadurch auf verschiedenen Bereichen des Objektes unterschiedliche Codes erscheinen. Wie in Bild 7.8 gezeigt, werden nacheinander n Typen von gray-code-Mustern projiziert, die den 3D-Raum in 2^n gestreifte Regionen unterteilen. Jede Region enthält einen anderen n-bit-Code. Wird die Helligkeit eines bestimmten Pixels im Bild betrachtet, ist diese durch eine Sequenz von n Werten, jeder logisch 0 oder 1, dem Code dieses Pixels, gekennzeichnet. Die eindeutige Zuordnung der Koordinaten der Pixel im Bild zu dem entsprechend codierten Bild bei der Projektion ist dadurch gegeben. Die Verwendung des gray-codes hat den Vorteil, daß sich Fehler an den Übergangsstellen wegen der Einschrittigkeit des Codes vermeiden lassen.

Ein zweites Verfahren, das von der patterned-light-Methode Gebrauch macht, verwendet zur Projektion eine bekannte und problemangepaßte Textur. Diese erscheint im Bild, entsprechend den unterschiedlichen Höhen der reflektierenden Objektoberfläche, verzerrt und kann dann z.B. mit Referenzmustern verglichen werden.

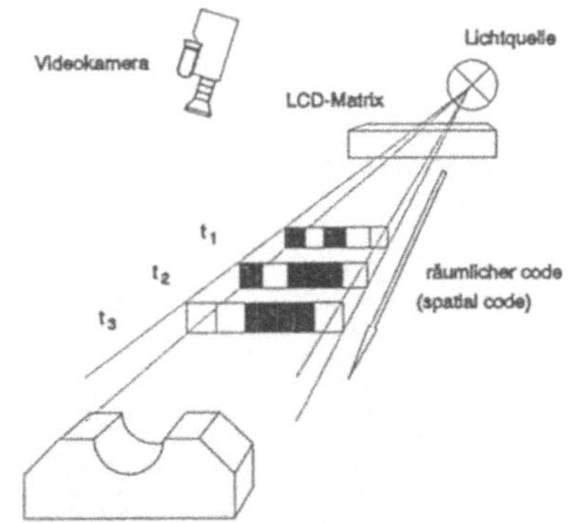

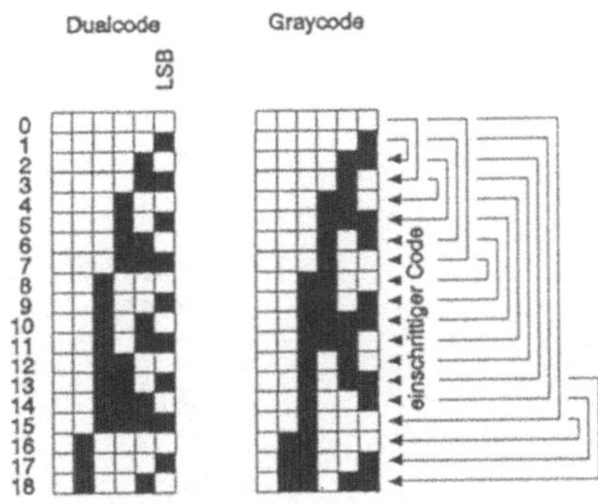

Bild 7.8: Projektion codierter Lichtmuster

gray-code

8 3D-Erkennung

8.1 Triangulation

Das wegen seiner Einfachheit und gleichzeitig hohen Genauigkeit von ca 10^{-4} des Meßbereichs am weitesten verbreitete Verfahren der Abstandsbestimmung ist das Triangulationsverfahren. Wie Bild 8.1 zeigt, wird ein Lichtstrahl auf die Szene projiziert und erzeugt dort einen kleinen Lichtfleck der unter einem festen Winkel (z.B. von einer Zeilenkamera) beobachtet wird. Verschiebt sich, wie in Bild 8.1 eingezeichnet, das Objekt, so verschiebt sich entsprechend auch die Abbildung des Lichtflecks auf dem Sensor.

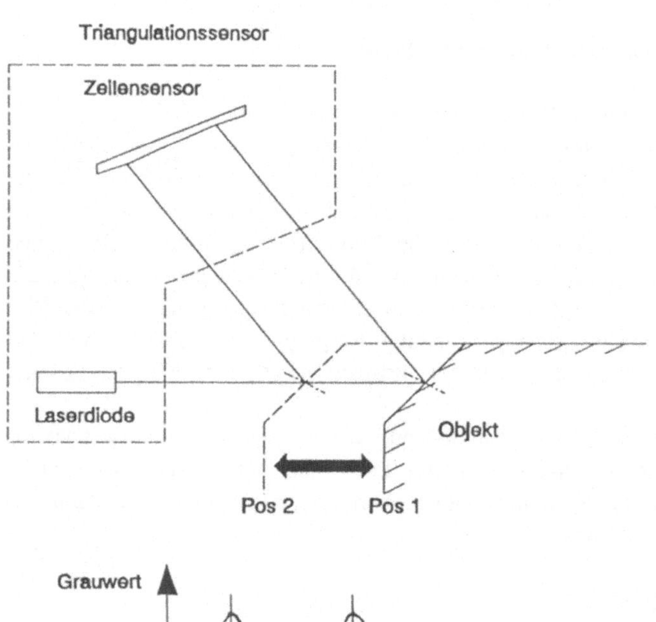

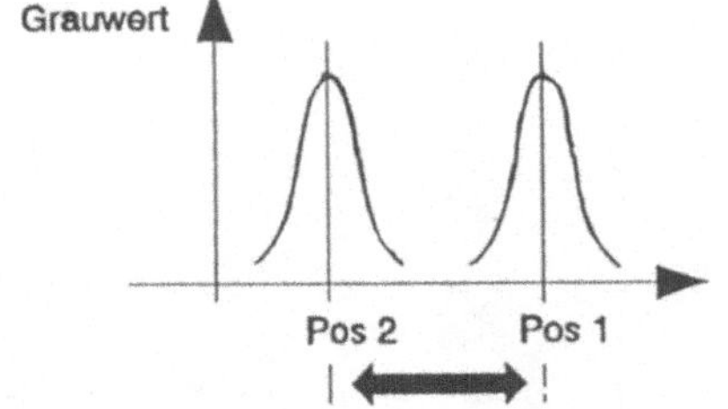

Bild 8.1: Triangulationsmethode

8.2 Lichtschnittverfahren

Entsprechend Bild 8.2 wird ein schmales Lichtband im Winkel von etwa 45^0 auf die Szene projiziert. Die über dem zu vermessenden Objekt angeordnete Kamera sieht das Lichtband in Abhängigkeit der Höhe des beleuchteten Gegenstandes an unterschiedlichen Orten des Bildfeldes (→Kapitel 8.1, Triangulation).

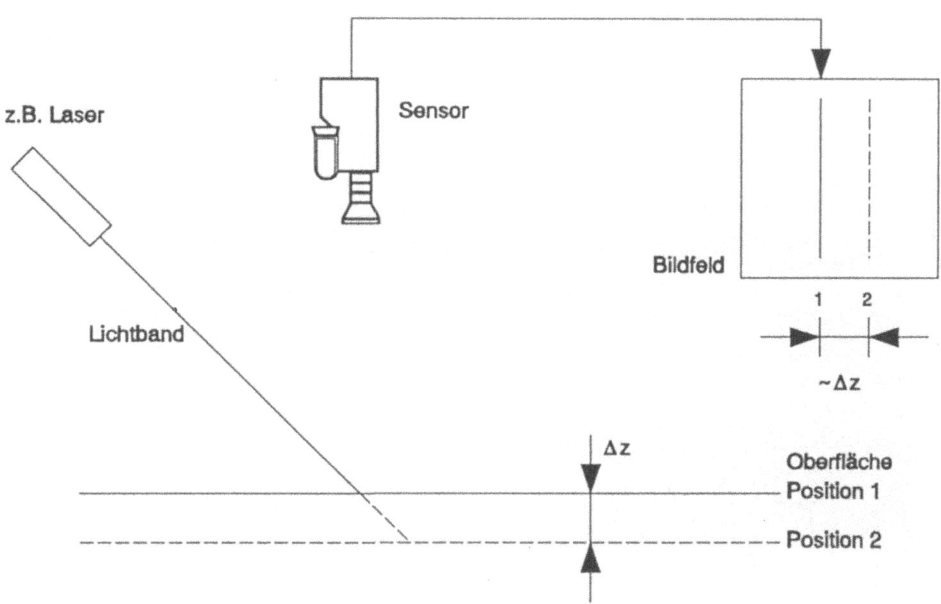

Bild 8.2: Anordnung zum Lichtschnittverfahren

Da es lediglich auf die Lage des Hell/Dunkelüberganges ankommt, ist es meist günstiger (um Unterbrechungen der Projektion des Lichtbandes zu vermeiden), einen solchen Kontrastsprung oder mehrere zu projizieren und auszuwerten. Müssen definierte Profile (z.B. Rad- oder Schienenkonturen) vermessen werden, ist es zweckmäßig, um die Auswertung zu vereinfachen, nicht eine gerade Kante zu projizieren, sondern eine Kontur, die das Sollprofil unter der gewählten Beleuchtungs/Aufnahmekonstellation im Bild als Gerade erscheinen läßt. Hierzu wird dann nicht, wie in Bild 8.2 angedeutet, ein in einer Ebene aufgeweiteter Laserstrahl benutzt, sondern die Szene durch ein Dia mit dem notwendigen Hell-/Dunkelverlauf beleuchtet.
Das Lichtschnittverfahren ist bei wenig Hardwareaufwand für die Detektion der Konturkoordinaten (Lage des Lichtbandes im Bild) eine einfache und schnelle Möglichkeit, Tiefeninformation zu erfassen.

Als Beispiel für die Anwendung des Lichtschnittverfahrens sei die automatische Bestimmung der Waldkante an sägerauhen Brettern genannt. Hierbei sollen automatisch die Koordinaten bestimmt werden, die es einem nachfolgenden Sägeprozeß erlauben, den Rindenbereich abzutrennen (Bild 8.3). Je nachdem es sich um ein Brett aus der Stammmitte (steiler Höhenabfall der Waldkante) oder aus dem Außenbereich (flacher Höhenabfall der Waldkante) handelt und ob Spreisel (von der Oberfläche abstehende Holzspäne) das Lichtband stören, kann von einer Auflösung des interessierenden Punktes auf etwa 3 Pixel ausgegangen werden.

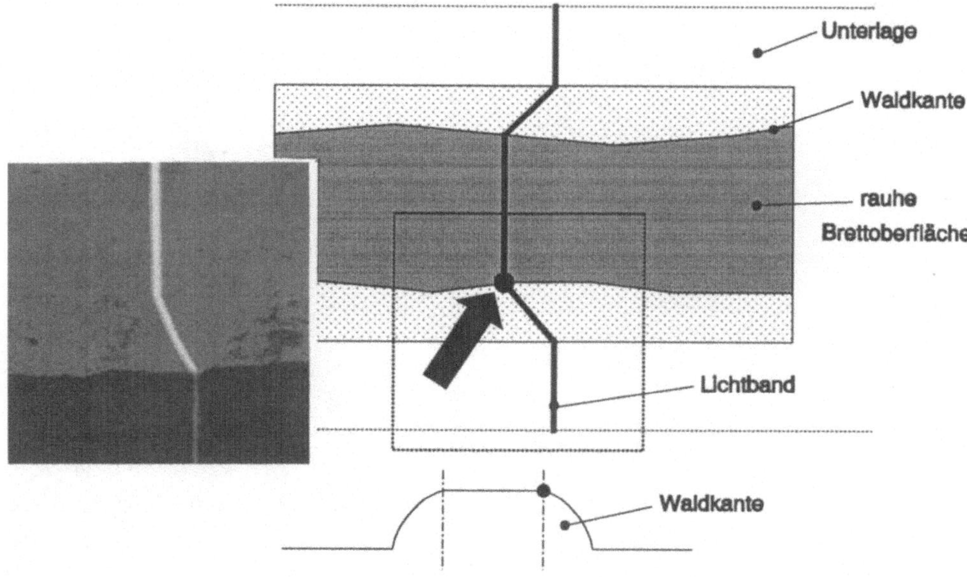

Bild 8.3: Detektion der Waldkante an sägerauhen Brettern
(→15.2 Anhang, Farbtafel 10)

8.3 Moiré-Verfahren

Beim Moiré-Verfahren projiziert man ein feines Linienmuster auf die beispielsweise hinsichtlich ihrer Formtreue zu untersuchende Oberfläche. Die Oberflächenkontur wird zu einer Veränderung des Linienabstandes führen, die vom Winkel zwischen Projektions- und Abbildungsrichtung sowie der Oberfächenkontur selbst abhängt. Im Strahlengang zwischen Objekt und Kamerasensor liegt ein dem Projektionsgitter entsprechendes Referenzgitter. Dieses "tastet" mit einer dem projizierenden Streifenmuster entsprechenden Gitterweite das auf der Oberfläche erzeugte, verzerrte Linienmuster ab. Wegen der damit verbundenen Unterabtastung (Aliasing-Effekt) entstehen niederfrequente Muster, die dann mit den sich bei Referenzteilen ergebenden Mustern verglichen werden können.

Bei Bildgrößen von 10 x 10 mm läßt sich eine Tiefenauflösung von etwa 0,01 mm errreichen. Die grundsätzliche Anordnung verdeutlich Bild 8.4.

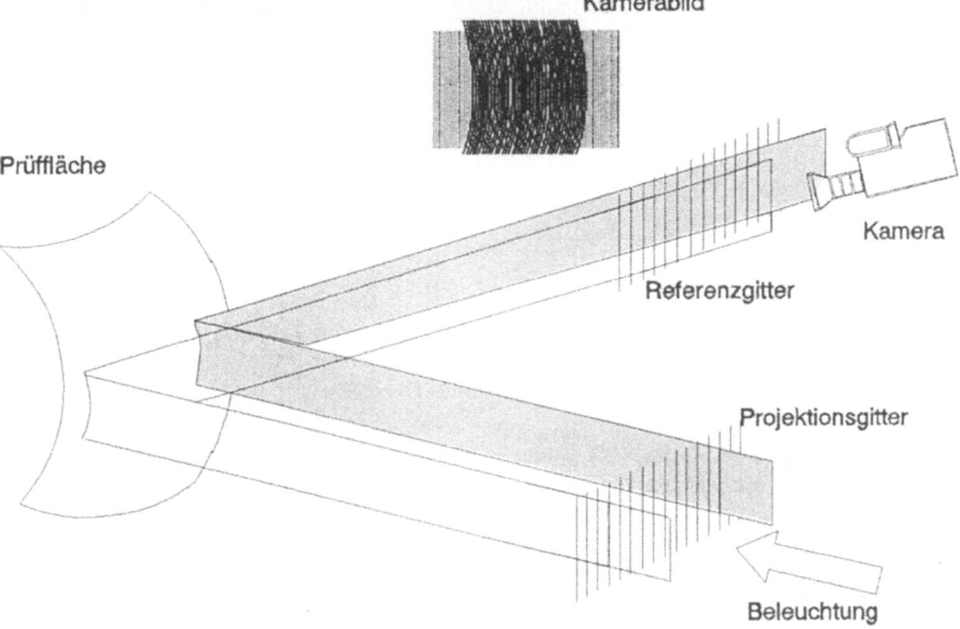

Bild 8.4: Moiré-Verfahren zur Prüfung von Freiformflächen

8.4 Speckleinterferometrie

Wird von einer kohärenten Lichtquelle (z.B. Laser) eine weiße Oberfläche beleuchtet, so ist eine ungleichmäßige granulierte Helligkeitsverteilung entsprechend Bild 8.5 beobachtbar, die sogenannten Laserspeckle (speckle = Flecken).

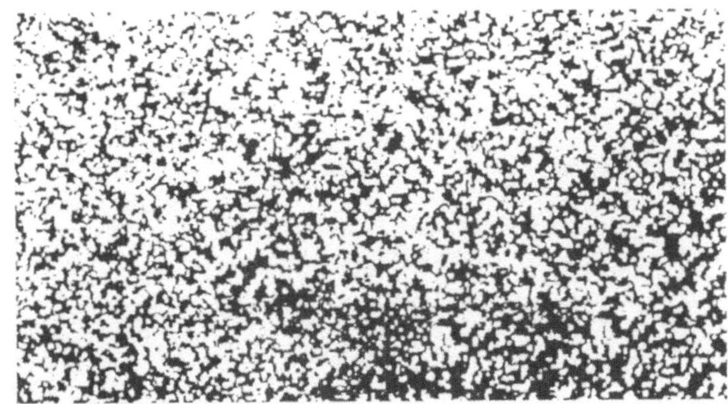

Bild 8.5: Laserspecklefeld

Skizze 8.6 zeigt eine streuende Oberfläche, die von einer Lichtquelle beleuchtet wird. Die Helligkeit einzelner Punkte im Streufeld ergibt sich aus der Überlagerung, der sich in diesem Punkt treffenden Lichtwellen. Die Amplituden der einzelnen Lichtwellen hängen im wesentlichen ab vom Reflektionsgrad der jeweiligen Oberflächenpunkte. Ihre Phasenlage ist abhängig von der optischen Weglänge von der Quelle zum betrachteten Punkt P im Streufeld.

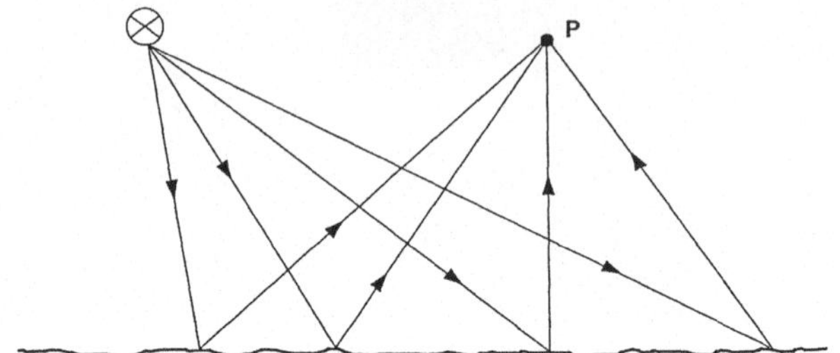

Bild 8.6: Überlagerung von Lichtwellen einer streuenden Oberfläche

Handelt es sich um eine kohärente Lichtquelle, d.h. um Licht einer einzigen Wellenlänge, so treten bei rauhen Streuern Phasenlagen in den Punkten des Streufeldes zwischen $\varphi=0$ und $\varphi=2\pi$ etwa gleich häufig auf. Für die Lichtintensität Y im Punkt P des Streufeldes gilt

$$Y[p] = \frac{1}{2}\sum_n E_n \sum_n E_n^*$$

mit

$$E_n = E_n e^{j\varphi_n} \qquad E_n^* = E_n e^{-j\varphi_n}$$

Je nach Phasenlage der interferierenden Wellen wird sich eine große oder kleinere Intensität ergeben. In Bild 8.7 ist die sich ergebende Wahrscheinlichkeitsdichte der Lichtintensitäten p[Y] aufgetragen.

$$p[Y] = \frac{1}{\bar{Y}} e^{-\frac{Y}{\bar{Y}}} \qquad \frac{1}{N} = \sum_{i=1}^{N} Y_i$$

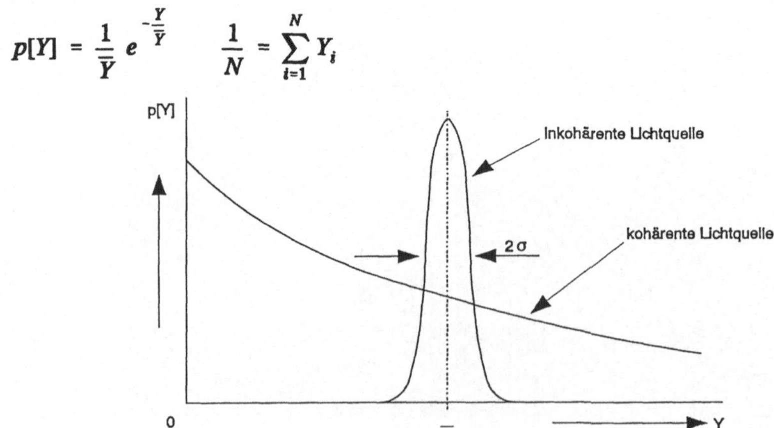

Bild 8.7: Wahrscheinlichkeitsdichte der Lichtintensität Y im Streufeld

Sie zeigt die plausible Tatsache, daß geringe Lichtintensitäten deutlich öfter auftreten als große, da solche nur dann zu beobachten sind, wenn alle Teilwellen die selbe Phase besitzen.

Zur Messung der Verformung eines Objektes in z-Richtung wird eine, für interferometrische Messungen typische, Anordnung entsprechend Bild 8.8 verwendet.
Der Strahl einer kohärenten Lichtquelle wird aufgeteilt in die sogenannte Objekt- bzw. Referenzwelle. Während der Weg der Referenzwelle hin zur Kameraebene konstant bleibt ändert sich je nach Verschiebung des Meßobjekts in z-Richtung der Weg der Objektwelle und damit deren Phase in der Kameraebene.

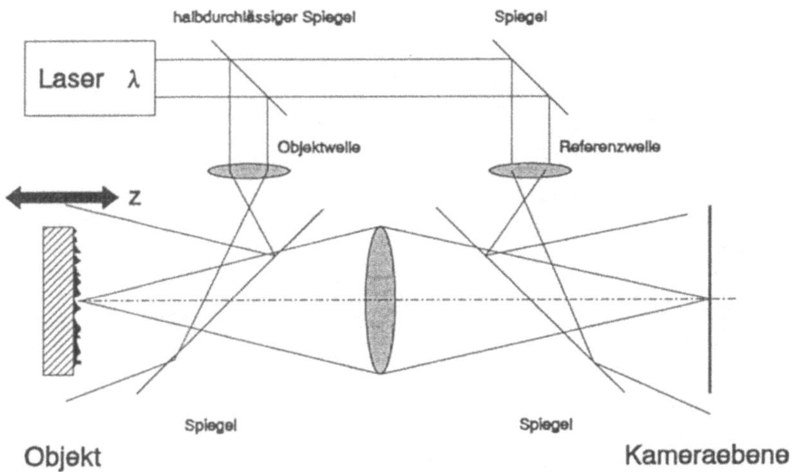

Bild 8.8: Strahlengang zur Messung von Verschiebungen in z-Richtung

In der Kameraebene interferiert die Objektwelle

$$\boldsymbol{O}[x,y] = o[x,y]\ e^{j\alpha[x,y]}$$

mit der Referenzwelle

$$\boldsymbol{R}[x,y] = r[x,y]\ e^{j\beta[x,y]}$$

Es ergibt sich eine Helligkeitsverteilung entsprechend

$$Y_0[x,y] = o[x,y]^2 + r[x,y]^2 + 2o[x,y]r[x,y]\cos[\alpha - \beta]$$

Für kleine Intensitäten des Referenzlichtes entspricht die Wahrscheinlichkeitsdichte p(Y) der in Bild 8.7 gezeigten.

Eine Verschiebung des Objektes in z-Richtung um Δz bewirkt eine Änderung der Phase der Objektwelle

$$\Delta\alpha = \frac{2\pi}{\lambda} 2\Delta z = 4\pi\frac{\Delta z}{\lambda}$$

Für die Intensität in der Kameraebene folgt daraus

$$Y_{\Delta z}[x,y] = o[x,y]^2+r[x,y]^2+2o[x,y]r[x,y]\cos[\alpha+\Delta\alpha-\beta]$$

Falls die Verschiebung

$$\Delta z = n\,\frac{\lambda}{2}$$

n = ganzzahlig

ist, ergibt sich für die Phasenverschiebung

$$\Delta\alpha = 2\pi n$$

In diesem Fall entspricht $Y_{\Delta z}=Y_0$.
Eine Verschiebung

$$\Delta z = (2n+1)\,\frac{\lambda}{4}$$

mit der daraus resultierenden Phasenverschiebung

$$\Delta\alpha = (2n+1)\,\pi$$

führt zu einer Intensität in der Kameraebene von

$$Y_{\Delta z}[x,y] = o[x,y]^2+r[x,y]^2-2o[x,y]r[x,y]\cos[\alpha-\beta]$$

d.h. gegenüber dem unverschobenen Zustand ist der Referenzterm negativ.
Werden die Interferenzbilder vor und nach der Verschiebung voneinander pixelweise subtrahiert, zeigt das Differenzbild an allen Stellen 0 für die gilt

$$\Delta z = n\,\frac{\lambda}{2}$$

d.h. nebeneinanderliegende Null-Streifen im Differenzbild haben einen Abstand in z-Richtung von $\lambda/2$.
Das Verfahren ist unempfindlich gegenüber kleinen Verschiebungen des Meßobjektes als starrem Körper in x,y-Richtung.

Ein recht anschauliches Beispiel für den Einsatz des Verfahrens ist die Überprüfung von Laminaten auf Lufteinschlüsse. Das Objekt (z.B. ein Leitwerksteil) wird in einer Druckkammer entsprechend Bild 8.9 beleuchtet und das Intensitätsbild $Y_0(x,y)$ aufgenommen. Die Absenkung des Druckes in der Kammer bewirkt, daß Luftblasen (mit dem Ausgangsdruck) im Laminat sich ausdehnen und die darüber liegende Oberfläche verwölben. Ein zweites Intensitätsbild $Y_{\Delta z}(x,y)$ wird aufgenommen und von $Y_0(x,y)$ abgezogen. Aus dem Differenzbild kann dann, durch Abzählen der Null-Ringe die aufgetretene Verformung abgelesen werden.

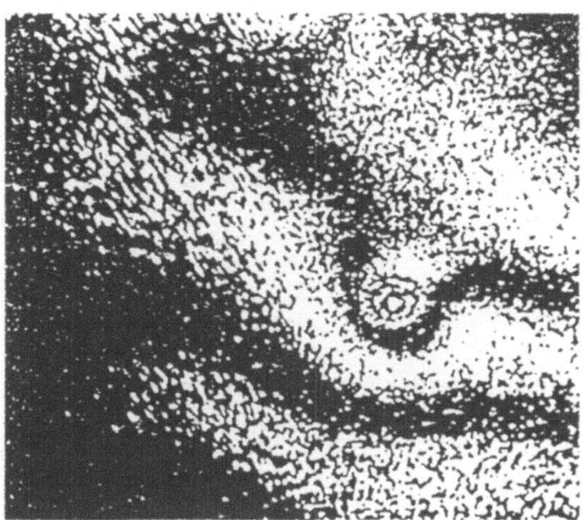

Bild 8.9: Specklegramm eines Leitwerkteiles

8.5 Fokusserien

Shape from Focus

Die Grundidee zur Tiefenmessung über Fokusserien besteht darin, mehrere Aufnahmen des zu vermessenden Objektes anzufertigen, derart, daß sich jeweils unterschiedliche Tiefenebenen scharf abbilden. In den einzelnen Bildern können die nicht defokusierten, hohe Ortsfrequenzanteile enthaltenden Bildbereiche segmentiert werden (z.B. mit einer Laplace-Operation).
Eine feinere Tiefenabstufung als durch die Anzahl der Bilder der Fokusserie gegeben sind, erreicht man durch eine Interpolation.

Schärfentiefe

Die Unschärfe u, die das menschliche Auge noch wahrnehmen kann, liegt etwa zwischen u=f/1000 und u=f/500. Als Schärfentiefenbereich bezeichnet man denjenigen Tiefenbereich vor und hinter dem Objekt dessen Unschärfe noch unter der Grenze u liegt.

Entsprechend Bild 8.10 berechnet sich die Schärfentiefe zu

$$\frac{b-b_0}{b} = \frac{u}{d}$$

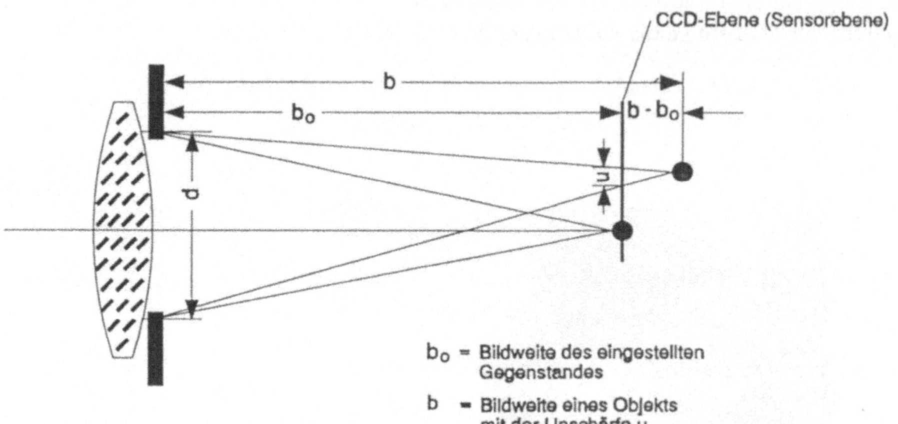

Bild 8.10: Berechnung der Schärfentiefe

Mit dem wirksamen Durchmesser d des Objektivs und der Blendenzahl Bl

$$d = \frac{f}{Bl}$$

ergibt sich

$$\frac{b-b_0}{b} = \frac{u\,Bl}{f}$$

Aus der Abbildungsgleichung

$$\frac{1}{g}+\frac{1}{b} = \frac{1}{f} \qquad \text{bzw.} \qquad \frac{1}{g_0}+\frac{1}{b_0} = \frac{1}{f}$$

folgt

$$\frac{1}{g}-\frac{1}{g_0} = \frac{1}{b_0}-\frac{1}{b} = \frac{b-b_0}{bb_0}$$

Damit wird für Gegenstände der Gegenstandsweite $g<g_0$ (g_0=Einstellentfernung)

$$\frac{1}{g}-\frac{1}{g_0} = \frac{u\,Bl}{b_0 f}$$

Für weit entfernte Gegenstände $g_0 \gg f$ und $b_0 \approx f$ findet man für die Grenzen des Schärfentiefebereichs

$$\frac{1}{g} = \frac{1}{g_0} \pm \frac{u\ Bl}{f^2}$$

d.h. es stellt sich ein großer Schärfentiefebereich ein, der natürlich für die Tiefendetektion über Fokusserien ungünstig ist.
Wenn jedoch, wie bei Mikroskopen, der beobachtete Gegenstand stark vergrößert wird ($g_0 \approx f$ und $b_0 \gg f$), führt dies zu sehr kleinen Schärfentiefebereichen.

Beispiel
Wie groß ist die Schärfentiefe bei einer Brennweite f=3,5mm, der Blende 2,8, einer zulässign Unschärfe von u=f/1500 und einer Einstellentfernung g_0=1000mm?

$$\frac{G_0}{B_0} = \frac{g_0}{b_0} = \frac{g_0 - f}{f}$$

$$\frac{G_0}{B_0} = \frac{1000-3{,}5}{3{,}5} = 284{,}71$$

$$b_0 = \frac{g_0}{284{,}71}$$

$$\frac{1}{g} = \frac{1}{g_0} \pm \frac{u\ Bl}{b_0\, f}$$

$$\frac{1}{g} = \frac{1}{1000} \pm \frac{3{,}5\ 2{,}8\ 284{,}71}{1500\ 3{,}5\ 1000}$$

$$g_1 = 664\ mm \qquad g_2 = 2128\ mm$$

Aus Abbildung 8.11 ist ersichtlich, daß ein defokussiertes Abbild eines Objektes auf drei Arten zustande kommen kann:

- Durch verschieben des Sensors zur Abbildungsebene.
- Durch verschieben der Optik.
- Durch verschieben des Objektes in Bezug auf die Objektebene.

Das verschieben der Optik oder der Sensorebene verursacht folgende Probleme:

- Der Vergrößerungsfaktor des Systems variiert; Dadurch verändern sich auch die Abbildkoordinaten der Objektpunkte.
- Das Gebiet auf der Sensorebene, über das die Lichtenergie verteilt wird, variiert (Abbildhelligkeit).

Um diese Probleme zu umgehen ist eine Änderung des Fokussierungsgrades durch die Objektbewegung, in Bezug auf eine feste Anordnung von Optik und Sensor, günstig. Dadurch wird sichergestellt, daß die scharf abgebildeten Gebiete immer mit einer bestimmten konstanten Vergrößerung in Zusammenhang stehen.

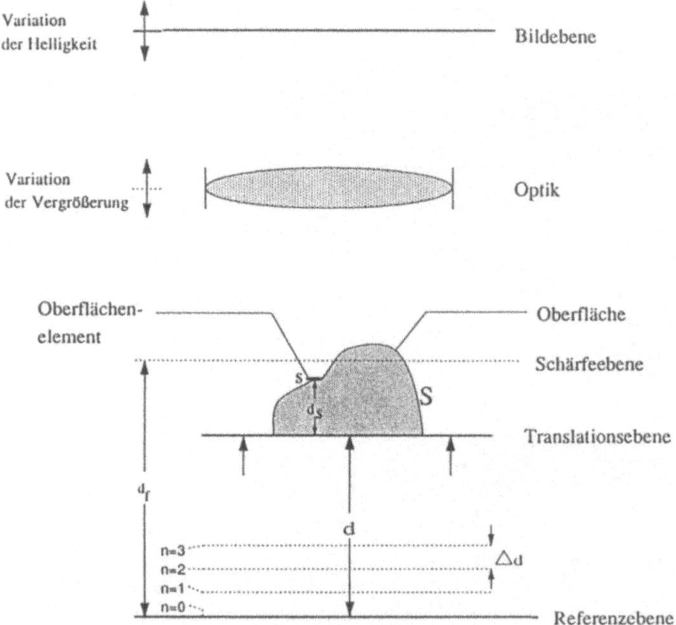

Bild 8.11: Anordnung zur Aufnahme einer Fokusserie;
Nur in der Schärfentiefenebene sind feine Strukturen erkennbar

Aus jeder Aufnahme (Translationsebene um n Δd gegenüber der Referenzebene verschoben) werden die Bereiche mit feinen Strukturen bestimmt und in eine Tiefenkarte eingetragen. Je nach der Funktion des zu erwartenden Tiefenverlaufs wird eine geeignete Interpolationsfunktion gewählt. In Bild 8.12 wurde eine Gaußsche Interpolation eingesetzt. Recht ausführlich beschrieben ist das Verfahren in [8.3].

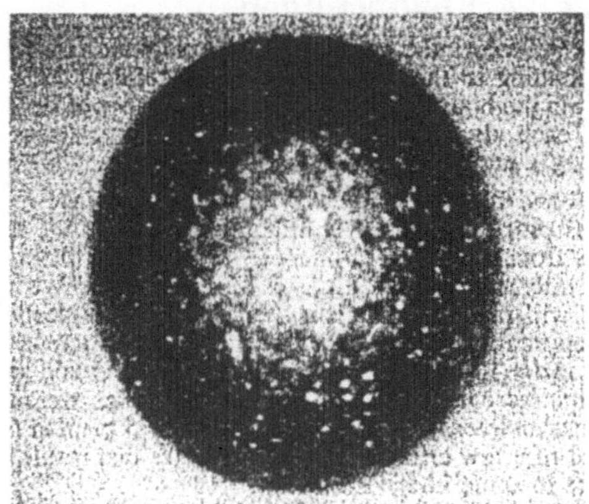

Kamerabild

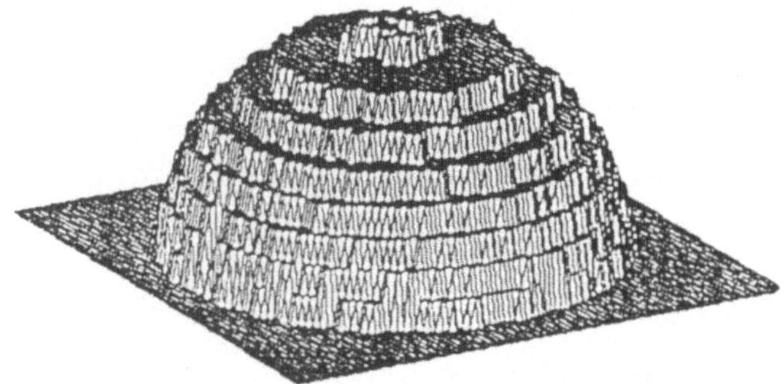

Tiefenkarte, berechnet aus neun Kamerabildern mit jeweils um Δd unterschiedlichem Abstand der Translationsebene zur Referenzebene

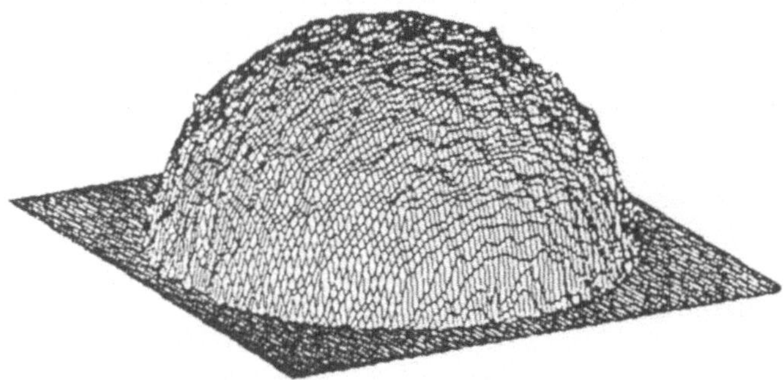

Interpolierte Tiefenkarte

Bild 8.12: 3D-Vermessung einer Kugel mittels Fokusserie [8.3]

8.6 Abstandsbestimmung über Verkleinerungen

Der Abstand zu einem Objekt, dessen Größe G nicht bekannt ist (z.B. wenn die Szene die Maserung einer Holzoberfläche zeigt), läßt sich mit Hilfe eines Referenzbildes (Gegenstandsweite g_r bekannt) und dem aktuellen Bild der Szene mit dem unbekannten Abstand g, ermitteln (Bild 8.13). Voraussetzung ist eine ausreichende Schärfentiefe, die mindestens den Bereich g_r bis g umfaßt.

Dazu wird das aktuelle Bild solange verkleinert, bis die Korrelation mit dem Referenzbild eine hohe Übereinstimmung zeigt, d.h. $B/B_r=z$ bestimmt. Mit

$$B_r = \frac{G f}{g_r - f} \qquad B = \frac{G f}{g - f} \qquad \frac{B}{B_r} = zoom = \frac{g_r - f}{g - f}$$

ergibt sich der unbekannte Abstand g zu

$$g = \frac{g_r - f + zoom\, f}{zoom}$$

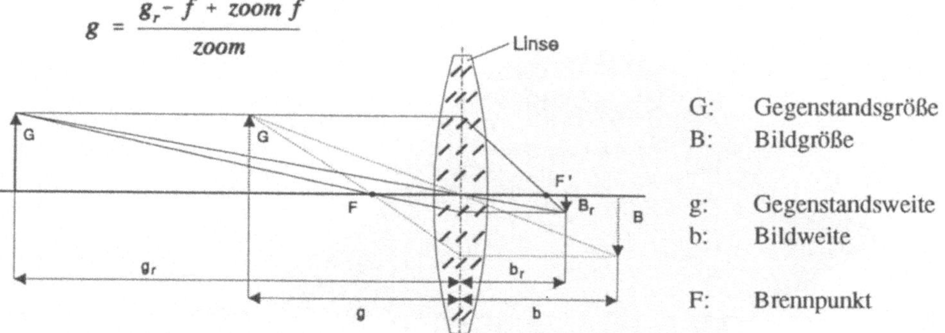

Bild 8.13: Abstandsbestimmung über Verkleinerungen

Beispiel

Als Beispiel für die Anwendung des Verfahrens zeigt Bild 8.14 den Greifer eines Roboters über einem zu handhabenden Objekt unbekannter Größe. Bestimmt werden soll die Höhe z_{Objekt} des Greifers über dem Objekt. Eine mögliche Vorgehensweise besteht darin, die Kamera am Greifer zu montieren und aus 2 Bildern P_1 und P_2 aufgenommen aus einer Höhe z_1 und z_2 über der z=0-Ebene den Abstand z_{Objekt} zu bestimmen.

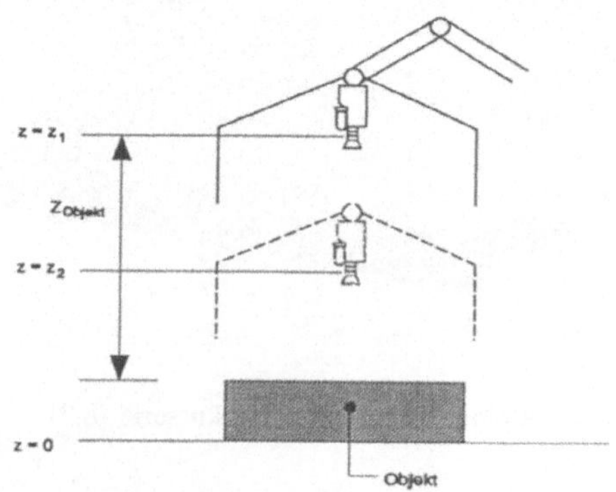

Bild 8.14: Szene zur Ermittlung der Greiferhöhe

8.7 Stereoskopisches Sehen

Aus Bild 8.15 geht die grundsätzliche Anordnung der beiden (gleichartigen) Kamerasysteme hervor, mit denen stereoskopisch die Räumlichkeit der Szene erfaßt wird.

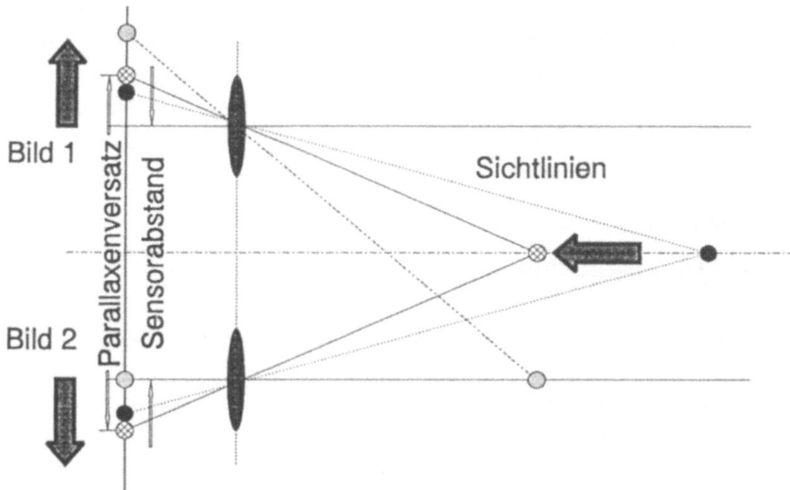

Bild 8.15: Stereokameraanordnung

Punkte im Bild rühren von Objektpunkten her, die auf einer Sichtlinie liegen. Das wesentliche Problem besteht darin, korrespondierende Punkte oder lokale Bildbereiche in Bild 1 und 2 zu finden.

Beim menschlichen Stereosehen (Pupillendistanz ca. 62 mm) drehen sich die Augen leicht aufeinander zu (konvergieren) so, daß der fixierte Gegenstand (im Schnittpunkt der Sehachsen) jeweils in der fovea centralis (Bild 2.7) abgebildet wird. Die Verdrehung ist dann ein Maß für den Abstand des Gegenstandes.

Übungsaufgabe 8.1

Berechnen Sie den Schärfentiefenbereich bei einer Einstellentfernung g_0=4mm unter Zugrundelegung der Daten des Beispiels auf S 141.

Übungsaufgabe 8.2

Bestimmen Sie für die in Bild 8.14 gezeigte Anordnung die Höhe des Objekts.

9 Bewegungsdetektion

Um die Bewegung von Objekten in einer dreidimensionalen Umgebung zu detektieren, ist es notwendig, zusammengehörige Bildbereiche als Muster zu erfaßen, d.h. von anderen Objekten sowie dem Hintergrund zu trennen und dies in aufeinanderfolgenden Bildern.
Die Wahrnehmung (Perzeption) von Bewegung verdanken viele, hinsichtlich ihres visuellen Systems einfache Lebewesen, wie z.B. Insekten, ihre erstaunlichen Navigationsfähigkeiten. Es scheint, daß zeitliche Kontrastverschiebungen zu den wichtigsten Merkmalen zur Segmentierung natürlicher Szenen zählen.

9.1 Verschiebungsvektoren

Zwei zeitliche aufeinanderfolgende Bilder (Bildpaare) $P(x,y,t)$ und $P(x,y,t+\Delta t)$ werden sich (bis auf Rauschanteile) nicht unterscheiden, falls

- die Beleuchtung der Szene konstant ist und
- sich kein Objekt in der Szene bewegt hat.

Das Differenzbild $P_D(x,y)$, der pixelweise Vergleich beider Bilder,

$$P_D(x,y) = P(x,y,t) - P(x,y,t+\Delta t)$$

wird zu 0 (Nullbild).
Allerdings wird das Differenzbild 0 bleiben, auch wenn sich Objekte in der Szene bewegt haben und zwar dann, wenn der betrachtete Szenenausschnitt weder **Helligkeits-** noch **Farbänderungen** aufweist. Konstante Beleuchtung vorausgesetzt, können Bewegungsvektoren (Verschiebungsvektoren) nur aus Bildpaaren gewonnen werden, die Kontrastverschiebungen zeigen. Selbst in solchen Fällen treten Probleme dann auf, wenn die Szene periodische Strukturen zeigt (Bild 9.1).

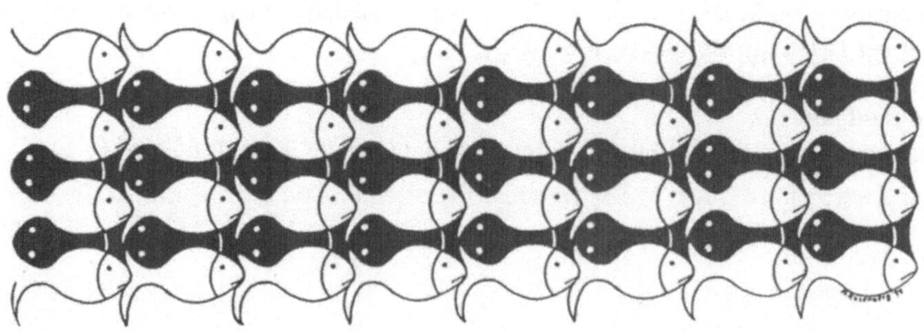

Bild 9.1: Periodisch, M.Rüsenberg, 1994

Zur eindeutigen Festlegung der Verschiebungsvektoren ist es darüber hinaus notwendig, **korrespondierende Punkte** im Bildpaar zu finden. Im einfachsten Fall mögen die korrespondierenden Punkte tatsächlich isolierte, sich kontrastreich vom Hintergrund abhebende helle oder dunkle Pixel sein oder aber die korrespondierenden Bildpunkte werden aus Objekten abgeleitet. Z.B. könnten solche Punkte die Ecken eines Objektes "Rechteck" sein bzw. rein rechnerisch existente Punkte wie Schwerpunkte (Bild 9.2).

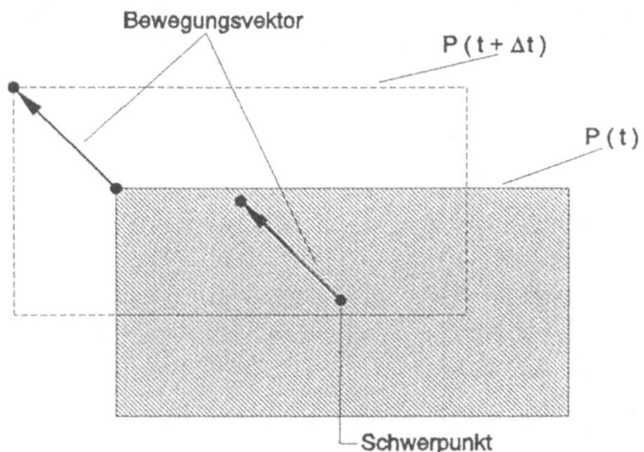

Bild 9.2: Korrespondierende Punkte und Bewegungsvektoren

Eine weitere Möglichkeit einzelne Verschiebungsvektoren zu detektieren besteht darin, lokale Bereiche des Bildes P(x,y,t) im Bild P(x,y,t+Δt) zu verschieben mit dem Ziel das Maximum des Korrelationskoeffizienten (→ Kapitel 3.1.1, Korrelation) und damit den Verschiebungsvektor zu finden. Die Korrelation muß dabei nicht auf die Grau- bzw. Farbwertbilder angewandt werden, sondern beispielsweise (die Konturen sind ja die Informationsträger) auf Laplace-Bilder. Eine wesentliche Vereinfachung der aufwendigen Korrelationsoperation kann dann dadurch erreicht werden, daß lediglich die Vorzeichen (Signum) in den Laplace-Bildern korreliert werden, d.h. keine Multiplikationen mehr notwendig sind.

$$k(u,v) = \sum sig(p(x+u,y+v),(t+\Delta t))\; sig(p(u,v))$$

└── lokaler Bildbereich im Bild P[x,y,t]

Eine ausführliche Darstellung dieses Ansatzes gibt [9.1],[9.2].

Aufgrund der Tatsache, daß sich zur Berechnung von Verschiebungsvektoren nur spezielle Konturpunkte eignen, ist das Bild der Verschiebungsvektoren (Verschiebungsvektorfeld) nur mehr oder weniger schwach besetzt, was allerdings für viele praktische Problemstellungen völlig ausreicht.

In [3.3] sind verschiedene Verfahren beschrieben, die versuchen vollständige Verschiebungsvektorfelder zu generieren.

9.2 Monotonieoperator

Insbesondere bei der Bewegungsdetektion (noch mehr als beim Stereosehen) ist es notwendig mit einfachen (Hardware), jedoch leistungsfähigen Operatoren die Verschiebung der Szene in aufeinanderfolgenden Bildern zu detektieren.
Der Monotonieoperator ist ein Maskenoperator, der angewandt auf ein Bild P(x,y) als Ergebnis die Anzahl von Werten liefert, die kleiner sind als der Wert des zentralen Pixels der Maske. Wird dem Monotonieoperator beispielsweise eine Maskengröße von 3 x 3 Bildpunkten zugrunde gelegt, so wird er helle bzw. dunkle Punkte mit 8 bzw. 0, Ecken mit 5..7 und Kanten mit 3..5 klassifizieren, d.h. auf verschiedene geometrische Strukturen charakteristisch reagieren.

Beispiel
Ausgehend von Bild 9.3 wird vor einem 3 x 3 Pixel großen Monotonieoperator ein Ergebnisbild erzeugt, das ähnlichen Strukturen in gleiche Klassen zuordnet.

$$
\begin{pmatrix}
5 & 4 & 3 & 6 & 5 & 5 & 4 & 2 & 5 \\
3 & 1 & 2 & 1 & 3 & 4 & 3 & 6 & 7 \\
2 & 6 & 17 & 18 & 16 & 15 & 12 & 3 & 2 \\
6 & 5 & 18 & 17 & 17 & 16 & 14 & 3 & 3 \\
4 & 4 & 19 & 17 & 2 & 18 & 15 & 4 & 2 \\
8 & 3 & 18 & 19 & 17 & 17 & 14 & 6 & 3 \\
2 & 7 & 20 & 19 & 16 & 16 & 15 & 7 & 5 \\
5 & 2 & 2 & 3 & 5 & 6 & 7 & 8 & 6 \\
1 & 6 & 1 & 4 & 4 & 3 & 2 & 4 & 6
\end{pmatrix}
\rightarrow
\begin{pmatrix}
. & . & . & . & . & . & . & . & . \\
. & . & . & . & . & . & . & . & . \\
. & . & 5 & 7 & 3 & 5 & 5 & . & . \\
. & . & . & . & . & . & . & . & . \\
. & . & . & . & 0 & . & . & . & . \\
. & . & . & . & . & . & . & . & . \\
. & . & 8 & . & . & . & 6 & . & . \\
. & . & . & . & . & . & . & . & . \\
. & . & . & . & . & . & . & . & .
\end{pmatrix}
$$

Bild 9.3: Szene und Ergebnis der Monotonieoperation

Wie das Beispiel zeigt, ist die vom Monotonieoperator realisierte Klassifikation zwar nicht eindeutig, aber unabhängig von den absoluten Grauwerten und dem Kontrast.
Ein Verschiebungsvektor läßt sich ermitteln durch die so stark vereinfachte Zuordnung gleicher benachbarter Klassen in zeitlich aufeinderfolgenden Bildern.

Übungsaufgabe 9.1
Vervollständigen Sie die Einträge in das oben stehende Ergebnisbild.

9.3 Reichardt-Bewegungsdetektor

Bereits 1957 wurde von Reichardt [9.3] nach Untersuchung der Bewegungsperzeption von Insekten ein einfacher Bewegungsdetektor (Bild 9.4) vorgeschlagen. Er basiert auf einem zweidimensionalen Netz lokaler Bewegungsdetektoren, die eine orts-zeitliche Kreuzkorrelation der Helligkeitsänderung benachbarter Bildpunkte messen.

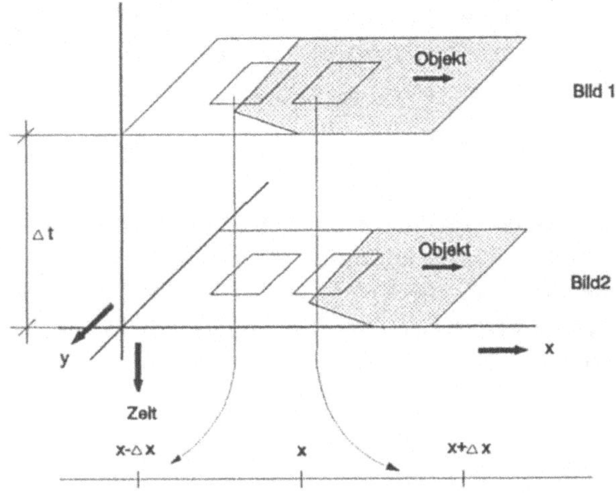

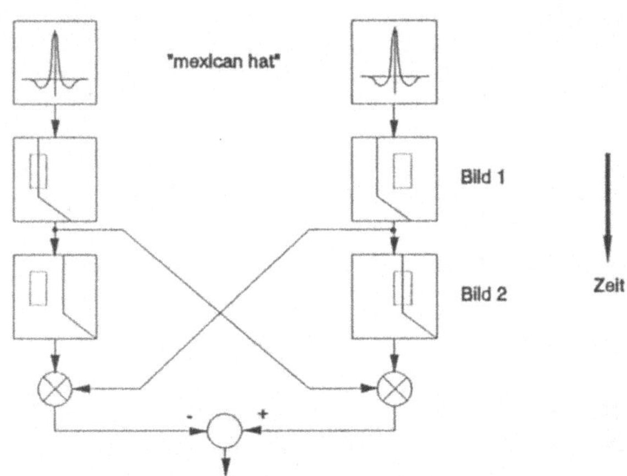

Bild 9.4: Schema des Bewegungsdetektors vom Reichardt-Typ

Benachbarte Laplace-Filter (mexican-hat) extrahieren aus den Helligskeitsinformationen des Sensors Kontrastwerte. Örtlich und zeitlich verschobene Kontrastwerte werden multipliziert und entsprechend Bild 9.4 diese Produkte voneinander subtrahiert. Der sich ergebende Betrag liefert ein Maß für die Wahrscheinlichkeit einer Bewegung, deren Geschwindigkeit durch den Abstand

(2Δx) der Laplace-Filter (bzw. der Zeitverzögerung) gegeben ist. Die Bewegungsrichtung ergibt sich aus der Polarität des Ausgangssignales, wobei ein positives Ausgangssignal auf eine Bewegung von links nach rechts in Bild 9.4 hinweist.
Im zweidimensionalen Fall sind mindestens zwei (im kartesischen Koordinatensystem um 90° versetzte) Detektoren an jedem Ort notwendig deren Ergebnisse über eine Vektor-Addition zum lokalen Bewegungsvektor an diesem Ort verknüpft werden.
Werden, wie in Bild 9.4 gestrichelt eingezeichnet, mehrere um Δt (z.B. 40 ms Bildfolge) zeitverschobene Bilder korreliert, so können über eine Interpolation der Häufigkeitsverteilung der Bewegungswahrscheinlichkeiten auch Geschwindigkeitszwischenwerte ermittelt werden.

9.4 Orientierungsselektive Filter zur Bewegungsdetektion

Ganz ähnliche Filter wie zur Detektion von Konturen (→ Kapitel 3.5, Konturdetektion) lassen sich auch zur Bewegungsdetektion aufbauen. Die Grundidee besteht darin, diese Filter nicht in der Bildebene (x,y,t=const.) zu verwenden (hier sind sie orientierungsselektiv) sondern auch in Ebenen (x,y=const.,t) und (x=const.,y,t) wo sie bewegungsselektiv hinsichtlich von Bewegungen in x- bzw. y-Richtung sind. Das Grundprinzip verdeutlicht Bild 9.5.

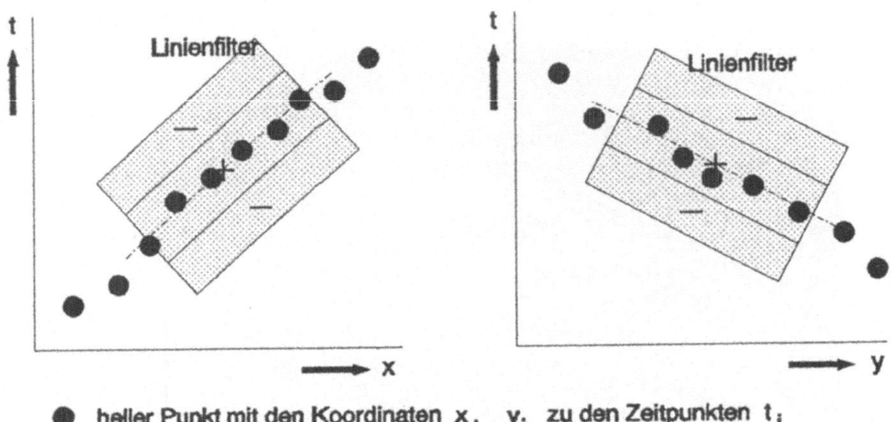

Bild 9.5: Bewegungsdetektion mit Orts-Zeit-Filtern

Die Steigung der in Bild 9.5 eingetragenen Kurve Δx/Δt (bzw. Δy/Δt) beschreibt unmittelbar die Bewegungsgeschwindigkeit des Objektes und kann in diesem Beispiel durch ein Linienfilter erfaßt werden.

Übungsaufgabe 9.2
Welche Teilobjekte eines sich bewegenden Körpers eignen sich zur Geschwindigkeitsmessung?

10 Bildcodierung

Compression Techniques

Für die Codierung von Bilddaten können recht unterschiedliche Beweggründe maßgebend sein. Dies kann Codieren im Sinne von Verschlüsseln sein, Codierung als Umsetzen in eine andere Datenstruktur, um einfacher und schneller Merkmale berechnen zu können, oder Codieren im Hinblick auf die Kompression von Bilddaten zur Speicherung bzw. Übertragung.

Der Aspekt unter dem die in diesem Kapitel aufgeführten Verfahren ausgewählt wurden, ist insbesondere ihre Anwendung zur Bilddatenreduktion, von der ein großer Kompressionsfaktor ebenso wie ein geringer Hardware-Implementationsaufwand und wenig subjektiv empfundene Bildqualitätsminderung gefordert wird. Eine Idee der Größenordnung, welche Kompressionsverfahren erreichen können, gibt Bild 10.1.

Bild 10.1: Die pixelweise Darstellung des Binärbildes "Farn" erfordert etwa 250k Bit, während seine fraktale Beschreibung mit lediglich etwa 250 Bit auskommt (→15.2 Anhang, Farbtafel 11)

10.1 Statistische Codierung

Ein Grundgedanke, der viele Ansätze zur Datenkompression kennzeichnet, ist, Pixel deren Wert (Grauwert, Farbwert,...) häufig im Bild vorkommt, einen kürzeren Code zuzuweisen, als solchen, deren Wert seltener auftritt. Dies führt zu sogenannten unequal-length-Codes. Ein Problem hierbei ergibt sich aus der geforderten Eindeutigkeit, mit der aus der Codewortfolge die einzelnen unterschiedlich langen Codes wieder rekonstruiert werden sollen.
Ein Nachteil der unequal-length-Codes, wie er beispielsweise dem Shannon/Fano-Code und dem Huffman-Code anhaftet, ist deren Empfindlichkeit gegenüber Störungen, die nicht nur ein einzelnes Codewort verfälschen, sondern sich in der Regel bis zum nächsten Synchronisationssignal auswirken.

10.1.1 Entropie

Die Entropie H stellt ein Informationsmaß für eine Aussage über den Grad der Zufälligkeit einer Zeichenfolge dar.
Werden beispielsweise die Pixel eines Farbbildes seriell übertragen, so ist die Farbe des nächsten, noch nicht übertragenen Pixels, im Empfänger unbekannt. Allerdings ist die Wahrscheinlichkeit für das Auftreten einer bestimmten Farbe nicht für das ganze im Bild enthaltene Spektrum gleich. Hierauf beruht die Idee zur Definition der Entropie. Besteht das Bild vorwiegend aus roten, und nur wenig andersfarbigen Bildpunkten, so wird die Aussage "das nächste Pixel ist rot" nur geringen Inforationsgehalt haben. Sind die Wahrscheinlichkeiten p bekannt, mit der die Werte der einzelnen Bildpunkte auftreten (→ Kapitel 3.2, Histogrammoperation), so kann die Entropie H berechnet werden, als die im Mittel minimal notwendige Anzahl von Bits für die Codierung des Bildes.

$$H = -\sum_{n=1}^{N} p_n \log_2 p_n$$

Summe über alle N Werte des Wertebereiches

Aus dem Verhältnis von Entropie zur mittleren Codewortlänge L

$$L = \sum_{n=1}^{N} l_n p_n$$

Länge des Codes der Klasse n in Bit

läßt sich die Effizienz E bestimmen.

$$E = \frac{H}{L}$$

Die Effizienz E eines Codes bezieht allerdings die vielfältigen Ursachen, die zu einem subjektiven Qualtitätsverlust der Bilddaten führen, nicht ein und ist deshalb nicht immer ein zuverlässiges Maß für die Brauchbarkeit eines Codes.

10.1.2 Shannon/Fano-Code

Ausgehend vom Histogramm des Bildes wird der Wertebereich entsprechend abnehmender Wahrscheinlichkeiten p_n geordnet, wie dies aus Bild 10.2 zu entnehmen ist. Die Shannon-Fano-Codierung teilt nun den Wertebereich in zwei Gruppen und weist der Gruppe mit den höheren Wahrscheinlichkeit als führendes Bit eine 0 zu, während die verbleibende Gruppe als most significant bit des Codewortes eine 1 erhält. Im nächsten Schritt wird jede Gruppe wieder zweigeteilt und an das zu bildende Codewort eine 0 bzw. eine 1 (Gruppe mit niedrigeren Wahrscheinlichkeiten) angehängt. Die Unterteilung, mit der der Aufbau des Codewortes einhergeht, wird bis zum letzten Element fortgesetzt.
Da wahrscheinlichere Werte durch möglichst kurze Codes charakterisiert werden sollen, muß die Gruppe mit den höheren Wahrscheinlichkeiten die kleinere und die in den Gruppen zusammengefaßten Wahrscheinlichkeiten ähnlich sein.

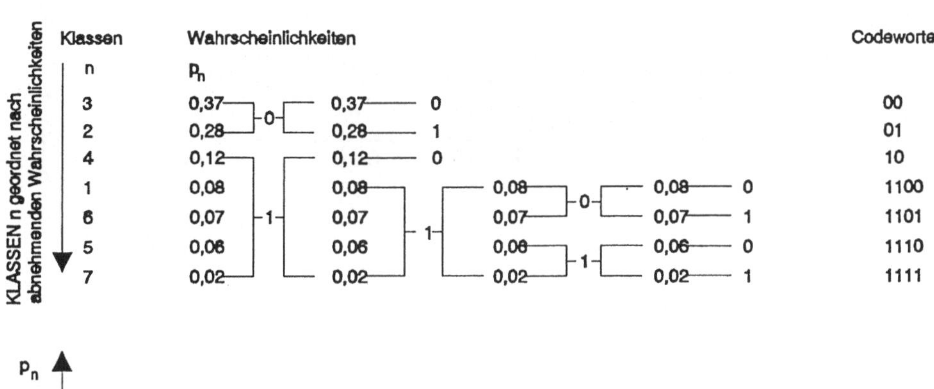

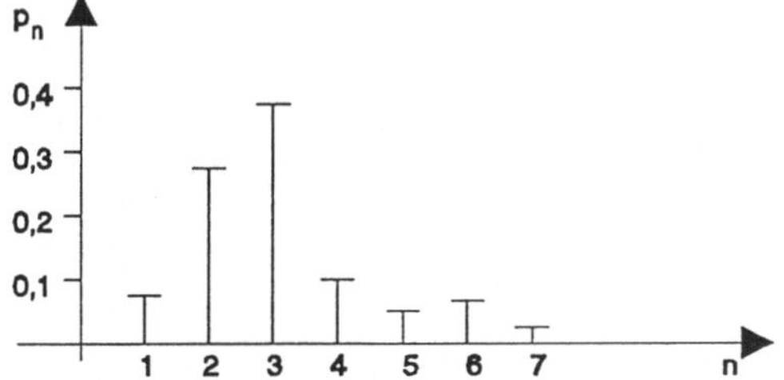

Bild 10.2: Beispiel zum Shannon/Fano-Code

10.1.3 Huffman-Code

Optimalcodierung

Auch der Huffman-Code ist ein variable word-length Code, der die mittlere Bit-Rate L minimiert. Grundlage bilden beim Huffman-Code, für den auch der Begriff Optimalcodierung verwandt wird, die nach abfallenden Wahrscheinlichkeiten geordneten Klassen (z.B. der Wertebereich eines Grauwertbildes), die entsprechend dem Beispiel in Bild 10.3 in Sektion I das Huffman-Code-Baumes eingetragen sind. Der Aufbau des Code-Baumes erfolgt von rechts nach links, indem die beiden Zweige (Klassen) geringster Wahrscheinlichkeit über einen Knoten zu einem Zweig in Sektion II zusammengefaßt werden. Dieser neue Zweig hat dann eine Wahrscheinlichkeit, die sich aus der Summe der Einzelwahrscheinlichkeiten ergibt. Die Zweige in II werden wieder nach abfallender Wahrscheinlichkeit geordnet. Der Vorgang wird, wie in Bild 10.3 leicht nachvollziehbar ist, so lange wiederholt, bis zu einer Sektion M, die nur noch einen Zweig (der Wahrscheinlichkeit 1), enthält.
Nachdem der Baum codiert wurde, bestehen die nächsten Schritte darin, von links nach rechts die Kreuzungen der Zweige zu eliminieren, indem die summierten Wahrscheinlichkeiten wieder zerlegt und sortiert werden. An jedem Knoten wird der Verzweigung nach oben eine 0, nach unten eine 1 zugewiesen.

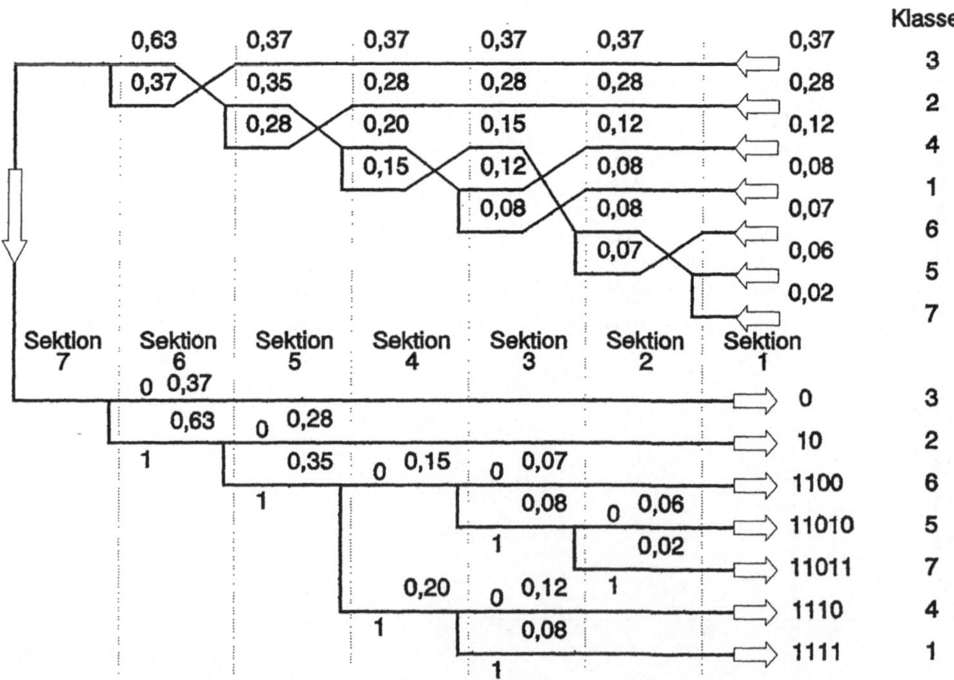

Bild 10.3: Unequal-length-coding nach Huffmann

10.2 Transformationscodierung

Die Grundidee der Transformationscodierung zur Datenreduktion besteht darin, das Video-Bild in einer Art "zweidimensionalem Spektrum" zu entwickeln (im Spektralbereich abzubilden), ähnlich der Fourier-Analyse im eindimensionalen Fall. Weil die Transformationscodierungsverfahren umkehrbar sind, beinhalten die Transformations-Koeffizienten den vollen Informationsgehalt. Eine Datenreduktion ergibt sich aus der Tatsache, daß im Gegensatz zu den mehr oder weniger stark korrelierten, d.h. ähnlichen Grau- bzw. Farbwerten des Bildes die Transformationskoeffizienten stark dekorreliert sind.
Aus Bild 10.4 ersehen Sie die grundsätzliche Vorgehensweise.

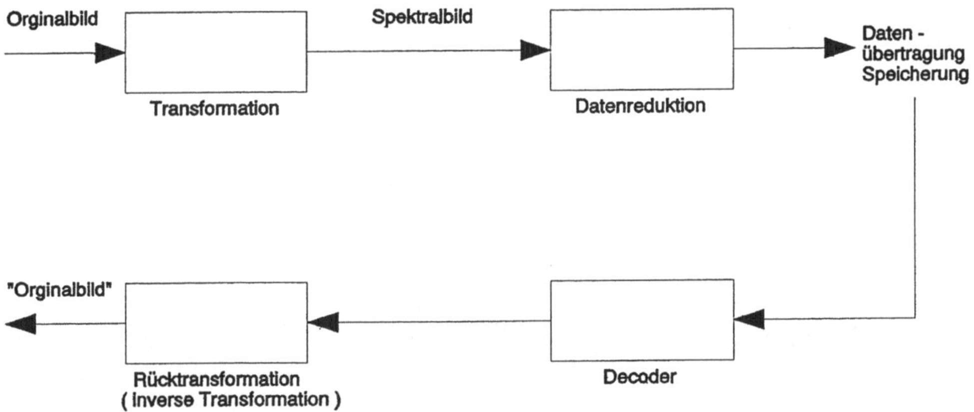

Bild 10.4: Transformationscodierung, Datenreduktion

10.2.1 Grundlegende Gesichtspunkte

Bild 10.5 zeigt ein quadratisches, aus vier Pixeln aufgebautes Bild, das aus einer gewichteten Summation von Basisbildern gebildet werden kann. Die Basisbilder oder Basisfunktionen sind orthogonal, d.h. sie haben die Eigenschaft, daß es nicht möglich ist, eines der Basisbilder aus der Überlagerung anderer Basisbilder zu gewinnen. Zur Darstellung beliebiger Bilder (innerhalb einer mxn großen Bildmatrix) sind mxn Basisbilder notwendig, mithin mxn Gewichts- oder Transformationskoeffizienten.
Das Bild wird also nicht mehr beschrieben durch die jeweiligen Werte der Pixel an den Orten x,y, sondern durch Transformationskoeffizienten, welche die einzelnen Basisfunktionen gewichten.
Die Transformationskoeffizienten werden in einer mxn großen Spektralmatrix zusammengefaßt, wobei natürlich ihre genaue Zuordnung zu den Basisbildern fest vereinbart sein muß.

Jede aus n m Elementen (z.B. Grauwerten) bestehende Matrix kann in Basisbilder zerlegt bzw. durch eine gewichtete Summation der Basisfunktionen gebildet werden.

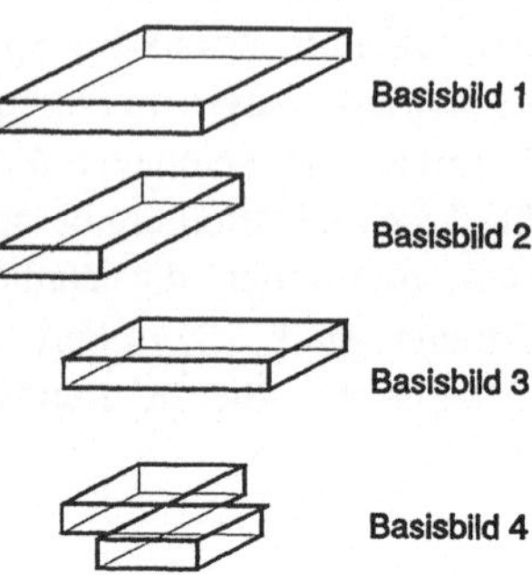

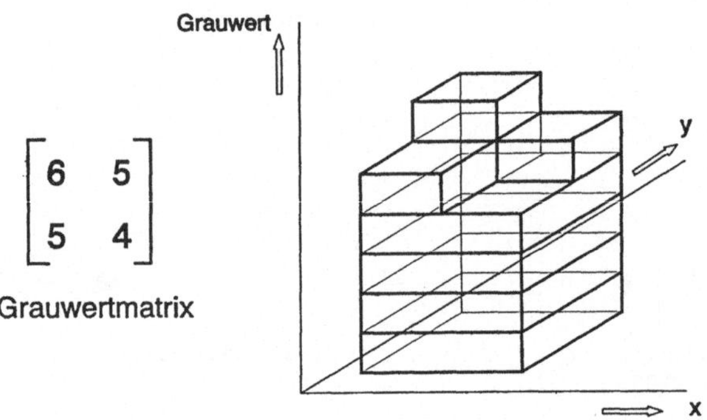

Bild 10.5: Grauwertematrix, Basisfunktionen, Spektralmatrix

Es genügt, dann nur diese Gewichte (Koeffizienten)

4 (Basisbild 1) + **1** (Basisbild 2) + **1** (Basisbild 3) + **0** (Basisbild 4)

in Form der sogenannten Spektralmatrix

$$\begin{pmatrix} 4 & 1 \\ 1 & 0 \end{pmatrix}$$

zu codieren.
Man sieht im Vergleich der Spektralmatrix zur Grauwertematrix, daß eine Dekorrelation der Signalwerte stattgefunden hat.

Bei der Transformationscodierung von Bildern, die ja in der Regel aus sehr vielen Bildpunkten bestehen, d.h. große Matrizen darstellen, ist es sehr zweckmäßig, solche Basisfunktionen zu suchen, deren Gewichte aus dem Bild leicht berechnet werden können. Besonders einfach wird dies aber, wenn nicht z.B. wie bei der Fourier-Transformation sin- und cos-förmige Basisfunktionen angesetzt werden, sondern solche, ähnlich den in Bild 10.5 verwendeten, die nur den Amplitudenwert 1 oder -1 zeigen. Dann nämlich sind keine Real-Multiplikationen, sondern nur noch Integer-Additionen und -Subtraktionen zur Berechnung der Spektralkoeffizienten bzw. der Pixel-Werte aus dem Koeffizienten-Satz notwendig (Bild 10.6).

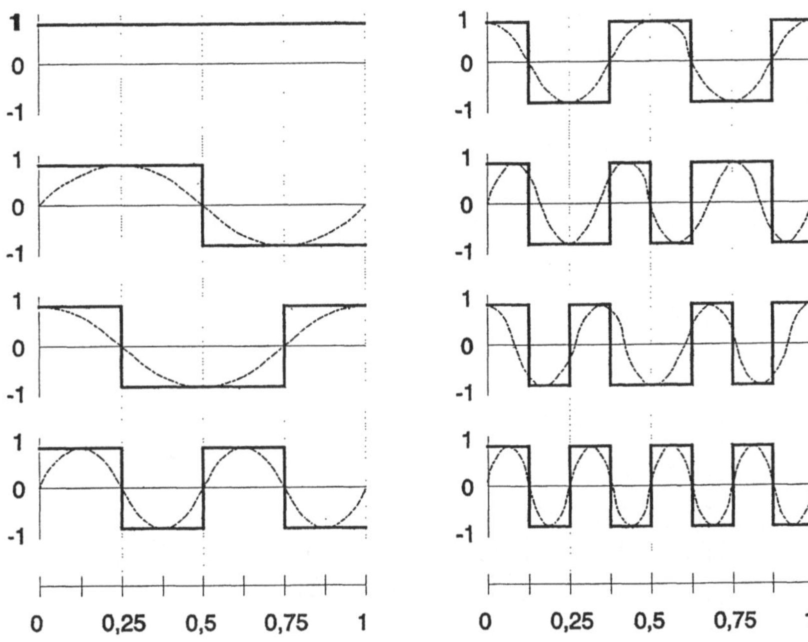

Bild 10.6: Walsh-Funktionen und Fourier-harmonische

Derartige Eigenschaften haben die Walsh-Funktionen. Durch Addition und Subtraktion einzelner Walsh-Funktionen kann man jede beliebige Funktion bilden oder zerlegen, genauso wie dies für sin- und cos-Funktionen zutrifft. Je nachdem, wie die Koeffizienten den Basisfunktionen, hier Walsh-Funktionen zugeordnet sind, spricht von Walsh-geordneten, Hadamard-geordneten oder Paley-geordneten Spektralmatrizen.

Es sind vielfältige Verfahren der Transformationscodierung bekannt [10.3].

- Diskrete Fourier-Transformation (DFT)
- Walsh/Hadamard-Transformation
- Karhunen/Loeve-Transformation
- Haar-Transformation
- Diskrete Kosinus-Transformation
- Diskrete Sinus-Transformation
- Slant-Transformation
- S-Transformation

10.2.2 Walsh/Hadamard-Transformation

Die Transformationsmatrix der Walsh/Hadamard-Transformation ist gegeben zu

$$H(1) = \begin{pmatrix} 1 & 1 \\ 1 & -1 \end{pmatrix}$$

und kann für größere Blockgrößen rekursiv über die Beziehung

$$H(n) = \begin{pmatrix} H(n-1) & H(n-1) \\ H(n-1) & -H(n-1) \end{pmatrix}$$

berechnet werden, wobei gilt

$$n = \log_2 N$$

N – Anzahl der Zeilen (Spalten)

$$H(4) = \begin{pmatrix}
1 & 1 & 1 & 1 & 1 & 1 & 1 & 1 & 1 & 1 & 1 & 1 & 1 & 1 & 1 & 1 \\
1 & -1 & 1 & -1 & 1 & -1 & 1 & -1 & 1 & -1 & 1 & -1 & 1 & -1 & 1 & -1 \\
1 & 1 & -1 & -1 & 1 & 1 & -1 & -1 & 1 & 1 & -1 & -1 & 1 & 1 & -1 & -1 \\
1 & -1 & -1 & 1 & 1 & -1 & -1 & 1 & 1 & -1 & -1 & 1 & 1 & -1 & -1 & 1 \\
1 & 1 & 1 & 1 & -1 & -1 & -1 & -1 & 1 & 1 & 1 & 1 & -1 & -1 & -1 & -1 \\
1 & -1 & 1 & -1 & -1 & 1 & -1 & 1 & 1 & -1 & 1 & -1 & -1 & 1 & -1 & 1 \\
1 & 1 & -1 & -1 & -1 & -1 & 1 & 1 & 1 & 1 & -1 & -1 & -1 & -1 & 1 & 1 \\
1 & -1 & -1 & 1 & -1 & 1 & 1 & -1 & 1 & -1 & -1 & 1 & -1 & 1 & 1 & -1 \\
1 & 1 & 1 & 1 & 1 & 1 & 1 & 1 & -1 & -1 & -1 & -1 & -1 & -1 & -1 & -1 \\
1 & -1 & 1 & -1 & 1 & -1 & 1 & -1 & -1 & 1 & -1 & 1 & -1 & 1 & -1 & 1 \\
1 & 1 & -1 & -1 & 1 & 1 & -1 & -1 & -1 & -1 & 1 & 1 & -1 & -1 & 1 & 1 \\
1 & -1 & -1 & 1 & 1 & -1 & -1 & 1 & -1 & 1 & 1 & -1 & -1 & 1 & 1 & -1 \\
1 & 1 & 1 & 1 & -1 & -1 & -1 & -1 & -1 & -1 & -1 & -1 & 1 & 1 & 1 & 1 \\
1 & -1 & 1 & -1 & -1 & 1 & -1 & 1 & -1 & 1 & -1 & 1 & 1 & -1 & 1 & -1 \\
1 & 1 & -1 & -1 & -1 & -1 & 1 & 1 & -1 & -1 & 1 & 1 & 1 & 1 & -1 & -1 \\
1 & -1 & -1 & 1 & 1 & -1 & 1 & -1 & -1 & 1 & 1 & -1 & -1 & 1 & -1 & 1
\end{pmatrix}$$

Bild 10.7: Transformationsmatrix H(4)

Ein beliebiges Matrix-Element der Zeile u und Spalte v kann auch aus der Gleichung

$$h_{u,v} = 1 \quad \textit{falls} \quad 1 = (-1)^{\sum_{i=0}^{n-1} u_i v_i}$$

$$h_{u,v} = -1 \quad \textit{falls} \quad 0 = (-1)^{\sum_{i=0}^{n-1} u_i v_i}$$

v_i: i-tes Bit der Spalte v
u_i: i-tes Bit der Zeile u

bestimmt werden.

Ein Beispiel verdeutlicht dies für die Matrix-Zeile wal_h [9]. Die u_i der Zeile 9 sind

u	u_3	u_2	u_1	u_0
9	1	0	0	1

Die v_i der Spalten 0..15 sind

v	0	1	2	3	4	5	6	7	8	9	10	11	12	13	14	15
v_0	0	1	0	1	0	1	0	1	0	1	0	1	0	1	0	1
v_1	0	0	1	1	0	0	1	1	0	0	1	1	0	0	1	1
v_2	0	0	0	0	1	1	1	1	0	0	0	0	1	1	1	1
v_3	0	0	0	0	0	0	0	0	1	1	1	1	1	1	1	1

v	0	1	2	3	4	5	6	7	8	9	10	11	12	13	14	15
$u_0 * v_0$	0	1	0	1	0	1	0	1	0	1	0	1	0	1	0	1
$u_1 * v_1$	0	0	0	0	0	0	0	0	0	0	0	0	0	0	0	0
$u_2 * v_2$	0	0	0	0	0	0	0	0	0	0	0	0	0	0	0	0
$u_3 * v_3$	0	0	0	0	0	0	0	0	1	1	1	1	1	1	1	1
$\sum$	0	1	0	1	0	1	0	1	1	2	1	2	1	2	1	2
$(-1)^{\sum}$	1	-1	1	-1	1	-1	1	-1	-1	1	-1	1	-1	1	-1	1

Damit ist

$$wal_h\,[9] = (1 \;\; -1 \;\; 1 \;\; -1 \;\; 1 \;\; -1 \;\; 1 \;\; -1 \;\; -1 \;\; 1 \;\; -1 \;\; 1 \;\; -1 \;\; 1 \;\; -1 \;\; 1)$$

Die Bildung von Elementen der Transformationsmatrix über die gezeigte Exponentialfunktion ist insbesondere für große und mehrdimensionale Transformationen nützlich. Sie erspart es, große Felder für die Transformationsmatrix zu belegen.

1D-Hadamard-geordnete Walsh/Hadamard-Transformation
Gegeben sei eine diskrete Signalfolge, die als ein Vektor $X^T(n)$ aufgefaßt wird, wobei $n=\log_2 N$ und N die Anzahl der Elemente bezeichnet.
Diskrete Signalfolge

$$X^T(n) = (X(0) \;\; X(1) \;\; \ldots \;\; X(N-1))$$

Die Gewichte B(0), B(1), ..., B(N-1) berechnen sich mit Hilfe der Transformationsmaxtrix zu

$$B(n) = \frac{1}{N} H_h(n) X(n)$$

$H_h(n)$ — Hadamard-geordnete Matrix

Die Rücktransformation

$$X(n) = H_h(n) B(n)$$

liefert wieder die ursprüngliche Signalfolge.

Wie auch bei der Fouriertransformation (FFT) sind auch für die Walsh/Hadamard-Transformation (FWHT) schnelle Rechenverfahren [10.4] bekannt.

Beispiel
Aus der Folge von Grauwerten

$$X^T(n) = (X(0) \;\; X(1) \;\; X(2) \;\; X(3)) = (6 \;\; 5 \;\; 5 \;\; 4)$$

bestimmen sich die Größen **B**(0) ... **B**(3) zu

$$\begin{pmatrix} B(0) \\ B(1) \\ B(2) \\ B(3) \end{pmatrix} = \frac{1}{4} \begin{pmatrix} 1 & 1 & 1 & 1 \\ 1 & -1 & 1 & -1 \\ 1 & 1 & -1 & -1 \\ 1 & -1 & -1 & 1 \end{pmatrix} \begin{pmatrix} X(0) \\ X(1) \\ X(2) \\ X(3) \end{pmatrix}$$

$$\begin{pmatrix} X(0) \\ X(1) \\ X(2) \\ X(3) \end{pmatrix} = \begin{pmatrix} 1 & 1 & 1 & 1 \\ 1 & -1 & 1 & -1 \\ 1 & 1 & -1 & -1 \\ 1 & -1 & -1 & 1 \end{pmatrix} \begin{pmatrix} B(0) \\ B(1) \\ B(2) \\ B(3) \end{pmatrix}$$

2D-Transformation mit Basisbildern

Bei der eindimensionalen Transformation bestand die Analyse darin, die Basisfunktion skalar mit dem Signalvektor zu multiplizieren. Bei der zweidimensionalen Analyse werden Bild und die jetzt ebenfalls zu zweidimensionalen Funktionen (Basisbildern) erweiterten Basisfunktion elementweise multipliziert (Bild 10.5).

Beispiel

Um die prinzipielle Vorgehensweise anschaulich zu zeigen wird zur Bildung der individuellen Basisbilder das Set von Walshfunktionen H(2) verwendet. Die Walshfunktionen werden bezeichnet als v(0),...,v(3).

$$\boldsymbol{H}(2) = \begin{pmatrix} 1 & 1 & 1 & 1 \\ 1 & 1 & -1 & -1 \\ 1 & -1 & -1 & 1 \\ 1 & -1 & 1 & -1 \end{pmatrix}$$

In diesem Beispiel soll von einer Bildmatrix **P**(x,y)

$$\boldsymbol{P}(x,y) = \begin{pmatrix} 8 & 8 & 6 & 6 \\ 7 & 6 & 6 & 4 \\ 7 & 6 & 6 & 4 \\ 6 & 4 & 4 & 4 \end{pmatrix}$$

ausgegangen werden.

Zunächst sind die Basisbilder **B**(00) (Gleichanteil), **B**(10),...,**B**(33) zu bestimmen.

	$v^T(0)$						$v^T(1)$				
	1	1	1	1	1		1	1	1	1	1
	1	1	1	1	1		1	1	1	1	1
$\boldsymbol{B}(00)$	1	1	1	1	1	$\boldsymbol{B}(10)$	−1	−1	−1	−1	−1
	1	1	1	1	1		−1	−1	−1	−1	−1
	$v(0)$	1	1	1	1		$v(0)$	1	1	1	1

Damit ergibt sich ein vollständiges Set von 16 Basisbildern.

$$\begin{pmatrix} + & + & + & + \\ + & + & + & + \\ + & + & + & + \\ + & + & + & + \end{pmatrix} \begin{pmatrix} + & + & - & - \\ + & + & - & - \\ + & + & - & - \\ + & + & - & - \end{pmatrix} \begin{pmatrix} + & - & - & + \\ + & - & - & + \\ + & - & - & + \\ + & - & - & + \end{pmatrix} \begin{pmatrix} + & - & + & - \\ + & - & + & - \\ + & - & + & - \\ + & - & + & - \end{pmatrix}$$

$$\begin{pmatrix} + & + & + & + \\ + & + & + & + \\ - & - & - & - \\ - & - & - & - \end{pmatrix} \begin{pmatrix} + & + & - & - \\ + & + & - & - \\ - & - & + & + \\ - & - & + & + \end{pmatrix} \begin{pmatrix} + & - & - & + \\ + & - & - & + \\ - & + & + & - \\ - & + & + & - \end{pmatrix} \begin{pmatrix} + & - & + & - \\ + & - & + & - \\ - & + & - & + \\ - & + & - & + \end{pmatrix}$$

$$\begin{pmatrix} + & + & + & + \\ - & - & - & - \\ - & - & - & - \\ + & + & + & + \end{pmatrix} \begin{pmatrix} + & + & - & - \\ - & - & + & + \\ - & - & + & + \\ + & + & - & - \end{pmatrix} \begin{pmatrix} + & - & - & + \\ - & + & + & - \\ - & + & + & - \\ + & - & - & + \end{pmatrix} \begin{pmatrix} + & - & + & - \\ - & + & - & + \\ - & + & - & + \\ + & - & + & - \end{pmatrix}$$

$$\begin{pmatrix} + & + & + & + \\ - & - & - & - \\ + & + & + & + \\ - & - & - & - \end{pmatrix} \begin{pmatrix} + & + & - & - \\ - & - & + & + \\ + & + & - & - \\ - & - & + & + \end{pmatrix} \begin{pmatrix} + & - & - & + \\ - & + & + & - \\ + & - & - & + \\ - & + & + & - \end{pmatrix} \begin{pmatrix} + & - & + & - \\ - & + & - & + \\ + & - & + & - \\ - & + & - & + \end{pmatrix}$$

Mit der Gleichung

$$G_{mn} = \sum_{m=0}^{N-1} \sum_{n=0}^{N-1} P_{mn} * B_{mn}$$

ergeben sich die (zunächst unnormierten!) Spektralkoeffizienten zu

$$g_{00} = \sum_{m=0}^{N-1} \sum_{n=0}^{N-1} P_{mn} * B_{00} = (+8+7+7+6)+(+8+6+6+4)+(+6+6+6+4)+(+6+4+4+4) = 92$$

$$g_{10} = \sum_{m=0}^{N-1} \sum_{n=0}^{N-1} P_{mn} * B_{10} = (+8+7-7-6)+(+8+6-6-4)+(+6+6-6-4)+(+6+4-4-4) = 10$$

$$g_{20} = \sum_{m=0}^{N-1} \sum_{n=0}^{N-1} P_{mn} * B_{20} = (+8-7-7+6)+(+8-6-6+4)+(+6-6-6+4)+(+6-4-4+4) = 0$$

$$g_{30} = \sum_{m=0}^{N-1} \sum_{n=0}^{N-1} P_{mn} * B_{30} = (+8-7+7-6)+(+8-6+6-4)+(+6-6+6-4)+(+6-4+4-4) = 10$$

Normiert mit $1/N^2$ folgt die Matrix **G** der Spektralkoeffizienten

$$G = \frac{1}{N^2}\begin{pmatrix} 92 & 12 & 0 & 8 \\ 10 & 2 & -2 & -2 \\ 0 & 0 & 4 & -4 \\ 10 & 2 & -2 & -2 \end{pmatrix} = \begin{pmatrix} 5{,}75 & 0{,}75 & 0 & 0{,}5 \\ 0{,}63 & 0{,}13 & -0{,}13 & -0{,}13 \\ 0 & 0 & 0{,}25 & -0{,}25 \\ 0{,}63 & 0{,}13 & -0{,}13 & -0{,}13 \end{pmatrix}$$

Die Rücktransformation

$$p_{00} = \sum_{m=0}^{N-1}\sum_{n=0}^{N-1} G_{mn} * B_{00} =$$

$$= \frac{1}{N^2}(+92+10+0+10)+(+12+2+0+2)+(+0+(-2)+4+(-2))+(+8+(-2)+(-4)+(-2)) = 8$$

$$p_{10} = \sum_{m=0}^{N-1}\sum_{n=0}^{N-1} G_{mn} * B_{10} =$$

$$= \frac{1}{N^2}(+92+10-0-10)+(+12+2-0-2)+(+0+(-2)-(+4)-2)+(+8+(-2)-(-4)-(-2)) = 7$$

$$p_{20} = \sum_{m=0}^{N-1}\sum_{n=0}^{N-1} G_{mn} * B_{20} =$$

$$= \frac{1}{N^2}(+92-10-0+10)+(+12-2-0+2)+(+0-(-2)-4+(-2))+(+8-(-2)-(-4)+(-2)) = 7$$

$$p_{30} = \sum_{m=0}^{N-1}\sum_{n=0}^{N-1} G_{mn} * B_{30} =$$

$$= \frac{1}{N^2}(+92-10+0-10)+(+12-2+0-2)+(+0-(-2)+4-(-2))+(+8-(-2)+(-4)-(-2)) = 6$$

führt wieder zur Bildmatrix

$$P(x,y) = \begin{pmatrix} 8 & 8 & 6 & 6 \\ 7 & 6 & 6 & 4 \\ 7 & 6 & 6 & 4 \\ 6 & 4 & 4 & 4 \end{pmatrix}$$

Wie schon in der Einleitung zum Kapitel Transformationscodierung hingewiesen, ist die Grundidee, die stark korrelierten, ähnlichen Signalwerte in eine Darstellung, die Spektralmatrix überzuführen, die stark dekorrelierte Werte aufweist.
Das vorhergehende Beispiel, bei dem die Basisbilder Walsh-geordnet, d.h. nach aufsteigenden Sequenzen geordnet waren, zeigt, daß beispielsweise B_{00} den Gleichanteil des Bildes beschreibt, B_{33} groß gewichtet wäre bei einem schachbrettartig gemusterten Bild, während B_{03} ein feines Linienmuster beschreibt.
In Bildern natürlicher Szenen nimmt der Energiegehalt der Spektralkoeffizienten, die Basisbilder mit feineren Strukturen gewichten, in der Regel stark ab, d.h. ihr Informationsgehalt ist gering. Dies um so mehr, als auch die Kontrastempfindlichkeit des Auges (Bild 10.8) für feine Muster deutlich abfällt.

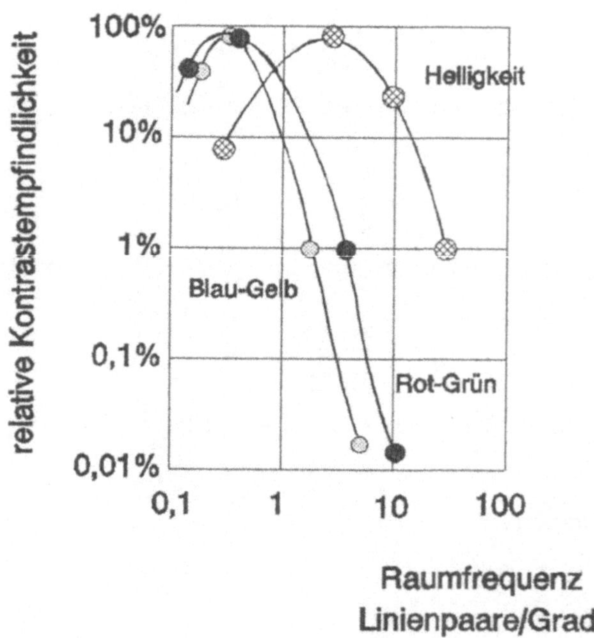

Bild 10.8: Kontrastempfindlichkeit des Auges für Streifenmuster

Diese Tatsache eröffnet verschiedene Möglichkeiten der Datenreduktion.
Das einfachste Verfahren (zonal sampling), illustriert in den Bildern 10.9, besteht darin, einen bestimmten Teil der Koeffizienten 0 zu setzen und nur die Koeffizienten $\neq 0$ abzuspeichern bzw. zu übertragen.

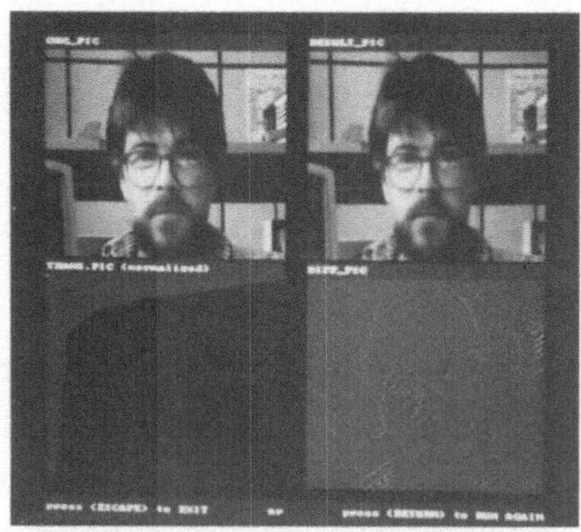

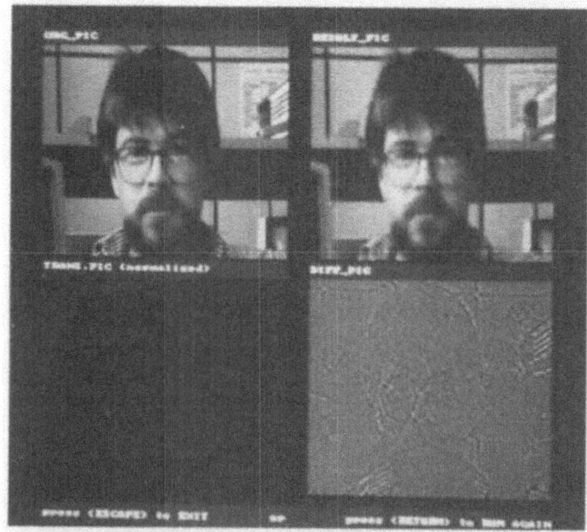

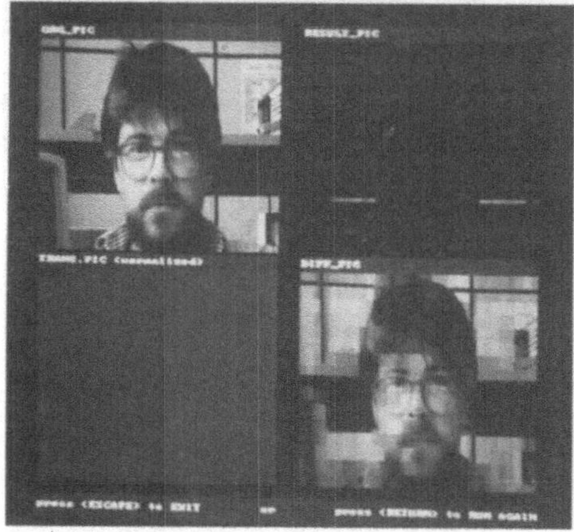

Bild 10.9: Originalbild — rücktransformiertes Bild

Spektralkoeffizienten
schwarz dargestellt sind die
zu 0 gesetzten Koeffizienten

Differenzbild =
Originalbild - rücktransformiertes Bild

Beispiel
Die Bildmatrix P

$$P = \begin{pmatrix} 5 & 6 & 8 & 10 \\ 6 & 6 & 5 & 7 \\ 4 & 5 & 3 & 6 \\ 8 & 7 & 5 & 5 \end{pmatrix}$$

wird in die Spektralmatrix G transformiert und die höherfrequenten Spektralkoeffizienten entsprechend der Spektralmatrix G_q zu Null gesetzt.

$$G_q = \begin{pmatrix} 24{,}0 & -0{,}5 & 1{,}5 & 0 \\ 2{,}5 & -3{,}0 & 0 & 0 \\ 3{,}0 & 0 & 0 & 0 \\ 0 & 0 & 0 & 0 \end{pmatrix}$$

Die Rücktransformation der reduzierten Spektralmatrix G_q liefert dann die Grauwertematrix P_q.

$$P_q = \begin{pmatrix} 6{,}875 & 6{,}125 & 7{,}875 & 8{,}625 \\ 5{,}375 & 4{,}625 & 6{,}375 & 7{,}125 \\ 5{,}625 & 4{,}875 & 3{,}625 & 4{,}375 \\ 7{,}125 & 6{,}375 & 5{,}125 & 5{,}875 \end{pmatrix}$$

Aus dem Vergleich von P und P_q ist zu ersehen, daß sich der durch die Irrelevanz-Reduktion entstandene Fehler auf alle Elemente von P_q verteilt.

Ein etwas verfeinertes Verfahren (zonal coding) geht davon aus, relevante Koeffizienten höher zu quantisieren. Bild 10.10 zeigt eine typische Bitzuordnung für die Blockgröße 16 x 16.

$$\begin{matrix}
8 & 8 & 8 & 7 & 7 & 7 & 5 & 5 & 4 & 4 & 4 & 4 & 4 & 4 & 4 & 4 \\
8 & 8 & 7 & 6 & 5 & 5 & 3 & 3 & 3 & 3 & 3 & 2 & 2 & 2 & 2 & 2 \\
8 & 7 & 6 & 4 & 4 & 4 & 3 & 3 & 2 & 2 & 2 & 2 & 2 & 2 & 2 & 2 \\
7 & 6 & 4 & 3 & 2 & 2 & 2 & 2 & 1 & 1 & 1 & 1 & 0 & 0 & 0 & 0 \\
7 & 5 & 4 & 2 & 2 & 2 & 2 & 1 & 1 & 1 & 0 & 0 & 0 & 0 & 0 & 0 \\
7 & 5 & 4 & 2 & 2 & 2 & 1 & 1 & 0 & 0 & 0 & 0 & 0 & 0 & 0 & 0 \\
5 & 3 & 3 & 2 & 2 & 1 & 1 & 0 & 0 & 0 & 0 & 0 & 0 & 0 & 0 & 0 \\
5 & 3 & 3 & 2 & 1 & 1 & 0 & 0 & 0 & 0 & 0 & 0 & 0 & 0 & 0 & 0 \\
4 & 3 & 2 & 1 & 1 & 0 & 0 & 0 & 0 & 0 & 0 & 0 & 0 & 0 & 0 & 0 \\
4 & 3 & 2 & 1 & 1 & 0 & 0 & 0 & 0 & 0 & 0 & 0 & 0 & 0 & 0 & 0 \\
4 & 3 & 2 & 1 & 0 & 0 & 0 & 0 & 0 & 0 & 0 & 0 & 0 & 0 & 0 & 0 \\
4 & 3 & 2 & 1 & 0 & 0 & 0 & 0 & 0 & 0 & 0 & 0 & 0 & 0 & 0 & 0 \\
4 & 2 & 2 & 0 & 0 & 0 & 0 & 0 & 0 & 0 & 0 & 0 & 0 & 0 & 0 & 0 \\
4 & 2 & 2 & 0 & 0 & 0 & 0 & 0 & 0 & 0 & 0 & 0 & 0 & 0 & 0 & 0 \\
4 & 2 & 2 & 0 & 0 & 0 & 0 & 0 & 0 & 0 & 0 & 0 & 0 & 0 & 0 & 0 \\
4 & 2 & 2 & 0 & 0 & 0 & 0 & 0 & 0 & 0 & 0 & 0 & 0 & 0 & 0 & 0
\end{matrix}$$

Bild 10.10: Bitzuordnung für eine Blockgröße 16 x 16 [10.5]

Eine weitere Reduktion der mittleren Datenrate kann erreicht werden durch die Festlegung verschiedener Klassen von Bitzuordnungen. Zusätzlich zu den Koeffizienten muß dann noch die Information der jeweils verwendeten Klasse bereitgestellt werden (Bild 10.11).

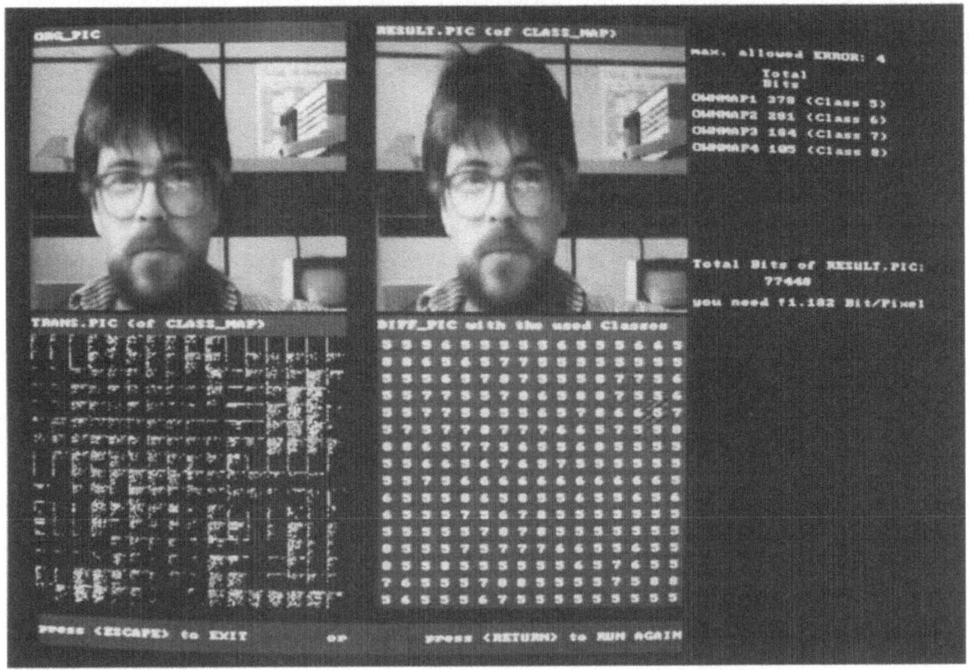

Bild 10.11:	Original	rekonstruiertes Bild
	Koeffizienten der Transformationsblöcke N = 16	Differenzbild mit Angabe der jeweils zur Rücktransformation benutzten Klasse

Übungsaufgabe 10.1

Berechnen Sie Spektralkoeffizienten g_{11} und g_{12} für das auf S161 angegebene Beispiel.

Übungsaufgabe 10.2

Was versteht man unter zonal sampling? Welche Spektralkoeffizienten sind zur Rekonstruktion einer Szene, wie der in Bild 10.11 gezeigten, von besonderer Bedeutung?

10.3 Fraktale Beschreibung

Typischerweise werden zur Beschreibung von Bildern einfache Formen euklidischer Geometrie wie Punkte, Kanten, Linien, Kreise usw. verwendet. Dies ist immer dann auch vorteilhaft, wenn die zu beschreibenden Objekte auf solchen Formen aufgebaut sind. "Technische Objekte" lassen sich auf diese Weise sowohl präzise als auch mit wenigen Daten in der Regel gut charakterisieren.
"Natürliche Objekte" unterscheiden sich dem gegenüber ganz erheblich. Um beispielsweise Wetterbider zu modellieren eignet sich die euklidische Geometrie nur wenig. Hier erweisen sich fraktale Geometrien als besonders günstig [10.9]. Sie sind gekennzeichnet durch ihre etwas ungewöhnliche, nach Hausdorff definierte Dimension. Die Dimension der in Bild 10.12 gezeigten Objekte Strecke, Quadrat und Würfel ist über die Gleichung

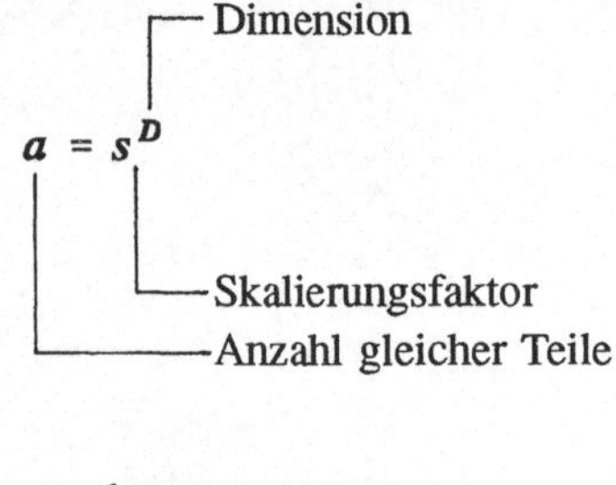

oder

$$D = \frac{\log a}{\log s}$$

gegeben.

In gleicher Weise wie für Elemente oder n-dimensionale Räume der euklidischen Geometrie kann eine Dimension für alle selbstähnlichen Objekte, d.h. Fraktale (Koch-Kurve, Sierpinski-Dreieck,..) berechnet werden.
In einer etwas anderen Form läßt sich die fraktale Dimension eines Objektes dadurch bestimmen, indem über das Fraktal Gitter unterschiedlichen Gitterabstandes (Maschenweite) gelegt werden. Die Anzahl N der Quadrate die das Objekt überdecken, wird logarithmisch über dem Logarithmus des jeweiligen reziproken Gitterabstandes aufgetragen. Die Steigung der die Punkte approximierenden Geraden entspricht der fraktalen Dimension (→ Kapitel 3.7, Hurst-Operator).

	Anzahl gleicher Teile	Skalierung	Dimension
Strecke	3	3	log3 / log 3 = 1
Quadrat	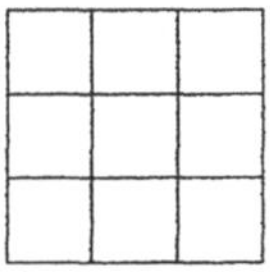 9	3	log 9 / log 3 = 2
Würfel	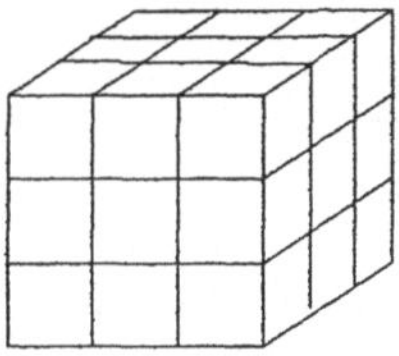 27	3	log 27 / log 3 = 3
Koch-Kurve	 4	3	log 4 / log 3 = 1,26
Sierpinski-Dreieck	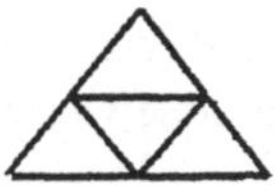 3	2	log 3 / log 2 = 1,86

Bild 10.12: Fraktale Dimension

Produktionssysteme

Rewriting Systems

Der grundsätzliche Ansatz besteht darin, komplexe Objekte dadurch zu beschreiben, indem, ausgehend von einem einfachen initialen Objekt, sukzessiv Teile davon, entsprechend sogenannten rewriting rules oder Produktionen, ersetzt werden.

Dies erfordert eine Datenbasis, Operationen zur Veränderungen der Datenbasis (Produktionen) und ein Kontrollsystem zur Steuerung der Operationen.

Beispielsweise sei der Anfangszustand der Datenbasis ein String AB. Die Produktionen sollen sein A → AB und B → A, d.h. das Zeichen A wird überführt in den String AB und das Zeichen B ersetzt durch A. Mit diesen Regeln und der initialen Datenbasis folgt dann

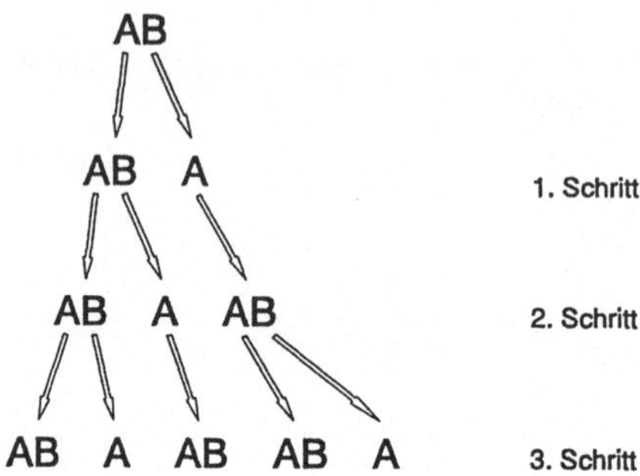

nach dem 3. rewriting Prozeß ein String ABAABABA.

Auf diese Weise lassen sich, basierend auf sehr wenigen Ausgangsdaten, ausgesprochen komplexe natürliche Objekte darstellen. Insbesondere zur Simulation von Pflanzen, bzw. deren Wachstum eignet sich die Methode ausgezeichnet (→ Lindenmayer-Systeme (L-systems) [10.7]).

In diesem Zusammenhang sei auch auf die besondere Bedeutung des Goldenen Schnitts (Fibonacci-Reihe) hingewiesen, welche die Größenverhältnisse vieler natürlicher Objekte prägt [10.10].
Mit sehr ähnlichem Vorgehen, angewandt auf Objekte bzw. Merkmale im Bild, kann ein Erkennungsprozeß realisiert werden [10.6].

Auf einen interessanten Ansatz zur extremen Datenreduktion natürlicher Bilder, den IFS-Code, (Iterated Function System) soll genauer eingegangen werden.

Ziel des IFS-Codes ist es, "Natürliche Objekte", seien es Wolkenbilder, Pflanzen, Küstenlinien und dergleichen, mit einem kompakten Satz von Daten oder genauer - Parametern von verkleinernden Koordinationstransformationen - zu beschreiben [10.8]. Die Grundidee besteht darin, ein zu codierendes Objekt (nehmen wir an, ein Blatt entsprechend Abbildung 10.13) aus einigen Verkleinerungen des Objektes in Form eines Puzzles aufzubauen (collage theorem). Im einfachsten Fall läßt sich für jede dieser Verkleinerungen dieses Objektes, die in ihrer Gesamtheit das Objekt selbst bilden sollen, eine Affine Transformation ansetzen. Mit Hilfe der Paßpunktmethode können die Parameter, des Iterated Function Systems, berechnet werden.

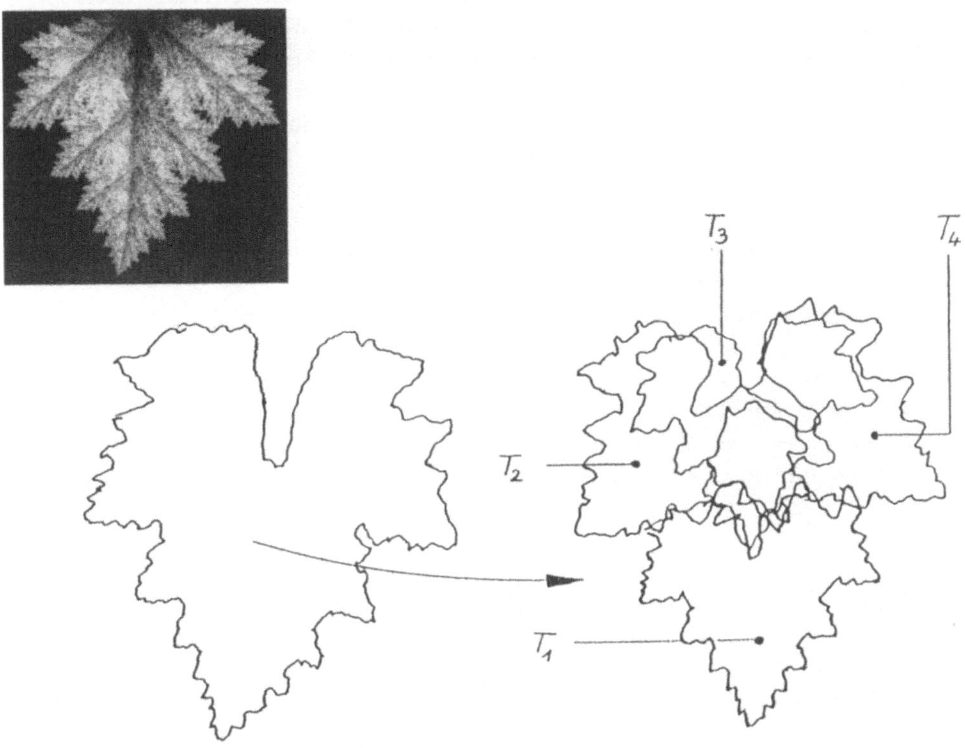

Bild 10.13: Das zu codierende Objekt "Blatt" und die über vier Affine Transformationen aus dem Objekt "Blatt" generierten Puzzlestücke, die zusammengefügt das Objekt "Blatt" aufbauen. (→15.2 Anhang, Farbtafel 11)

Die Koeffizienten (Parameter) der Affinen Transformationen beschreiben das Objekt vollständig. Für komplexere Objekte können beliebig viele Affine Transformationen (oder andere Funktionen, vorzugsweise Polynome) angesetzt werden. Um das Objekt wieder aus den Transformationsparametern zu generieren, wird das sogenannte Zufallsiterationsverfahren eingesetzt. Mit dem Ziel den Bildaufbau mit dieser Methode zu beschleunigen, kann den einzelnen Transformationen T_i (d.h. den einzelnen Puzzlestücken) eine Wahrscheinlichkeit (probability) p_i zugewiesen werden. Diese wird in der Regel so gewählt, daß sie der Fläche A_i, abgedeckt von der Transformation T_i, bezogen auf die Gesamtfläche A des Objektes, enspricht. In N Schleifendurchläufen generiert der Random-Iterations-Algorithmus das Bild. Je größer die Anzahl der Schleifendurchläufe gewählt wird, um so detailierter zeichnet sich das Bild ab. Einen Eindruck davon vermittelt Bild 10.13.

Der Bild 10.13 zugrunde liegende Random-Iterationsalgorithmus hat folgendes Aussehen:

1. Initialisiere das zu gererierende Bild zu 0, d.h. setze alle Werte an den Orten x,y weiß
2. Wähle eine beliebige Koordinate (x,y) und transformiere diese mit einer zufällig gewählten Transformation T_i in einen Punkt (x_1,y_1) der Bildmatrix.
3. Wiederhole den Schritt 2 einige Male (z.B. 30 mal), indem x_1,y_1 in x_2,y_2, dann x_2,y_2 in x_3,y_3 usw. transformiert wird.
   (Da es sich bei den Transformationen T_i um Verkleinerungen des zu generierenden Objektes handelt, wird sich die willkürlich im Schritt 2 gewählte Koordinate x,y, die unter Umständen ja auch außerhalb des Objekts liegen kann, sich jetzt sicher innerhalb des Objektes befinden.
4. Die aktuell transformierte Koordinate wird markiert (z.B. schwarz). Zufällig, gewichtet entsprechend den Wahrscheinlichkeiten p_i der Transformationen, wird eine Transformation T_i gewählt und diese auf die soeben markierte Koordinate angewandt.
5. Wiederhole Schritt 4 N-mal.
   (Natürlich kann der Fall auftreten, daß eine Koordinate mehrfach erreicht wird. Dies läßt sich wie Bild 10.12 zeigt, zur Farbcodierung heranziehen).

Die Synthese des Bildes aus den Transformationsparametern läßt sich, wegen der Einfachheit des Algorithmus, in Hardware abbilden und damit Rekonstruktionsraten erreichen, die Fernsehbildsequenzen entsprechen. Um eine komplexe Szene mit dem IFS-Code zu komprimieren, ist es notwendig, das Bild zu segmentieren. Für jedes Segment werden dann die Parameter der die Bildkomponenten beschreibenden Verkleinerungstransformationen entsprechend dem Collage-Theorem gesucht. Der praktischen Anwendung eher zugänglich als die aktuelle Parameterberechnung ist es, für verschiedenste Bildkomponenten die Parameter vorauszubestimmen und in einer Bibliothek bereitzuhalten.

Übungsaufgabe 10.3

Überprüfen Sie die in Bild 10.12 angegebene Dimension der Koch-Kurve.

Übungsaufgabe 10.4

Skizzieren Sie die sich nach jedem Schritt einer rewriting Prozedur ergebende Figur (quadratische Koch Insel), falls unter A ein Plotbefehl verstanden wird, der den Stift und den Abstand d verfährt, der Befehl B eine Verfahrrichtungsänderung um +90° und der Befehl C um -90° bezeichnet.

Anfangszustand der Datenbasis: ACACACA
Produktionsregel: A → ACABABAACACABA

10.4 Hardware

Wesentlich für den Einsatz eines Bilddatenkompressionsverfahrens ist die Verfügbarkeit entsprechender Bausteine. LSI-Logic stellt einen JPEG-Chipsatz (**J**oint **P**hotographic **E**xperts **G**roup) her, welcher kameratakthaltend Reduktionsraten bis etwa 20:1 bei Studioqualität erlaubt.

Der Baustein L64765 wandelt das RGB-Signal um in ein Helligkeits- und zwei Farbsignale und führt eine 8x8 Blockrasterung durch. Der sich anschließende DCT-Prozessor (**D**iskrete **C**osinus **T**ransformation) L64735 generiert Spektralkoeffizienten basierend auf der Blockgröße 8x8. Der Chip L64745 schließlich quantifiziert und codiert die Koeffizienten (variable-length-code (Huffman), run-length-code, DPCM).

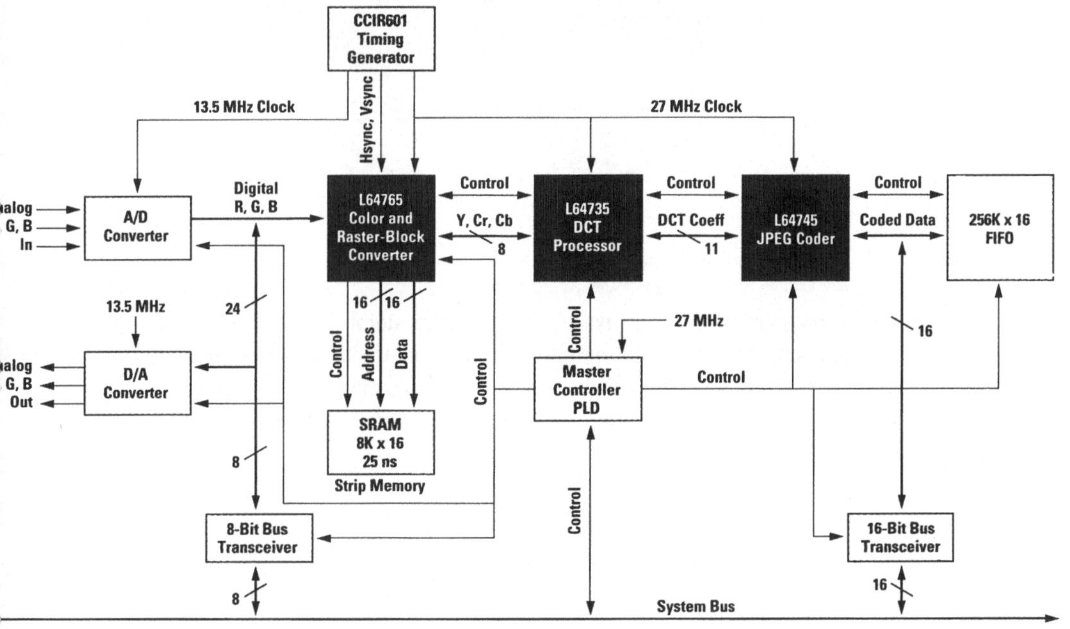

Bild 10.14: Hardware zur Bilddatencodierung/decodierung

11 Koordinatentransformation

Bild 11.1: M.C. Escher, Selbstportrait im Konvexspiegel, 1950

Ziel der Koordinatentransformation ist es, Bildpunkten, deren Lage im Bild durch Ortskoordinaten in einem Koordinatensystem beschrieben wird, neue Ortskoordinaten zuzuweisen. Bild 11.2 verdeutlicht den durch die Koordinatentransformation gegebenen Zusammenhang zwischen einem Bild mit den Ortskoordinaten x,y und dem in den Ortskoordinaten x_{neu}, y_{neu} dargestellten Bild.

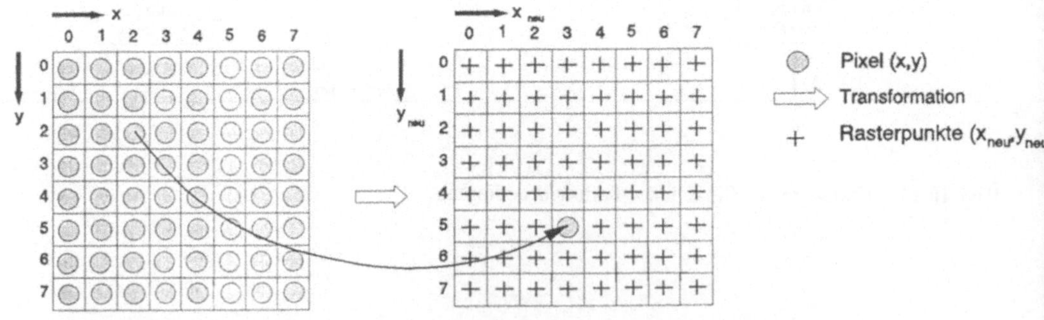

Bild 11.2: Die Pixel des Ausgangsbildes erhalten neue Koordinaten im Zielbild

Auf diese Weise lassen sich Bildinhalte verschieben, vergrößern, drehen oder mit komplexer werdender Transformationsfunktion beliebig verzerren.
Anwendung für Koordinatentransformationen ergeben sich beispielsweise bei:

- Der Ellimination von Bildverzerrungen
  - Herrührend vom Kameraobjektiv oder Projektionsgegebenheiten (Röhrenverzerrungen,...)
  - Bedingt durch die Aufnahmeperspektive
- Der Anpassung von Koordinatensystemen
  - Roboter/Kamerakoordinaten
  - Satelittenbilder/Kartenprojektionen; Zur Aktualisierung von topographischen Karten oder der Erzeugung von Flächennutzungskarten.
- Dem Vergleich von Bildern die auf unterschiedlichen Sensorsystemen basieren.
- Der Computergraphik, man denke nur an die Generierung von Trickfilmen
- Der Datenkompression
- Ortsvarianten Filtern, die eine große Bedeutung zur Bildrestauration haben.

11.1 Indirekte Entzerrung

Werden Bildpunkte vom Ausgangsbild in das Zielbild transformiert, so muß in der Regel davon ausgegangen werden, daß die Transformationsfunktion nur in vereinzelten Ausnahmefällen Koordinatenwerte liefert, die auf Rasterpunkte fallen. Wo soll aber dann der Grau- oder Farbwert des Ausgangsbildes eingetragen werden.

Es bietet sich deshalb an, die Transformation, ausgehend vom Zielbild, vorzunehmen. Natürlich wird auch hierbei selten der Fall auftreten, daß der transformierte Rasterpunkt des Zielbildes mit einem Rasterpunkt des Ausgangsbildes zusammenfällt, es kann aber jetzt der Wert des Pixels im Zielbild aus einer Interpolation benachbarter Pixel im Ausgangsbild gewonnen werden.
Bild 11.3 verdeutlicht die Vorgehensweise.

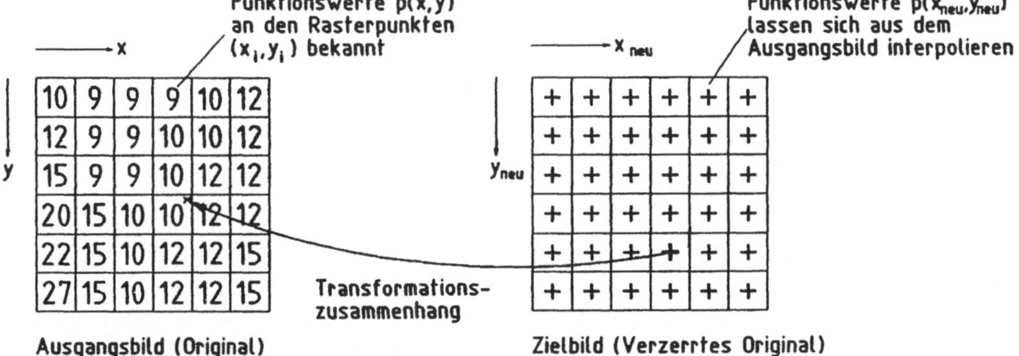

Bild 11.3: Ablauf der indirekten Entzerrungsmethode

Zur Koordinatentransformation werden in aller Regel Polynome verwendet deren Parameter sehr einfach mit der **Paßpunktmethode** gewonnen werden können. Für die **Interpolation** des Pixelwertes (z.B. des Grau- oder Farbwertes), bieten sich Verfahren an, welche die zum transformierten Bildpunkt benachbarten Pixel gewichtet berücksichtigen.

11.1.1 Affine Abbildung

Die affine Abbildung verwendet lineare Polynome zur Ortskoordinatentransformation. Es sind deshalb nur Translation (Verschiebung), Rotation (Drehung) und Skalierung (Maßstabsänderung) möglich. Der Zusammenhang zwischen den Bildkoordinaten x,y und den Koordinaten des transformierten Bildes x_{neu}, y_{neu} ist gegeben zu

$$x(x_{neu}, y_{neu}) = a_0 + a_1\, x_{neu} + a_2\, y_{neu}$$

$$y(x_{neu}, y_{neu}) = b_0 + b_1\, x_{neu} + b_2\, y_{neu}$$

Zur einfachen Anwendung dieser Transformation wird folgende Matrixdarstellung benutzt

Translation a_0: Verschiebung in x-Richtung
b_0: Verschiebung in y-Richtung

$$T = \begin{pmatrix} 1 & 0 & 0 \\ 0 & 1 & 0 \\ a_0 & b_0 & 1 \end{pmatrix}$$

Skalierung s_x: Verkleinerung in x-Richtung
s_y: Verkleinerung in y-Richtung

$$S = \begin{pmatrix} s_x & 0 & 0 \\ 0 & s_y & 0 \\ 0 & 0 & 1 \end{pmatrix}$$

Rotation Drehung um den Winkel α

$$R = \begin{pmatrix} \cos\alpha & \sin\alpha & 0 \\ -\sin\alpha & \cos\alpha & 0 \\ 0 & 0 & 1 \end{pmatrix}$$

Beispiel

Bild 11.4 soll um 90° um den Punkt x=3, y=1 gedreht werden.

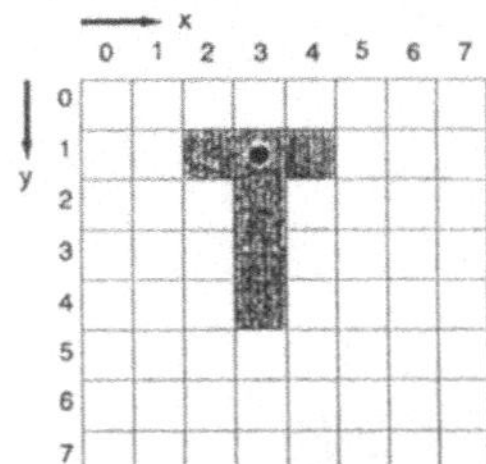

Bild 11.4: Ausgangsbild

1. Translation des Drehpunktes in den Koordinatenursprung

$$T_1 = \begin{pmatrix} 1 & 0 & 0 \\ 0 & 1 & 0 \\ 3 & 1 & 1 \end{pmatrix}$$

$$(x \;\; y \;\; 1) = (x_{neu} \;\; y_{neu} \;\; 1) \begin{pmatrix} 1 & 0 & 0 \\ 0 & 1 & 0 \\ 3 & 1 & 1 \end{pmatrix}$$

$$(x \;\; y \;\; 1) = (x_{neu}+3 \;\; y_{neu}+1 \;\; 1)$$

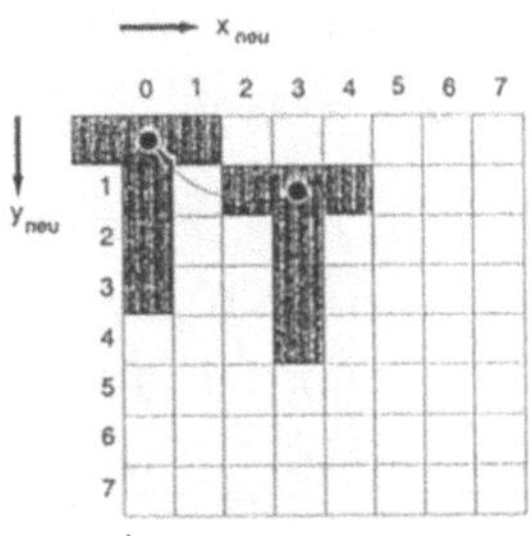

Zielbild nach Translation T_1

2. Rotation um 90°

$$R = \begin{pmatrix} 0 & 1 & 0 \\ -1 & 0 & 0 \\ 0 & 0 & 1 \end{pmatrix}$$

$$(x \;\; y \;\; 1) = (x_{neu} \;\; y_{neu} \;\; 1) \begin{pmatrix} 0 & 1 & 0 \\ -1 & 0 & 0 \\ 0 & 0 & 1 \end{pmatrix}$$

$$(x \;\; y \;\; 1) = (-y_{neu} \;\; x_{neu} \;\; 1)$$

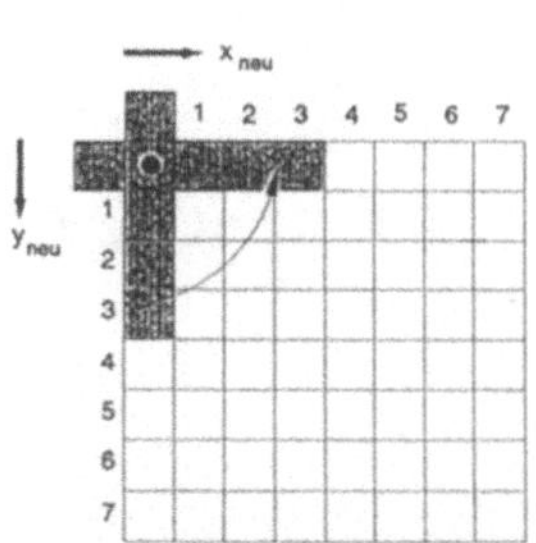

Zielbild nach Rotation R

3. Translation zur ursprünglichen Stelle

$$T_2 = \begin{pmatrix} 1 & 0 & 0 \\ 0 & 1 & 0 \\ -3 & -1 & 1 \end{pmatrix}$$

$$(x \;\; y \;\; 1) = (x_{neu} \;\; y_{neu} \;\; 1) \begin{pmatrix} 1 & 0 & 0 \\ 0 & 1 & 0 \\ -3 & -1 & 1 \end{pmatrix}$$

$$(x \;\; y \;\; 1) = (x_{neu}-3 \;\; y_{neu}-1 \;\; 1)$$

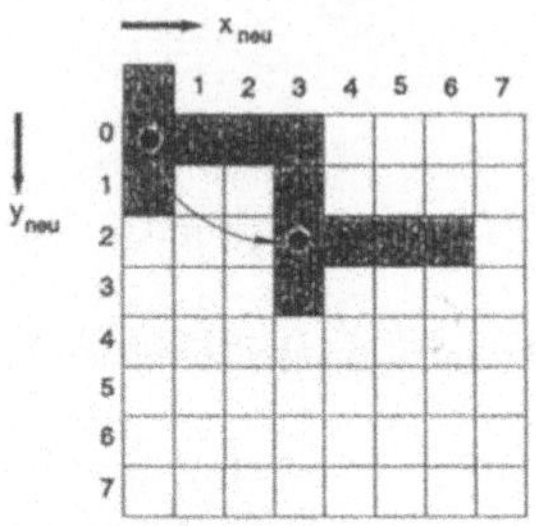

Zielbild nach Translation T_2

Diese Schritte lassen sich mit Hilfe der Produktmatrix zusammenfassen zu

$$P = T_2 \, R \, T_1$$

$$P = \begin{pmatrix} 1 & 0 & 0 \\ 0 & 1 & 0 \\ -3 & -1 & 1 \end{pmatrix} \begin{pmatrix} 0 & 1 & 0 \\ -1 & 0 & 0 \\ 0 & 0 & 1 \end{pmatrix} \begin{pmatrix} 1 & 0 & 0 \\ 0 & 1 & 0 \\ 3 & 1 & 1 \end{pmatrix}$$

$$P = \begin{pmatrix} 0 & 1 & 0 \\ -1 & 0 & 0 \\ 4 & -2 & 1 \end{pmatrix}$$

$$(x \;\; y \;\; 1) = (x_{neu} \;\; y_{neu} \;\; 1) \begin{pmatrix} 0 & 1 & 0 \\ -1 & 0 & 0 \\ 4 & -2 & 1 \end{pmatrix}$$

$$(x \;\; y \;\; 1) = (-y_{neu}+4 \;\; x_{neu}-2 \;\; 1)$$

An diesem Beispiel werden 2 Problemfälle (Bild 11.5) sichtbar, die bei der Programmierung Beachtung finden müssen:

- Das transformierte Bild füllt die definierte Bildmatrix nicht aus
  Abhilfe: "Hintergrund" festlegen.
- Das transformierte Bild, bzw. Teile davon, liegen außerhalb der vordefinierten Bildmatrix
  Abhilfe: Abfrage im Programm

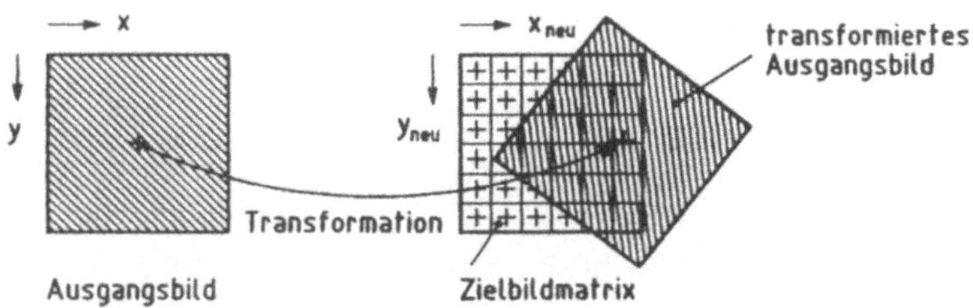

Bild 11.5: Lage der transformierten Koordinaten des Ausgangsbildes über der Zielmatrix

11.1.2 Interpolation

Die Koordinatentransformation liefert Koordinatenwerte, die zwischen Rasterpunkte fallen, an denen der Wert der Bildfunktion bekannt ist.
Ziel der Interpolation ist es, aus den bekannten Funktionswerten des Ausgangsbildes (und gegebenenfalls zusätzlichem Wissen über den Bildinhalt), dessen Wert an den Stellen zu berechnen, die über die Koordinatentransformation mit Rasterpunkten des Zielbildes korrespondieren (vergl. Bild 11.2).

Lagrangesche Interpolation
Eine der einfachsten Interpolationsmethoden ist die Lagrangsche Interpolation, wie sie in Bild 11.6 für das kartesische Koordinatensystem gezeigt ist.

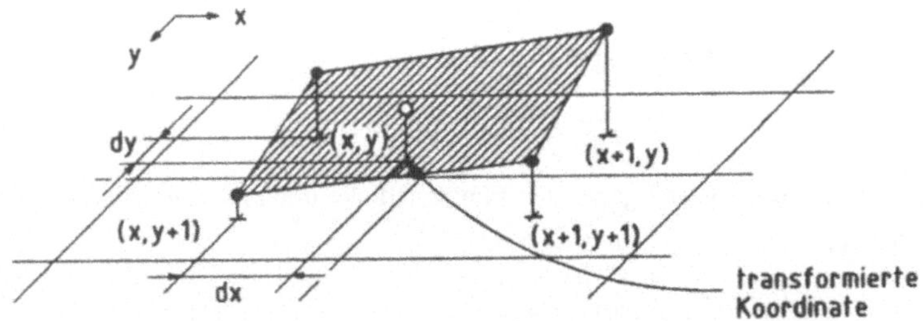

Bild 11.6: Lagrangesche Interpolation im kartesischen Koordinatensystem

$$p(x_{neu},y_{neu}) = p(x,y)a + p(x+1,y)b + p(x+1,y+1)c + p(x,y+1)d$$

Wert (Grau-,Farbwert) des Pixels im Zielbild am Ort x_{neu}, y_{neu}

$$a = (1-dx)\ (1-dy)$$

$$b = dx\ (1-dy)$$

$$c = dx\ dy$$

$$d = (1-dx)\ dy$$

Die hier mit dem Abstand zu den Funktionswerten des Ausgangsbildes gewichtete Mittelung führt zu einem (nicht immer gewünschten) Tiefpaßverhalten, d.h. kontrastreiche Bildinhalte bleiben nicht erhalten.

Spline-Interpolation

Wesentlich leistungsfähiger sind Splinefunktion, denen besondere Bedeutung auch in der Computergraphik, zur Approximation von Freiformflächen (B-Splines) zukommt. Grundidee ist, über die Abtastwerte (Stützstellen) des Bildes eine glatte, gewölbte Fläche zu legen um dann die gewünschten Zwischenwerte berechnen zu können. Im Gegensatz zu der oben gezeigten Lagrangeschen Interpolation, wo über vier benachbarte Bildpunkte eine Ebene gespannt wird, sind hier auch weiter entfernte Pixel von Bedeutung.

Kubische Spline-Interpolation

Gesucht ist eine glatte, gewölbte Fläche, d.h. eine Funktion, die sich über die Pixel des Ausgangsbildes spannt und eine zweimal stetig differenzierbare Ableitung besitzt, also einen kontinuierlichen Verlauf hat, wobei Sprünge erst in der 3. Ableitung auftreten können.

Der Ansatz, von dem die kubische Spline-Interpolation Gebrauch macht, besteht darin, die Funktion über das ganze Bild aufzuteilen in kleine Flächen mit den Eckpunkten (kartisische Koordinaten vorausgesetzt) (x_i,y_j), (x_{i+1},y_j), (x_i,y_{j+1}) und (x_{i+1},y_{j+1}). Für diese Flächen wird jeweils ein bikubisches Polynom

$$p_{i,j}(x,y) = \sum_{k,l=1}^{4} a_{ijkl}(x-x_i)^{k-1}\ (y-y_j)^{l-1}$$

angesetzt. Die einzelnen in Bild 10.7 gezeigten Flächenstücke unterscheiden sich also ledigliche in ihren Paramtern a_{ijkl}.

Die Forderung nach einer zweimal stetig differenzierbaren Ableitung muß auch für den Übergang eines Flächenstückes zu benachbarten Flächenstücken gelten und führt zu einem linearen Gleichungssystem, aus dem die Polynomkoeffizienten a_{ijkl} für jede Elementarfläche berechnet werden können und damit auch die gewünschten Zwischenwerte.
Es gibt zahlreiche laufzeitoptimierte Programme zur Interpolation mit Hilfe von Spline-Funktion. Eine sehr übersichtliche Einführung in Splines gibt [11.1].

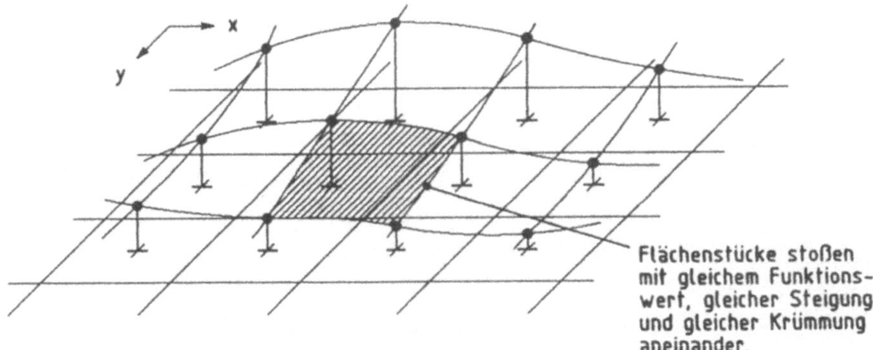

Bild 11.7: Kubisches Spline zur Interpolation von Zwischenwerten

11.2 Polynome höhere Ordnung

Sind die Koordinaten des Ausgangsbildes und des gewünschten Zielbildes nicht mehr linear voneinander abhängig, wie z.B. bei fotogrammetrischen Problemstellungen, werden in der Regel Polynome höherer Ordnung verwendet.
Um die Vorgehensweise zu verdeutlichen, soll ein Ansatz betrachtet werden, der die in 9 Bildpunkten auftretenden Verzerrungen vollständig kompensiert und darüber hinaus den Vorteil annähernd orthogonaler, d.h. voneinander unabhängiger Parameter hat.

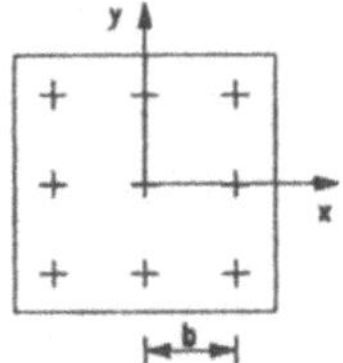

Bild 11.8: Verzerrungen sollen in den dargestellten 9 Bildpunkten vollständig kompensiert werden

Die aus Bild 11.9 ersichtliche Beschreibung des Verschiebungsvektors zeigt 18 Unbekannte, von denen a_1 bis a_6 Translations-, Skalierungs- und Rotationsparameter sind. Der Effekt der weiteren Parameter ist jeweils graphisch dargestellt [11.2].

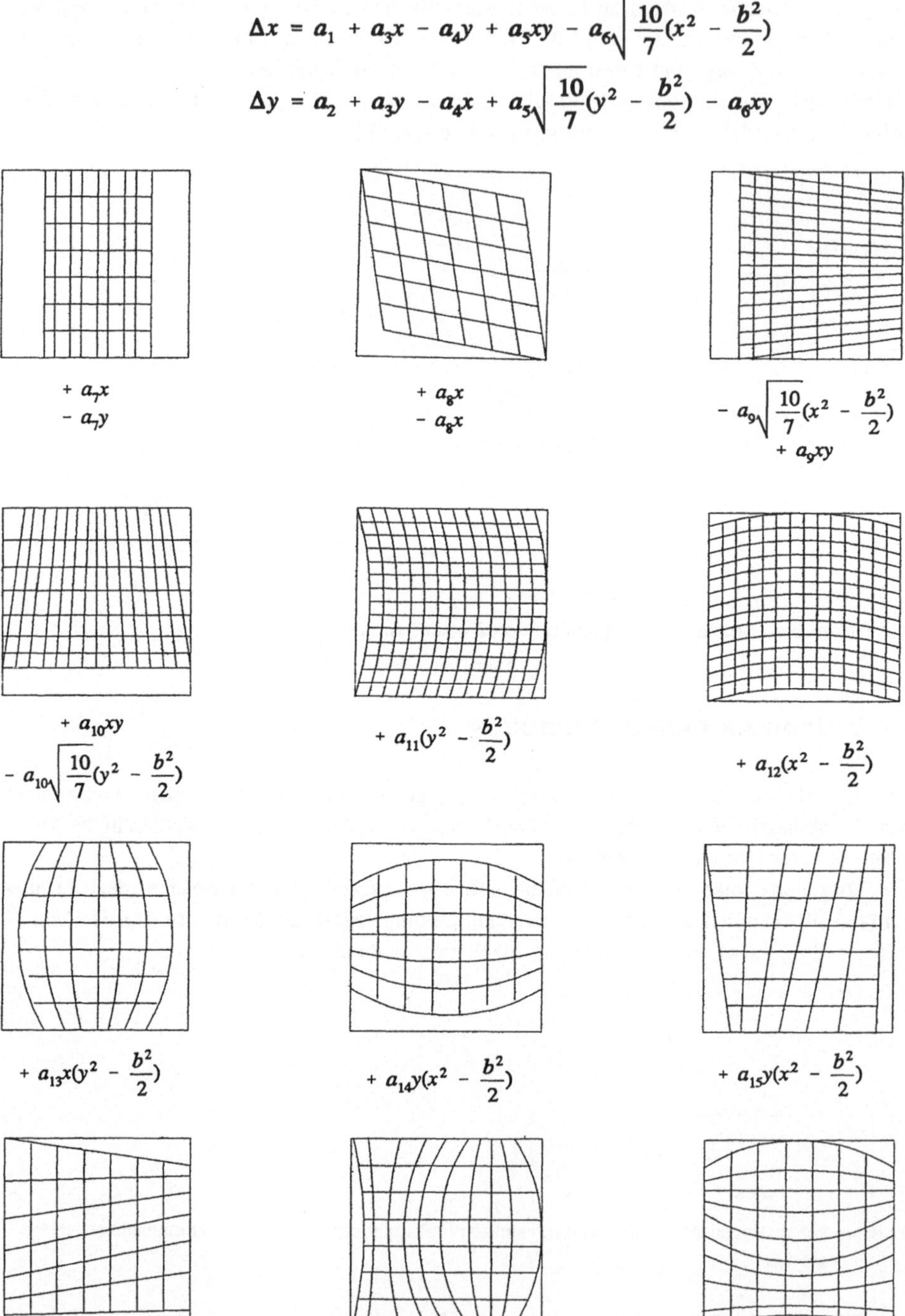

Bild 11.9: Parameter und deren Auswirkungen hinsichtlich der Bilddeformation

11.3 Paßpunktmethode

Die Paßpunktmethode bietet eine Möglichkeit, direkt aus dem zu transformierenden Bild die Parameter des Transformationspolynoms zu bestimmen. Es setzt nicht die Kenntnis des funktionalen Zusammenhangs zwischen Ausgangsbild und Zielbild voraus, wohl aber einen groben Überblick hinsichtlich des für die Koordinatentransformation notwendigen Grades des Transformationspolynoms.
In vielen Fällen ist es möglich, die Polynomkoeffizienten automatisch zu bestimmen und zwar immer dann, wenn die Koordinaten einander entsprechender Pixel im Ausgangs- und Zielbild für eine hinreichend große Anzahl korrespondierender Bildpunkte bekannt sind.
Soll beispielsweise ein Roboter von einer über dessen Arbeitsbereich montierten Kamera sichtgesteuert werden, ist es notwendig, die Kamerakoordinaten in Roboterkoordinaten umzurechnen. Korrespondierende Bildpunkte und damit die Koeffizienten des Transformationspolynoms können nun dadurch gewonnen werden, indem der Roboter eine einfach, vom Bildverarbeitungssystem zu vermessende Marke an der Stelle $x_{Roboter}$, $y_{Roboter}$ ablegt. Das Bildverarbeitungssystem sucht die Marke und bestimmt die Koordinaten x_{Kamera}, y_{Kamera}. Damit ist ein korrespondierender Bildpunkt gefunden. Die Anzahl der Unbekannten des Transformationspolynoms gibt vor, wie viele korrespondierende Bildpunkte mindestens bekannt sein müssen. Der Einfachheit halber soll das Vorgehen für die Affine Transformation am Beispiel Bild 11.10 erläutert werden.

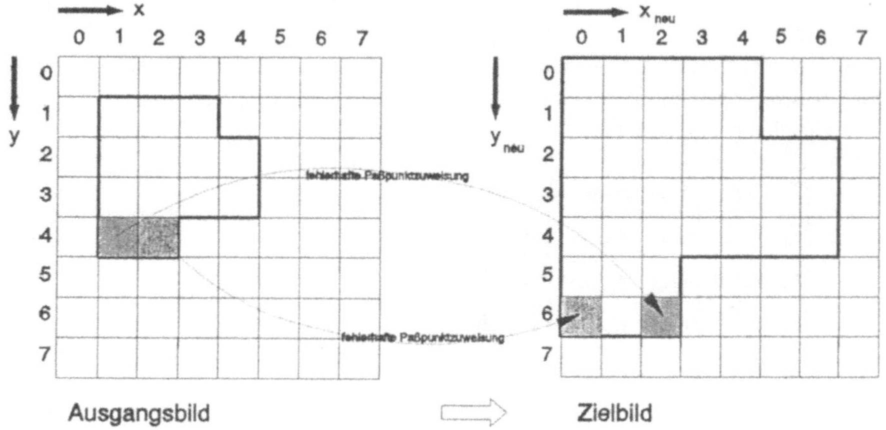

Paßpunktzuweisungen

$[x,y]$	→	$[x_{neu},y_{neu}]$	
[1,1]	→	[0,0]	
[3,1]	→	[4,0]	
[1,4]	→	[2,6]	FEHLER !
[2,4]	→	[0,6]	FEHLER !
[4,3]	→	[6,4]	

Bild 11.10: Beispiel mit Paßpunktzuweisungen

Mit der Affinen Transformation

$$x(x_{neu},y_{neu}) = a_0 + a_1\, x_{neu} + a_2\, y_{neu}$$

$$y(x_{neu},y_{neu}) = b_0 + b_1\, x_{neu} + b_2\, y_{neu}$$

erfordert die Bestimmung der 6 unbekannten Parameter 3 Paßpunkte.

$$x_1 \rightarrow x_{1neu},\quad x_2 \rightarrow x_{2neu},\quad x_3 \rightarrow x_{3neu}$$

$$y_1 \rightarrow y_{1neu},\quad y_2 \rightarrow y_{2neu},\quad y_3 \rightarrow y_{3neu}$$

Werden die 3 Koordinatenpaare in die Transformationsgleichung eingesetzt, so führt dies zu 6 Gleichungen, mit den daraus bestimmbaren 6 unbekannten Parametern a_0, a_1, a_2, b_0, b_1 und b_2. Es ist offensichtlich, daß eine ungenaue Vermessung der Paßpunkte zu ungenauen Paramtern der Transformationsgleichung führt. Ein gängiges Verfahren, genaue Parameter trotz ungenauer Paßpunktzuordnung zu gewinnen, besteht darin, deutlich mehr Paßpunkte festzulegen und dadurch das Gleichungssystem überzubestimmen. Nach der Methode von Gauß (Summe der Fehlerquadrate soll minimal werden), läßt sich dann die Abweichung der, durch die Transformation gewonnenen Koordinatenwerte von den Koordinaten entsprechender Paßpunkte minimieren.

Beispiel

Aus den überbestimmten Gleichungssystem, das sich mit den in Bild 11.10 gegebenen Paßpunktzuweisungen ergibt, sollen die Parameter einer Affinen Transformation bestimmt werden. Das Gleichungssystem lautet:

$$\begin{pmatrix} x_1 & y_1 \\ x_2 & y_2 \\ x_3 & y_3 \\ x_4 & y_4 \\ x_5 & y_5 \end{pmatrix} = \begin{pmatrix} x_{1neu} & y_{1neu} & 1 \\ x_{2neu} & y_{2neu} & 1 \\ x_{3neu} & y_{3neu} & 1 \\ x_{4neu} & y_{4neu} & 1 \\ x_{5neu} & y_{5neu} & 1 \end{pmatrix} \begin{pmatrix} a_1 & b_1 \\ a_2 & b_2 \\ a_0 & b_0 \end{pmatrix}$$

$$\begin{pmatrix} 1 & 1 \\ 3 & 1 \\ 1 & 4 \\ 2 & 4 \\ 4 & 3 \end{pmatrix} = \begin{pmatrix} 0 & 0 & 1 \\ 4 & 0 & 1 \\ 2 & 6 & 1 \\ 0 & 6 & 1 \\ 6 & 4 & 1 \end{pmatrix} \begin{pmatrix} a_1 & b_1 \\ a_2 & b_2 \\ a_0 & b_0 \end{pmatrix}$$

Mit Hilfe der Transponierten Matrix wird ein Normalsystem erzeugt

Linke Gleichungsseite

$$\begin{pmatrix} 0 & 4 & 2 & 0 & 6 \\ 0 & 0 & 6 & 6 & 4 \\ 1 & 1 & 1 & 1 & 1 \end{pmatrix} \begin{pmatrix} 1 & 1 \\ 3 & 1 \\ 1 & 4 \\ 2 & 4 \\ 4 & 3 \end{pmatrix} = \begin{pmatrix} 38 & 30 \\ 34 & 60 \\ 11 & 13 \end{pmatrix}$$

Rechte Gleichungsseite

$$\begin{pmatrix} 0 & 4 & 2 & 0 & 6 \\ 0 & 0 & 6 & 6 & 4 \\ 1 & 1 & 1 & 1 & 1 \end{pmatrix} \begin{pmatrix} 0 & 0 & 1 \\ 4 & 0 & 1 \\ 2 & 6 & 1 \\ 0 & 6 & 1 \\ 6 & 4 & 1 \end{pmatrix} = \begin{pmatrix} 56 & 36 & 12 \\ 36 & 88 & 16 \\ 12 & 16 & 5 \end{pmatrix}$$

und aus dem sich ergebenden Gleichungssystem, z.B. nach dem Gauß-Jordan-Verfahren, die Koeffizienten berechnet.
Das Ergebnis zeigt, daß trotz der beiden grob fehlerhaften Paßpunktzuweisungen die gewünschen Transformationskoeffizienten

$$\begin{pmatrix} a_0 & b_0 \\ a_1 & b_1 \\ a_2 & b_2 \end{pmatrix} = \begin{pmatrix} 1 & 1 \\ 0{,}5 & 0 \\ 0 & 0{,}5 \end{pmatrix}$$

auch für den kritischen Parameter a_1 näherungsweise erreicht werden.

$$\begin{pmatrix} a_0 & b_0 \\ a_1 & b_1 \\ a_2 & b_2 \end{pmatrix} = \begin{pmatrix} 1 & 1 \\ 0{,}46 & 0 \\ 0 & 0{,}5 \end{pmatrix}$$

Das Beispiel macht auch deutlich, daß sich nicht jeder Punkt des Objekts als Paßpunkt eignet. Es kommen offensichtlich nur solche Bildausschnitte in Betracht, die eindeutig identifizierbar und zuordenbar sind. Im einfachsten Fall (wie im Beispiel) isolierte Punkte oder Ecken. Oft sind solche einfachen Objekte nicht einfach zuordenbar. In diesen Fällen müssen dann komplexe Objekte im Ausgangs- und Zielbild isoliert und einander zugeordnet werden (→ Kapitel 9, Bewegungsdetektion).

Eine weitere Verbesserung der Tansformation bzw. eine Beurteilung deren Qualität läßt sich erreichen, indem die sogenannten **Restfehlervektoren** gebildet werden, die sich als Differenz von tatsächlicher Lage eines Paßpunktes und der über die Transformationsbeziehung bestimmten Lage ergeben. Im Bild 11.11 sind solche Restfehlervektoren (stark vergrößert) eingezeichnet.

Kleine Beträge und eine Gleichverteilung der Orientierungen der Restfehlervektoren weisen auf eine gute Parameterisierung und einen ausreichenden Grad des Transformationspolynoms hin. Grob fehlerhaft bestimmte Paßpunkte, und dies läßt sich meist weder bei einer manuellen noch automatischen Zuweisung sicher verhindern, welche natürlich ungünstig in die Parameterisierung eingehen, können leicht erkannt, eliminiert und somit in einem Interationsschritt bessere Parameter berechnet werden.

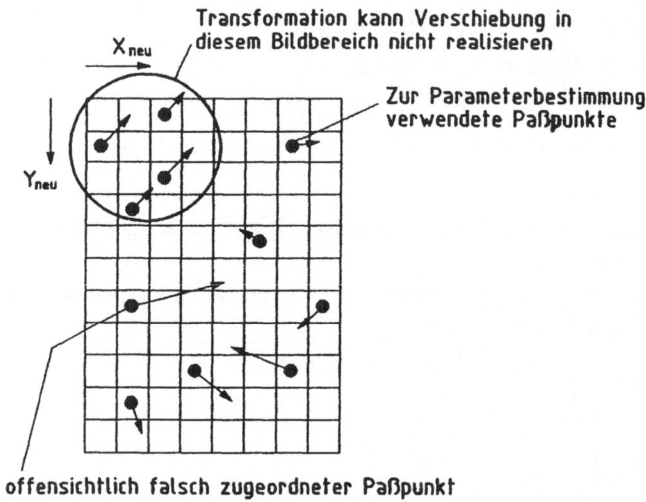

Bild 11.11: Restfehlervektoren

Übungsaufgabe 11.1

Um Bilder in kurzer Zeit über stark bandbegrenzte Funkkanäle zu übertragen, muß die Bildinformation drastisch reduziert werden (→ Kapital 10, Bildcodierung). Handelt es sich wie beim SSTV (Slow Scan Television) um Szenen, die typischerweise das Gesicht eines Sprechers zeigen, so liegt die relevante Information im Augen- und Mundbereich der gegenüber den restlichen Bildinformationen fein gerastet erfaßt werden soll, während für den Hintergrund eine sehr grobe Rasterung ausreicht.

- Welches Objektiv würden Sie für eine derartige Problemstellung einsetzen ?
- Skizzieren Sie die Vorgehensweise, um aus den übertragenen Daten ein Bild auf dem Monitor zu erzeugen.

12 Hardwareaspekte

von Walter Rimkus

Die Wahl der Vorgehensweise einen Bildverarbeitungsprozeß zu gestalten hängt nicht nur von der Szene, der Beleuchtung und der Optik ab, sondern auch davon weche Algorithmen von der zur Verfügung stehenden Hardware unterstützt werden.
Günstig ist es ein für den industriellen Einsatz auszulegendes System modular aufzubauen. Zum einen hinsichtlich des Rechnerbussystems (PC-Bus, VME-Bus, ...) aber auch hinsichtlich einer schnellen Bilddatentransfermöglichkeit (Bildbus). Dies erlaubt es prozeßspezifische Hardware in immer gleicher Weise mit Bilddaten und Verarbeitungsparametern zu versorgen.
Je nach den vorgegebenen Randbedingungen kann die anwendungsspezifische Hardware in unterschiedlichster Weise realisiert werden. Die Palette reicht von Prozessorarrays (z.B. Transputern) die frei programmierbar sind über Rechenwerke die nur noch parametrisiert werden können, ausgelegt für bestimmte Algorithmen, hin zu fest verdrahteter aber programmierbarer Hardware.

12.1 Anwendungsspezifische Hardware und deren Eigenschaften

Bei der Realisierung einer geeigneten Hardware zur Bearbeitung der Bilddaten werden neben Standardkomponenten meist auch anwendungsspezifische Bausteine erforderlich sein.
Hauptmotive für den Einsatz anwendungsspezifischer Logikbausteine sind die Forderung nach höherer Verarbeitungsgeschwindigkeit und weiterer Miniaturisierung.
Die IC-Hersteller offerieren eine Vielfalt unterschiedlichster Technologien zur Realisierung von anwendungsspezifischen integrierten Schaltungen (**A**pplication **S**pecific **I**ntegrated **C**ircuit), kurz ASIC.

Zwei Hauptkategorien beherrschen den ASIC-Sektor
Die heute verfügbaren hochintegrierten Bauelemente können grundsätzlich in zwei Klassen eingeteilt werden. Dies sind zum einen anwenderprogrammierbare, zum anderen maskenprogrammierbare Logikbausteine. Zwar gleichen sich die Entwicklung und mögliche Anwendungsfälle. Hinsichtlich Vorteilen und Beschränkungen bei speziellen Anwendungen sind die Unterschiede jedoch beträchtlich.

Anwendungsprogrammierbare Logikbausteine
Diese Bausteine werden allgemein als PLD (**P**rogrammable **L**ogic **D**evice) bezeichnet.
Die Vielfalt auf diesem Gebiet steigt stetig an. Trotzdem ist eine Strukturierung in zwei große Gruppen möglich: Die PLA-Bausteine (**P**rogrammable **L**ogic **A**rray) und die PGAs (**P**rogrammable **G**ate-**A**rrays), die in ihrer Struktur mit den weiter unten beschriebenen Gate-Arrays Ähnlichkeiten aufweisen.

PLA-Architektur
Diese Gruppe von Logikbausteinen verfügt sowohl über programmierbare UND- als auch ODER-Arrays (Bild 12.1).

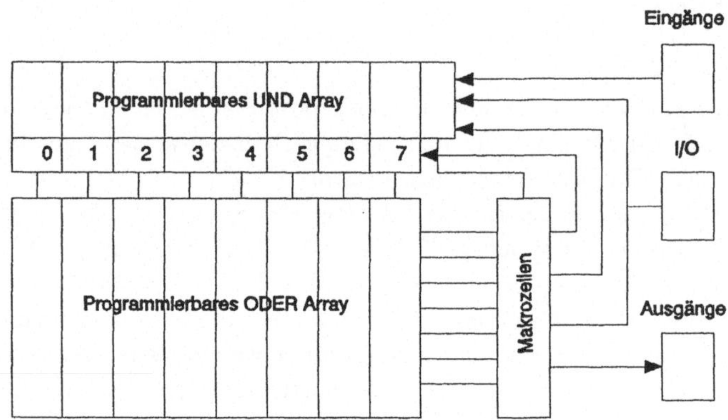

Bild 12.1: PLA mit UND- sowie ODER-Arrays

Die in Bild 12.1 angegebenen Makrozellen beinhalten Registerfunktionen. Aufgrund ihrer Architektur bieten PLA-Bausteine Vorteile bei der Implementierung von State Machines und Steuerfunktionen.

PGA-Architektur
Eine größere Flexibilität bietet die kanalorientierte Architektur der programmierbaren Gate-Arrays (Bild 12.2).

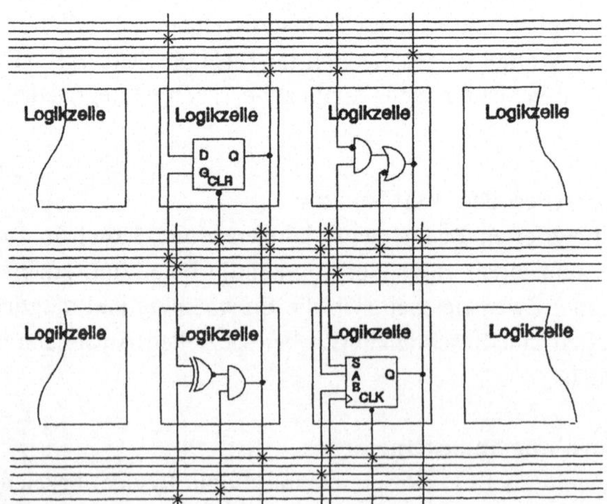

Bild 12.2: PGA mit kanalorientierter Architektur

Die Vielzahl der horizontalen und vertikalen Kanäle zwischen den Logikzellen ermöglichen eine flexible Architektur.

PLD-Programmierung
Die Methode, nach der die PLDs physikalisch programmiert werden, beeinflußt wichtige Anwendungseigenschaften. Es können hierbei vier Hauptklassen unterschieden werden:

1. Elektrisch programmierbare, nichtflüchtige und durch UV-Licht löschbare Bausteine.
   Die Programmierung erfolgt in einem speziellen Programmiergerät. Die Programmierung bleibt auch ohne Betriebsspannung erhalten. Das Bausteingehäuse besitzt ein Quarzglasfenster für den Löschvorgang. Dies erfordert ein Keramikgehäuse mit höherem Preis.
2. Elektrisch programmierbare und löschbare nichtflüchtige Bausteine.
   Programmieren und löschen kann im Anwendersystem erfolgen. Dies ermöglicht eine rasche Änderung der programmierten Funktion. Die Anzahl der Lösch-/Schreibzyklen ist technologiebedingt auf etwa hundert Zyklen beschränkt.
3. Elektrisch programmierbare, flüchtige Bausteine.
   Die Programmierung muß im Anwendersystem erfolgen. Nach einem Stromausfall muß im Rahmen einer Initialisierung die Programminformation neu in den Baustein geschrieben werden.
4. Elektrisch programmierbare, nicht flüchtige und nicht löschbare Bausteine.
   Diese Bausteine beruhen auf einer sogenannten "Anti-Fuse-Technologie". Hierbei werden während des Programmiervorganges an den gewünschten internen Schaltknoten Verbindungspunkte geschaffen.

Die beiden ersten Verfahren kommen mit den PLA-Bausteinen, die Verfahren drei und vier bei den PGA-Bausteinen zum Einsatz.

Maskenprogrammierbare Logikbausteine
Bei den anwerderprogrammierbaren Logikbausteinen muß vom IC-Hersteller die chipinterne Verbindungsmatrix bereits ausgeführt werden. Die Programmierung dieser Matrix stellt nur noch geeignete Verbindungspunkte her. Damit eine hinreichend flexible Architektur zur Verfügung gestellt werden kann, muß ein beträchtlicher Überhang an Verbindungsleitungen auf dem Chip vorgesehen werden.
Bei den maskenprogrammierbaren Logikbausteinen (Bild 12.3) hingegen sind keinerlei Verbindungen vorgegeben. Während der Maskierung werden nur die anwendungsspezifischen Verbindungen hergestellt. Die Chipfläche ist hierbei mit einer gleichmäßigen Matrix von Basiszellen gefüllt. Eine Basiszelle besteht üblicherweise aus vier Transistoren. Für die Implementierung eines NAND-Gatters wird eine Zelle, für ein D-Flip-Flop werden z.B. sechs Zellen benötigt.
Die Kommunikation mit den externen Bausteinen übernehmen Eingangs- und Ausgangszellen höherer Treiberfähigkeit, welche an den vier Chipkanten angeordnet sind. Mittels metallischer Leiterbahnen, die in bis zu vier Lagen angeordnet sind, werden die Verbindungen der einzelnen Logikelemente sowie die Bestimmung der Funktion (Gatter, Register usw.) der Logikelemente bestimmt.
Mit diesem Konzept wird die höchste Flexibilität hinsichtlich Architektur sowie die effektivste Chipausnutzung erzielt.

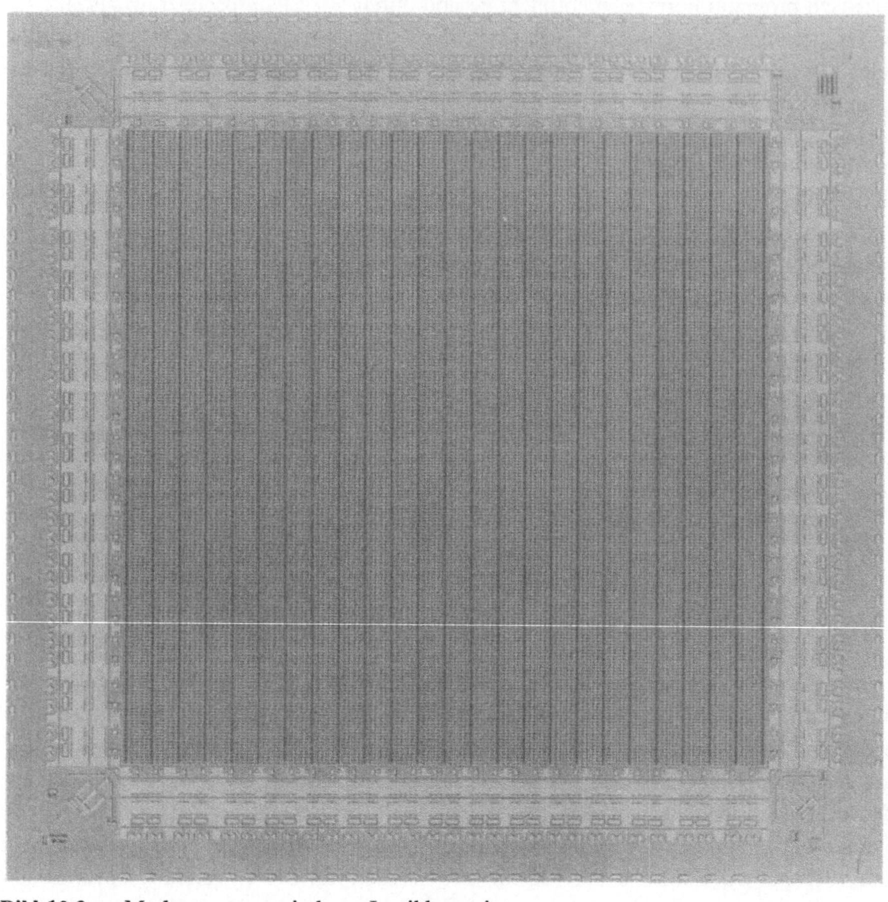

Bild 12.3: Maskenprogrammierbarer Logikbaustein
(→15.2 Anhang, Farbtafel 12)

Vor- und Nachteile anwendungsspezifischer Bausteine

Aufgrund der unterschiedlichen Konzepte können bei den maskenprogrammierbaren Bausteinen etwa zehnfach höhere realisierbare Schaltungskomplexitäten erzielt werden. Damit ergeben sich natürlich auch unmittelbare Auswirkungen auf den Stückpreis, welcher bei PLDs etwa fünf- bis zehnfach höher angesiedelt ist. Der Preisvorteil der maskenprogrammierbaren Bausteine wird mit einem einmalig fälligen Aufwand hinsichtlich Entwicklungszeit und Kosten erkauft. Die nur einmal programmierbaren Logikbausteine können vom Halbleiterhersteller nicht vollständig getestet werden. Daher sind bei diesen Bausteinen Einschränkungen bei der Qualität einzuplanen.

Bild 12.4 zeigt einen Vergleich der wichtigsten Eigenschaften anwendungsspezifischer Logikbausteine.

Kriterium	Anwendungsprogrammiert	Maskenprogrammiert
Schaltungsdichte	gering	sehr hoch
Verarbeitungsgeschwindigkeit	hoch	sehr hoch
Verlustleistung	gering	sehr gering
Qualität	hoch	sehr hoch
Entwicklungszeit	sehr kurz	lang
Entwicklungskosten	sehr gering	sehr hoch
Stückpreis	sehr hoch	sehr gering

Bild 12.4: Eigenschaften anwendungsspezifischer Logikbausteine

12.2 Vorgehensweise zur Entwicklung von Hardware

Die Komplexität und Architektur der anwendungsspezifischen Logikbausteine stellt Anforderungen hinsichtlich Entwurfsmethodik und den damit verbundenen Entwicklungswerkzeugen, die durch herkömmliche Breadboard gestützte Entwicklung nicht gedeckt werden können.

Strukturierte Entwurfsmethodik

Es ist daher eine strukturierte, durch geeignete Designwerkzeuge unterstützte Methodik erforderlich. Grundsätzlich basieren alle strukturierten Design-Methoden auf der in Bild 12.5 gezeigten Vorgehensweise.

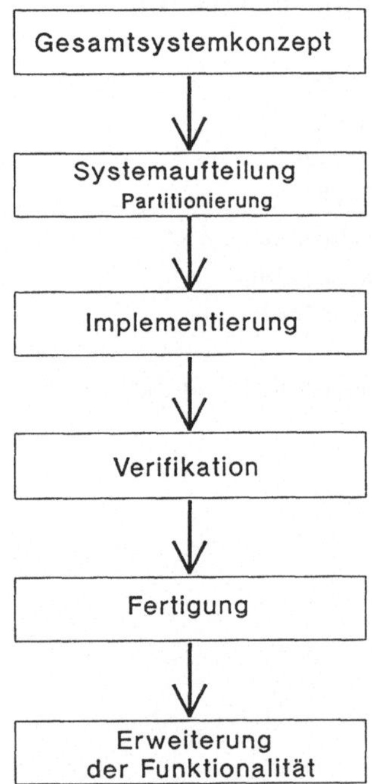

Bild 12.5: Systementwurf

Jede Entwicklung fußt auf einer Gesamtsystem-Konzeption. In diese Konzeption fließen neben Marktvorgaben eigene Ideen mit ein. In der daran anschließenden Systemaufteilung wird das System in Hardware- und Software-Komponenten (neben Mechanik, Optik, ...) aufgeteilt. Die Partitionierung erfolgt unter dem Einfluß technischer und wirtschaftlicher Kriterien. Dies bedeutet, nicht die bestmögliche Lösung wird angestrebt, sondern die wirtschaftlichste Möglichkeit zur Umsetzung des Systemkonzepts gesucht. Für diese Entwurfsschritte haben sich bisher noch keine geläufigen Werkzeuge etabliert.

Die folgenden Schritte, Implementierung und Verifikation, umfassen das Design im engeren Sinn. Hierfür stehen seit einigen Jahren leistungsfähige Werkzeuge zur Verfügung (CAE: Computer Aided Engineering). Zum wirtschaftlichen Erfolg führen schließlich Fertigung und Vermarktung. Veränderungen der kommerziellen und technischen Rahmenbedingungen führen später zum Redesign, meist mit Erweiterungen der Funktionalität. Hiermit ist der Start eines neuen Designzyklus erreicht.

Bottum-Up: Der traditionelle Schaltungsentwurf

Die in Bild 12.5 gezeigten Schritte, Implementierung und Verifikation, bezeichen das eigentliche Schaltungsdesign. Mittels graphischer Eingabeprogramme wird der gesamte Schaltplan auf niedriger Abstraktionsebene erfaßt (Bild 12.6). Dieser Entwurf basiert auf einer herstellerspezifischen Zellbibliothek. Diese Bibliothek umfaßt eine Anzahl von einfachen logischen Elementen, wie Gatter, Flipflops, Multiplexer, Addierer und Registern. Manche Hersteller bieten auch komplexe Logikmodule wie Multiplizierer, UARTs oder auch Prozessorkerne an. Neben der Beschreibung der Funktionalität sollten die Bibliothekselemente auch in ihrem Timingverhalten charakterisiert sein. Die Simulation liefert damit Aussagen zum Schaltungsverhalten unter Echtzeitbedingungen und hiermit wichtige Erkenntnisse zur Verifikation des Systems.

Diese Vorgehensweise birgt jedoch eine gravierende Schwachstelle in sich. Der Entwurf der einzelnen Systemkomponenten, anwendungsspezifische Logikbausteine, Standardbausteine und Softwarekomponenten, wird völlig voneinander getrennt ausgeführt. Daher kann die Frage, ob die entwickelten Logikbausteine zusammen mit den übrigen Systemkomponenten auch tatsächlich so funktionieren wie gewünscht, erst nach der Anfertigung eines Prototyps beantwortet werden. Sind dann Fehler festzustellen, ist deren Beseitigung mit beträchtlichem Zeit- und Kostenaufwand verbunden. Die Verifikation des Gesamtsystems erfolgt erst nach Fertigstellung der Teilkomponenten, daher die Bezeichnung "Bottom-up" für diese Entwurfsmethodik.

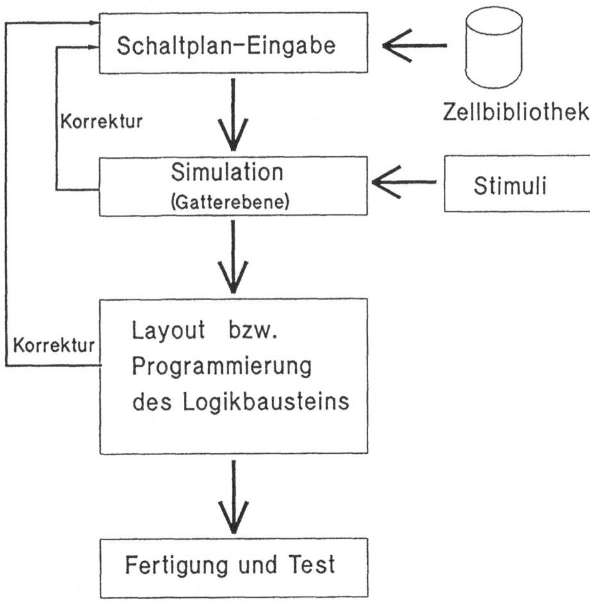

Bild 12.6: Traditioneller Schaltungsentwurf

Top-Down Entwurf: HDL-Design

Bei dieser Vorgehensweise wird eine Verifikation unmittelbar nach Festlegung des Gesamtsystemkonzepts und der Partitionierung eingelegt.

Hierfür wird das System in einer Hardware-Beschreibungssprache dargestellt (HDL: **H**ardware **D**escription **L**anguage).

Diese Beschreibungssprachen sind einer gewöhnlichen Programmiersprache sehr ähnlich. Am häufigsten wird inzwischen die Sprache VHDL eingesetzt. VHDL (**V**ery high speed integrated circuit **H**ardware **D**escription **L**anguage) ist genormt (entsprechend dem IEEE-1076 Standard) und wurde ursprünglich auf Wunsch des US-amerikanischen Verteidigungsministeriums entwickelt. VHDL ermöglicht eine Systembeschreibung auf unterschiedlichen Abstraktionsebenen, von der reinen Verhaltensbeschreibung über die Register-Transferebene (RTL) bis zur Gatterebene (Bild 12.7).

```
entity COUNTER is
    port (CLK, RESET : in BIT;
             COUNT_OUT : buffer INTEGER range 0 to 3 := 0);
end;

architecture BEHAVIOR of COUNTER is

signal COUNT : integer range 0 to 3;

begin

   process
   begin
      COUNT <= 1 after 20 ns when (COUNT_OUT = 0) else
               2 after 20 ns when (COUNT_OUT = 1) else
               3 after 20 ns when (COUNT_OUT = 2) else
               0 after 20 ns when (COUNT_OUT = 3)
      ;
      COUNT_OUT <= COUNT;
   end process;

end BEHAVIOR;
```

Bild 12.7a: VHDL Verhaltensbeschreibung (Behaviour)

```
entity COUNTER is
    port (CLK, RESET : in BIT;
             COUNT_OUT : buffer INTEGER range 0 to 3 := 0);
end;

architecture RTL_BEHAVIOR of COUNTER is

   signal COUNT : INTEGER range 0 to 3;

begin

   process
   begin
     wait until ( (CLK'event and CLK = '1' ) or RESET = '0');

       case   COUNT is

       when 0 =>
            COUNT <= 1;

       when 1 =>
            COUNT <= 2;

       when 2 =>
            COUNT <= 3;

       when 3 =>
            COUNT <= 0;

     end case;

     if ( RESET = '0' ) then
       COUNT <= 0;
     end if;

     COUNT_OUT <= COUNT

   end process;

end RTL_BEHAVIOR;
```

Bild 12.7b: VHDL Register-Transferebene (RTL)

```
----
-- VHDL.SRC : VHDL Design (STRUCTURAL format)
-- ./chip/vhdl/ci.vhd
-- created by FLDL_GEN V5.6.0      VHD V1.0
-- Date/Time: 02-02-1993 12:00:58
----
--------------------
--------------------
-- COUNT_SEQ_VHDL --
--------------------
--------------------

library IEEE;
library FJ_CELL;
library FJ_PRIM;
use      IEEEE.TYPES.all;
use      FJ_CELL.all;
use      FJ_PRIM.all;

entity COUNTER is
    port (CLK, RESET : in std_logic;
            COUNT_OUT : std_logic_vector( 1 downto 0 ) );
end;

architecture NETLIST of COUNTER is
    --           --
    -- NORMAL signals --
    --           --
  signal  NET1, NET2, NET3, NET4 : std_logic;

 component FDO
    port(
      CK_port : in std_logic;
      R_port : in std_logic;
      D_port : in std_logic;
      Q_port : out std_logic;
      XQ_port : out std_logic
    );
  end component;
  component X2N
    port(
      A1_port : in std_logic;
      A2_port : in std_logic;
      X_port : out std_logic
    );
  end component;
  begin
    COUNT(1) <= NET4;
    COUNT(0) <= NET2;
    CFF1 : FDO port map(
      CK_port => CLK,
      R_port => RESET,
      D_port => NET1,
      Q_port => NET2,
      XQ_port => NET1
    );
    CFF2 : FDO port map(
      CK_port => CLK,
      R_port => RESET,
      D_port => NET3,
      Q_port => NET4,
      XQ_port => open
    );
    CXFN : XFN port map(
      A1_port => NET4,
      A2_port => NET2,
      X_port => NET3
    );
 end NETLIST;
```

Bild 12.7c: VHDL Gatterebene (Structural)

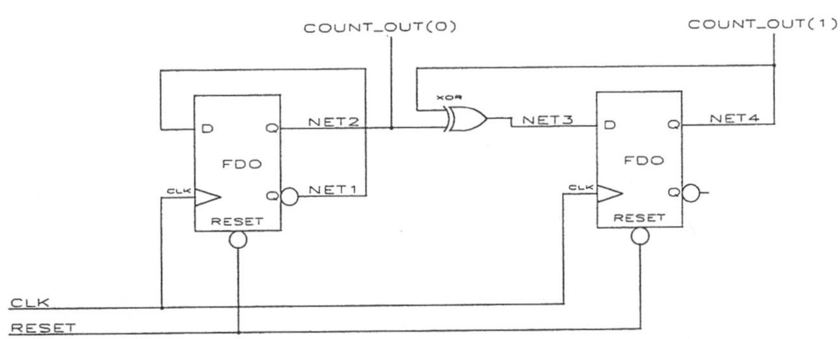

Bild 12.7d: Äquivalente Schaltbilddarstellung zur VHDL-Beschreibung auf Gatterebene

Für VHDL stehen seit kurzer Zeit leistungsfähige Simulatoren zur Verfügung. Damit kann nun die Top-Down Entwurfsmethode effektiv eingesetzt werden. Das Zusammenspiel der VHDL-Beschreibung der Teilkomponenten wird auf Übereinstimmung mit der Verhaltensbeschreibung des Gesamtsystems überprüft. Treten hierbei Fehler auf, weil die Systemaufteilung oder die Architektur ungeeignet sind, können schon in dieser frühen Entwicklungsphase Korrekturen vorgenommen werden. Weiterhin können in dieser Entwurfsphase alternative Architekturen und Systemaufteilungen auf ihre Eignung hin untersucht werden. Die damit eingesparten Designiterationen führen schließlich zu kürzeren Entwicklungszeiten bei besserer Designqualität.

Logiksynthese

Die Leistungsfähigkeit des Top-Down-Designs wird durch den Einsatz von Logiksynthesewerkzeugen weiter verstärkt. Synthesewerkzeuge sorgen für eine automatische Umsetzung der Hardware-Beschreibung in eine optimierte und portable Gatter-Netzliste für den anwendungsspezifischen Logikbaustein. Der verstärkte Einsatz von Hardware-Beschreibungssprachen beim Top-Down-Design hat die Weiterentwicklung der Logiksynthesewerkzeuge deutlich positiv beeinflußt. Ursprünglich standen Synthesewerkzeuge zur Verfügung, die nur einfache Beschreibungen in Form von Wahrheitstabellen oder Booleschen Gleichungen auf die Gatterebene umsetzen konnten.

Mittlerweile akzeptieren die meisten marktgängigen Programme zur Logiksynthese die Hardware-Beschreibungssprache VHDL als Eingabeformat. Zu beachten ist jedoch, nicht jede HDL-Abstraktionsebene kann automatisch auf Gatterebene synthetisiert werden. Die höchste synthetisierbare Beschreibungsform ist die RTL-Beschreibung (RTL: **R**egister **T**ransfer **L**evel). RTL ist eine Beschreibungsform, in der die Funktionen auf bestimmte Taktzyklen bezogen werden. Oberhalb dieser Abstraktionsebene liegende Beschreibungen ohne zeitliche Planungen entziehen sich einer Logiksynthese.

13 Anhang

13.1 Lösungsvorschläge zu den Übungsaufgaben

Übungsaufgabe 1.1
Welche Merkmale und Relationen sind notwendig, um die Benhamsche Scheibe zu beschreiben.

Zur Beschreibung einer langsam rotierenden Benhamschen Scheibe kommen sowohl Form- als auch Farbmerkmale (obwohl sie tatsächlich ja nur schwarz/weiß ist) in betracht.
Um die Farbe zu charakterisieren können die RGB-Komponenten, welche ein entsprechendes violett ergeben, herangezogen werden, wobei die Belichtungszeit der Videokamera natürlich eine wesentliche Rolle spielt.
Ähnlich verhält es sich mit den Formmerkmalen. Bei großer Belichtungszeit wird die Beschreibung "kreisförmig" zutreffen, wohingegen kürzere Belichtungszeiten ganz andere Erscheinungsformen offenbaren.

Übungsaufgabe 1.2
Welche Beschreibung würden sie wählen, um die gedruckten Ziffern

0 1 2 3 4 5 6 7 8 9

zu unterscheiden.

Um die gedruckten Ziffern 0 bis 9 zu unterscheiden ist eine Beschreibung günstig die nur wenige und einfach zu berechnende Merkmale benutzt.

Ein solche Merkmal ist beispielsweise die Anzahl der dunklen Pixel der jeweiligen Ziffer. Zumindest bei der 6 bzw. 9 erweist sich eine solch simple Vorgehensweise jedoch als nicht klassentrennend. Dies ändert sich, wenn die scharzen Pixel innerhalb festgelegter Bereiche eines die Ziffer umschreibenden Rechteckes ausgezählt werden.

Ein anderes Merkmal wäre die Anzahl N der Weißgebiete welche von Schwarzgebieten eingeschlossen werden. N=0 weist dann auf die Klasse hin der die Ziffern 1, 2, 3, 5 und 7 zugehören. N=1 beschreibt eine Klasse welche 0, 4. 6 und 9 umfaßt und N=2 charakterisiert direkt die 8. Um die durch N=1 beschriebenen Ziffern weiter zu unterscheiden wird ein zweites Merkmal, beispielsweise der Abstand des Schwerpunktes der Weißgebiete zur Grundlinie, notwendig.

Übungsaufgabe 1.3
Suchen Sie nach weiteren optischen Täuschungen.

- Frasers Spirale
- Vertikal-Horizontal Täuschung
- Helligkeits-Kontrast Täuschung
  Craik/Cornsweet/O´Brian
- Unmögliches Dreieck
  M.C. Escher, Wasserfall, Treppauf-Treppab
- Nachbilder
- McCollough Nachbildung
- Kamzsas Figur
- Zöllnersche Täuschung
- MacKay Täuschung
- Geometrische Täuschungen
  Poggendorf
  Hering
  Müller/Lyer
  Delboeuf
  Titchener

Übungsaufgabe 2.1
Verschaffen Sie sich einen Überblick hinsichtlich Videokameras die sich für Bildverarbeitungsanwendungen eignen (z.B. indem Sie Hersteller und Händler anschreiben).

ACCOM System
Enatechnik GmbH
Framos Electronic Vertriebs GmbH
Grundig electronic
Hamamatsu Photonic Europe GmbH
Heimann GmbH
Honeywell AG
Kappa Meßtechnik GmbH
Kontron Phystech GmbH
PULNIX America Inc.
Neumüller GmbH
Sharp Electronics GmbH
Siemens AG
Telefunken electronics GmbH
Thompson - CSF Bauteile GmbH
TS - Optoelectronic GmbH

Technische Daten
(Beispiel)

Fernsehnorm	CCIR 625 Zeilen 50 Halbbilder	
Bildsensor	Organisation	Frame transfer
	Bildpunktzahl	604(H) x 576(V) effektive Bildpunkte
	Bildpunktgröße	10 µm x 15,6 µm
	Bildfläche	6 x 4,5 mm^2
	Bilddiagonale	1/2" ≙ 7,5 mm
Auflösung	Horizontal	460 Linien ≙ 5,7 MHz
	Vertikal	420 Linien
Empfindlichkeit	0,1 lux min. (ohne IR-Filter)	
	0,8 lux auf dem Sensor (Vollaussteuerung)	
spektrale Empf.	ca. 300nm bis 1200nm	
Signal-/Rauschabstand	43 dB ≙ etwa 7 bit	
Bloomingunterdrückung	1:3000	
Belichtungszeit	shutter speed einstellbar oder automatische Belichtungszeitregelung 1/20s bis 1/10000s	
Abtastverfahren	2:1 Interlace	
Videoverstärker	Ausgangsspannung	BAS, $1V_{ss}$ +/- 5% an 75Ω
	Vearstärkungsregelung (AGC)	20 dB oder fest
	Frequenzbandbreite	6,5 MHz
	Gammakorrektur	1 oder 0,6
	Aperturkorrektur	0-10 dB einstellbar
	Fremdsynchronisation	S-Signal, BAS-Signal S-Anteil: 0,25-4V
Objektivbefestigung	C-Mount-Gewinde	
Stativbefestigung	Unterseite 1/4", 2 x M5	
Spannungsversorgung	DC 11,7-16V, 3,3W	
Schutzart	IP 53	
Maße	Breite 60mm, Höhe 80mm, Tiefe 152mm	
Gewicht	ca. 400g	
Umgebungstemp.	-10°C bis +50°C	
Betriebstemperatur	-5°C bis +40°C	

Übungsaufgabe 2.2
Skizzieren Sie ein Blockschaltbild zur Digitalisierung des Kamerabildsignales im hexagonalen Raster.

Bei Interlaced-Bildern wird das 2. Halbbild insgesamt um die halbe Abtastperiondendauer verzögert und die Abtastperiodendauer T_{ab} so gewählt, daß für einen Zeilenabstand Δz gilt

$$\tan 30^0 = \frac{T_{ab}}{\Delta z\ 2}$$

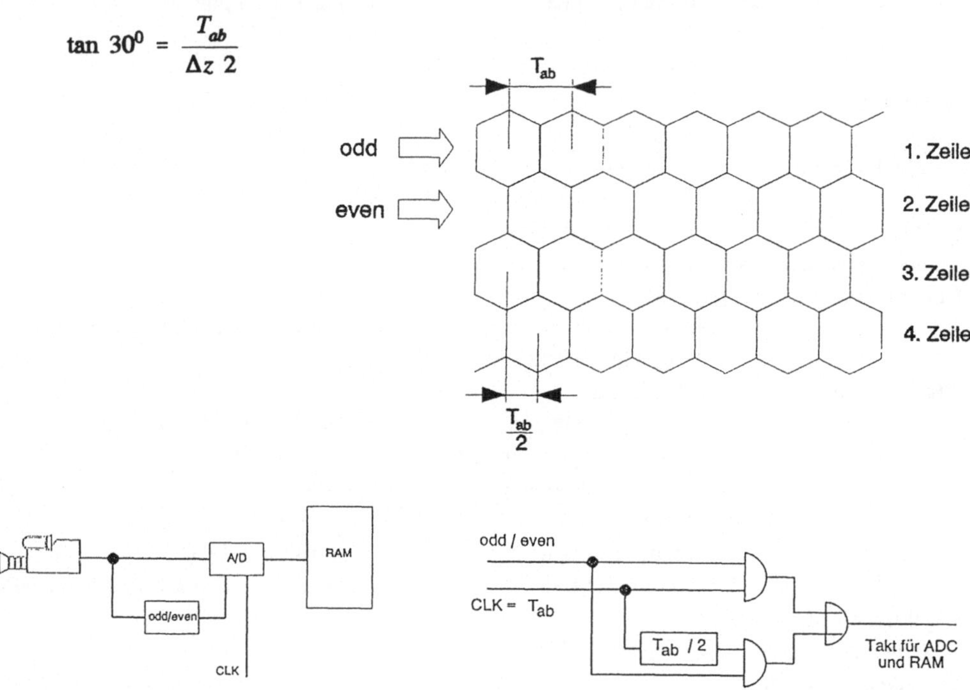

Übungsaufgabe 2.3
Welche zusätzlichen Signale werden bei den Ihnen bekannten Übertragungsverfahren neben dem Bildsignal noch übertragen?

Die Grau- bzw. Farbinformation der einzelnen Pixel reicht für den Bildaufbau nicht aus. Die wichtigste zusätzlich notwendige Information besteht in der Angabe der Anzahl von Spalten und Zeilen des Bildes. Die Bildbreite (Zeilenlänge) ist in der Regel durch ein Horizontalsynchronsignal (H-Sync.), das zusätzlich die Information über den Schwarzwert (Schwarzschulter) enthält, festgelegt. Um das Bildende zu definieren dient das Vertikalsynchronsignal (V-Sync.).

Wird von Datenreduktionsverfahren gebrauch gemacht (um Bandbreite zu sparen), müssen zusätzliche Informationen hinsichtlich der aktuellen Parameter übertragen werden wie z.B. bei HDTV die aktuelle lokale Auflösung.

Übungsaufgabe 3.1
Vervollständigen Sie das Beispiel entsprechend Bild 3.2 und erläutern Sie die Hardwareumsetzung mit Hilfe des in Bild 3.3 gezeigten Multi-bit Filters.

Bild P(x,y) * Schablone T(u,v) = Korrelationsergebnis $k(x,y)_{PT}$

$$\begin{pmatrix} 1 & 2 & 1 & 3 & 2 & 3 \\ 1 & 1 & 2 & 9 & 1 & 3 \\ 2 & 1 & 1 & 2 & 3 & 2 \\ 1 & 4 & 5 & 4 & 1 & 2 \\ 2 & 6 & 7 & 5 & 2 & 3 \\ 1 & 2 & 3 & 2 & 3 & 3 \end{pmatrix} \star \begin{pmatrix} 4 & 5 \\ 6 & 7 \end{pmatrix} = \begin{pmatrix} 27 & 33 & 94 & 89 & 50 & \boldsymbol{R} \\ 28 & 27 & 73 & 74 & 51 & \boldsymbol{R} \\ 47 & 68 & 72 & 54 & 42 & \boldsymbol{R} \\ 78 & 126 & 117 & 65 & 47 & \boldsymbol{R} \\ 58 & 92 & 85 & 63 & 62 & \boldsymbol{R} \\ \boldsymbol{R} & \boldsymbol{R} & \boldsymbol{R} & \boldsymbol{R} & \boldsymbol{R} & \boldsymbol{R} \end{pmatrix}$$

R = Randpixel für welche kein Korrelationsergebnis berechnet werden kann.

Hardwareumsetzung
Das in Bild 3.2 gezeigte Multi-bit Filter erlaubt Faltungsoperationen mit 8 bit breiten Daten und Koeffizienten in einem bis zu 8 x 8 Pixel großen Koppelfeld.
Im vorliegenden Fall einer nur 2 x 2 Pixel großen Maske ist dieser Baustein also reichlich überdimensioniert. Die Daten der beiden aktuell abzuarbeitenden Zeilen werden an die Eingänge DI0.0 to DI0.7 und DI1.0 to DI1.7 angelegt. Stehen die Bildpunkte seriell im Pixeltakt zur Verfügung ist dazu ein Schieberegister, dessen Länge der Anzahl der Spalten des Bildes entspricht, notwendig (beispielsweise der in Bild 3.16 gezeigt Baustein). Die Koeffizienten werden über die Eingänge CI0 to CI7 in die Filterzellen FIR0.0, FIR0.1 und FIR1.0, FIR1.1 eingelesen. Die restlichen Koeffizienten müssen zu 0 initialisiert werden, ebenso der Wert am Eingang PR.0 to PR.39 der zum Faltungsergebnis addiert wird.
Das Ergebnis steht dann um mehrere Takte verzögert im Pixeltakt am Ausgang DO.0 to DO.39 an. Bei 8 bit breiten Bild- und Koeffizientendaten muß mit einer maximalen Wortbreite am Ausgang von 8+8+1 = 17 bit gerechnet werden.

Übungsaufgabe 3.2
Zeigen Sie einige Möglichkeiten auf,den Kontrast eines Grauwertbildes zu verbessern.

Histogrammmanipulationen

Im Allgemeinen setzt die Verbesserungen des Kontrastes im Bild durch Histogrammmanipulationen voraus, daß das Historamm des Bildes nicht gleichverteilt ist.

Die einfachste Möglichkeit den Kontrast anzuheben ist dann praktikabel wenn das Histogramm nur eine einzelne Häufung in einem schmalen Wertebereich aufweist. Dies ist oft in Fällen zu geringer Ausleuchtung der Szene gegeben. Die Kontrastanhebung erfolgt nun dadurch, indem der schmale Bereich der Häufung auf den gesamten Wertebereich gespreizt wird. Am effektivsten läßt sich diese Verbesserung im Falle des Bildeinzugs in einen Bildspeicher (Framegrabber) erreichen durch einstellen des Offsets des A/D-Wandlers so, daß das Maximum der Häufung in die Mitte des Wertebereiches fällt, und durch eine Gaineinstellung entsprechend der gewünschten Spreizung.

Zeigt das Historamm nicht nur eine einzelne Häufung sondern lediglich eine ungleichmäßige Verteilung so bietet sich die sogenannte Histogramm-Equilization an. Das Ziel dieses Verfahrens ist es ein gleichverteiltes Histogramm (mit den dann maximalen Kontrasten) zu erzeugen. Gebildet wird die Summenhäufigkeit $\Sigma h(p)$ die alle Grauwerte der Klasse Δq zuordnet die im Bereich Δp liegen (Bild 3.6).

Addition von Konturinformation

Beim Durchgang des Laplaceoperators durch eine Grauwertkante bildet dieser Werte proportional zum Kontrastsprung (Bild 3.24) und zwar mit unterschiedlichem Vorzeichen auf beiden Seiten der Kontur. Wird ein solches Konturbild dem Grauwertbild überlagert erscheinen Grauwertsprünge kontrastreicher dadurch, daß der Kontrast lokal durch absenken des Grauwertes auf der einen Seite der Kontur und anheben des Grauwertes auf der anderen Seite der Kontur gesteigert wurde (vgl. Mach-Effekt).

Übungsaufgabe 3.3

Vergleichen Sie die Wirkung eines Olympic-Filters (Maske 3x3 Pixel, n=2) angewandt auf Bild 3.20 mit den Ergebnissen einer arithmetischen Mittelwertbildung bzw. einer Medianfilterung.

Grauwertsprung mit überlagertem Rauschen

$$\begin{pmatrix}
\cdot & \cdot & \cdot & \cdot & \cdot & \cdot & \cdot & \cdot & \cdot \\
\ldots & 11 & 10 & 12 & 35 & 36 & 35 & 34 & \ldots \\
\ldots & 12 & 11 & 11 & 30 & 35 & 34 & 34 & \ldots \\
\ldots & 10 & 11 & 10 & 34 & 36 & 35 & 35 & \ldots \\
\ldots & 11 & 68 & 11 & 36 & 34 & 0 & 35 & \ldots \\
\ldots & 11 & 12 & 12 & 35 & 35 & 34 & 35 & \ldots \\
\ldots & 10 & 11 & 10 & 35 & 0 & 35 & 36 & \ldots \\
\ldots & 10 & 10 & 11 & 34 & 35 & 35 & 34 & \ldots \\
\cdot & \cdot & \cdot & \cdot & \cdot & \cdot & \cdot & \cdot & \cdot
\end{pmatrix}$$

Ergebnisbild nach einer 3x3 Mittelung

$$\begin{pmatrix}
\cdot & \cdot & \cdot & \cdot & \cdot & \cdot & \cdot \\
\cdot & \cdot & \cdot & \cdot & \cdot & \cdot & \cdot \\
\ldots & 11 & 19 & 27 & 35 & 35 & \ldots \\
\ldots & 17 & 26 & 27 & 35 & 35 & \ldots \\
\ldots & 17 & 26 & 27 & 30 & 30 & \ldots \\
\ldots & 17 & 26 & 23 & 24 & 27 & \ldots \\
\ldots & 11 & 19 & 23 & 31 & 31 & \ldots \\
\cdot & \cdot & \cdot & \cdot & \cdot & \cdot & \cdot \\
\cdot & \cdot & \cdot & \cdot & \cdot & \cdot & \cdot
\end{pmatrix}$$

Ergebnisbild nach einer 3x3 Medianfilterung

$$\begin{pmatrix}
\cdot & \cdot & \cdot & \cdot & \cdot & \cdot & \cdot \\
\cdot & \cdot & \cdot & \cdot & \cdot & \cdot & \cdot \\
\ldots & 11 & 11 & 35 & 35 & 35 & \ldots \\
\ldots & 11 & 11 & 35 & 35 & 35 & \ldots \\
\ldots & 11 & 11 & 35 & 35 & 35 & \ldots \\
\ldots & 11 & 12 & 34 & 35 & 35 & \ldots \\
\ldots & 11 & 12 & 34 & 35 & 35 & \ldots \\
\cdot & \cdot & \cdot & \cdot & \cdot & \cdot & \cdot \\
\cdot & \cdot & \cdot & \cdot & \cdot & \cdot & \cdot
\end{pmatrix}$$

Ergebnisbild nach Olympic-Filterung

$$\begin{pmatrix}
\cdot & \cdot & \cdot & \cdot & \cdot & \cdot & \cdot \\
\cdot & \cdot & \cdot & \cdot & \cdot & \cdot & \cdot \\
\ldots & 11 & 15 & 29 & 35 & 35 & \ldots \\
\ldots & 11 & 19 & 29 & 34 & 35 & \ldots \\
\ldots & 11 & 21 & 30 & 35 & 35 & \ldots \\
\ldots & 11 & 21 & 25 & 35 & 35 & \ldots \\
\ldots & 11 & 16 & 25 & 35 & 35 & \ldots \\
\cdot & \cdot & \cdot & \cdot & \cdot & \cdot & \cdot \\
\cdot & \cdot & \cdot & \cdot & \cdot & \cdot & \cdot
\end{pmatrix}$$

1. Arithmetische Mittelung
   Unterdrückt punktförmige Störungen, verschleift jedoch auch Konturen (Tiefpaß).
2. Medianfilter
   Unterdrückt punktförmige Störungen,erhält den Grauwertgradienten an Konturen
3. Olympic-Filter
   Unterdrückt punktförmige Störungen

Übungsaufgabe 3.4
Zeigen Sie eine Möglichkeit auf um isolierte helle bzw. dunkle Punkte im Bild zu detektieren?

Eine Möglichkeit der Vorgehensweise, um isolierte Pixel mit Grauwerten zu detektieren die sich stark von denen ihrer Nachbarschaft unterscheiden, besteht darin das Grauwertbild mit einem Medianfilter von solchen Pixeln zu befreien. Nach einer Betragsdifferenzbildung zwischen Originalbild und mediangefiltertem Bild deuten große Werte auf die gesuchten Pixel hin.

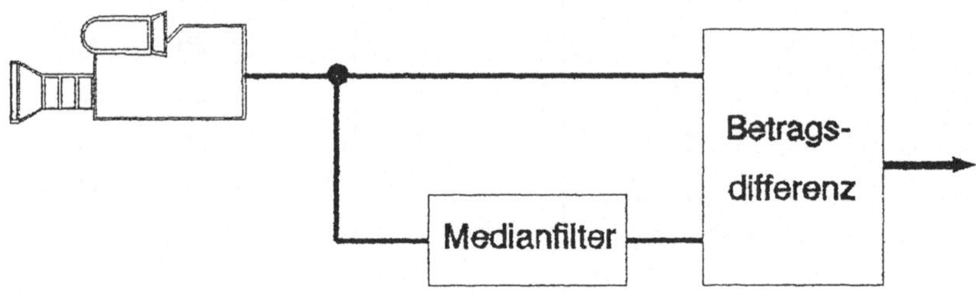

Übungsaufgabe 3.5
Beschreiben Sie eine Möglichkeit um Konturverläufe aus verrauschten Bildern zu detektieren?

Grundsätzlich sind Konturverläufe durch Kontraständerungen gekennzeichnet. Um Änderungen zu detektieren sind differezierende Operatoren notwendig. Die Rauschanfälligkeit der Konturdetektion ist bei einmal differenzierenden Verfahren (z.B. Sobel) geringer als bei solchen welche die Krümmung an der Kontur (z.B. Laplace) berechnen. Eine Vergrößerung des Operators ist hinsichtlich der Mittelung von Rauschanteilen ebenfalls günstig. Eine weitere Möglichkeit bieten adaptive Filter, d.h. in einem Verarbeitungsprozeß werden beispielsweise erst lokale Kontraste verstärkt (an tatsächlichen Konturen und an durch Rauschen gestörten Bildbereichen) und im zweiten Schritt nur solche Kontrastüberhöhungen weiter verstärkt die in einem lokalen Bereich etwa die gleiche Orientierung haben.

Übungsaufgabe 3.6
Unterstützen Bildeinzugs-/verarbeitungskarten die Slope Density Function?

Die Slope Density Function stellt ein Histogramm der Orientierungen von Konturcodeelementen dar. Wegen der Bedeutung lokaler Konturen sind eine ganze Reihe (z.B. die Matrox IMAGE LC-Karte) von Bildeinzugs-/verarbeitungskarten mit entsprechender kameratakthaltender Hardware ausgerüstet. Ähnlich verhält es sich mit der Möglichkeit Histogramme in einem einzigen Bildzyklus zu berechnen.
Trotz der Unzulänglichkeiten der Slope Density Function stellt sie damit doch eine sehr gute Möglichkeit dar zur Detektion einfacher Formen.
Beispielsweise könnte der Algorithmus angewandt werden zur Detektion von Kratzern in Spiegeloberflächen, die bei zweckmäßiger Beleuchtung als dünne Linien erscheinen. In lokalen Bereichen, die etwa einer minimalen Kratzerlänge entsprechen, angewandt deutet dann eine markante Überhöhung des Histogramms auf eine derartige Fehlstelle hin.

Übungsaufgabe 3.7
Berechnen Sie die vollständige Akkumulatortabelle Bild 3.41 ausgehend von den in Bild 3.40 eingetragenen Konturpunkten. Zeichnen Sie die approximierende Gerade in Bild 3.40 ein.

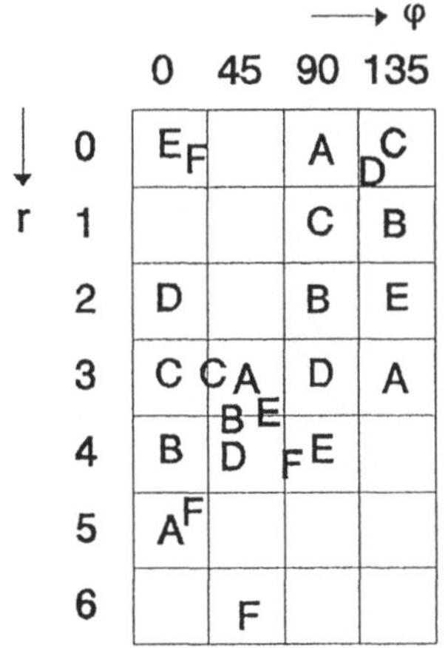

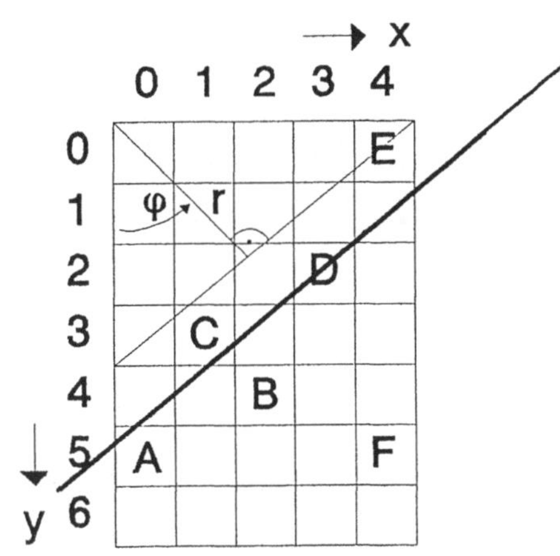

Die Häufung im Bereich r=4, φ=45^0 und r=3, φ=45^0 deutet auf eine approximierende Gerade mit etwa r=3,8 und φ=45^0 hin.

Übungsaufgabe 3.8

Vollziehen Sie das in Bild 3.44 gegebene Beispiel nach, indem Sie die Akkumulatortabelle vollständig berechnen. Lesen Sie aus der Häufung den Orientierungsunterschied φ_0 zwischen Bild und Template sowie den Zoomfaktor z_0 ab.

Die Einträge in die Akkumulatortabelle erfordern die Berechnung aller Werte z_0 und φ_0.

$$z_0 = \frac{l_i}{l_r} \qquad \Phi_0 = \Phi_i - \Phi_r$$

Es werden alle Vektoren des aktuellen Bildes mit allen Einträgen der Referenztabelle verrechnet.

Die Akkumulatortabelle zeigt eine ausgeprägte Häufung. Dies weist auf das Vorhandensein des in der Referenztabelle abgelegten Musters hin. Der Ort der größten Häufung (z_0=1,5 und φ_0= 315^0) gibt direkt den Zoomfaktor sowie die Verdrehung des im Bild gefundenen Objekts an.

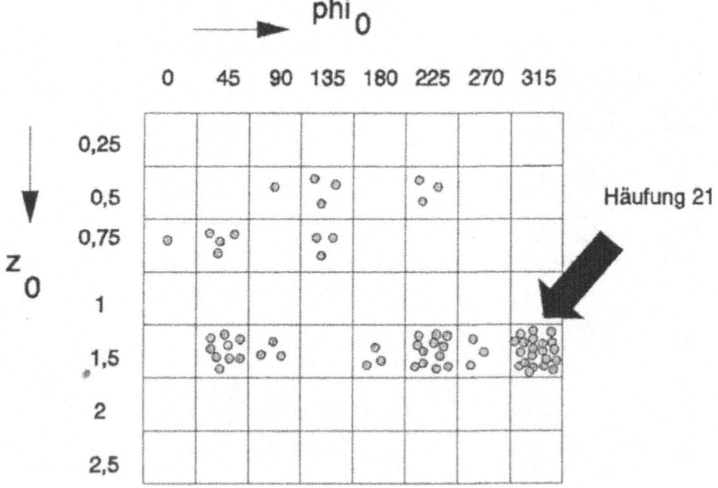

Übungsaufgabe 3.9
Bestimmen Sie die co-occurrence-Matrizen der Relationen (Δx,Δy)=(0,3) und (Δx,Δy)=(2,2) basierend auf Bild 3.50..

↓ → x
y

$$\begin{pmatrix} 1 & 1 & 1 & 3 & 3 & 2 & 3 & 4 \\ 1 & 4 & 1 & 4 & 3 & 4 & 3 & 3 \\ 1 & 1 & 1 & 4 & 3 & 4 & 4 & 4 \\ 1 & 1 & 1 & 3 & 3 & 4 & 3 & 3 \\ 1 & 1 & 1 & 3 & 4 & 3 & 4 & 4 \\ 1 & 1 & 1 & 2 & 2 & 3 & 4 & 4 \\ 1 & 1 & 1 & 4 & 4 & 3 & 4 & 3 \\ 1 & 1 & 1 & 3 & 3 & 3 & 4 & 3 \end{pmatrix}$$

Grauwertematrix

Relationen
(Δx,Δy)=(0,3) (Δx,Δy)=(2,2)

↓ → Grauwert j
Grauwert i

$$\begin{pmatrix} 14 & 0 & 0 & 0 \\ 0 & 0 & 0 & 1 \\ 0 & 1 & 6 & 3 \\ 1 & 1 & 6 & 3 \end{pmatrix} \qquad \begin{pmatrix} 6 & 2 & 5 & 4 \\ 0 & 0 & 1 & 2 \\ 0 & 0 & 5 & 2 \\ 0 & 0 & 2 & 3 \end{pmatrix}$$

Übungsaufgabe 3.10

Bestimmen Sie die run-length-Matrizen für die Fortschreiterichtungen 90° und 135° durch das Bild 3.51.

↓ → run length
Grauwert

$$\varphi = 90^o \quad \begin{pmatrix} 1 & 0 & 0 & 0 & 0 & 1 & 0 & 2 \\ 3 & 0 & 0 & 0 & 0 & 0 & 0 & 0 \\ 6 & 3 & 0 & 2 & 0 & 0 & 0 & 0 \\ 7 & 2 & 1 & 1 & 0 & 0 & 0 & 0 \end{pmatrix} \qquad \varphi = 135^o \quad \begin{pmatrix} 4 & 2 & 5 & 0 & 0 \\ 3 & 0 & 0 & 0 & 0 \\ 15 & 2 & 0 & 0 & 0 \\ 12 & 1 & 1 & 1 & 0 \end{pmatrix}$$

Übungsaufgabe 3.11

Geben Sie einige aus run-length-Matrizen berechnete Texturmerkmale an,die Ihnen günstig erscheinen, um die Luftbildszenen in Bild 3.46 zu charakterisieren?

Mit den Abkürzungen

p(i,j): (i,j)ter Eintrag in die run-length-Matrix
N_g: Anzahl der Grauwertklassen
N_r: Anzahl der run-length-Klassen
P: Anzahl der Bildpunkte

eignen sich beispielsweise folgende Kennwerte [3.5].

1. Kennwert für kurze runs RF_1
2. Kennwert für lange runs RF_2
3. Kennwert für Grauwertunterschiede RF_3
4. Kennwert für run-length-Unterschiede RF_4
5. Kennwert für ungleichförmige Strukturen RF_5

$$RF_1 = \frac{\sum_{i=1}^{N_g}\sum_{j=1}^{N_r}\frac{p[i,j]}{j^2}}{\sum_{i=1}^{N_g}\sum_{j=1}^{N_r}p(i,j)} \qquad RF_2 = \frac{\sum_{i=1}^{N_g}\sum_{j=1}^{N_r}p[i,j]\, j^2}{\sum_{i=1}^{N_g}\sum_{j=1}^{N_r}p(i,j)} \qquad RF_3 = \frac{\sum_{i=1}^{N_g}(\sum_{j=1}^{N_r}p[i,j])^2}{\sum_{i=1}^{N_g}\sum_{j=1}^{N_r}p(i,j)}$$

$$RF_4 = \frac{\sum_{j=1}^{N_r}(\sum_{i=1}^{N_g}p[i,j])^2}{\sum_{i=1}^{N_g}\sum_{j=1}^{N_r}p(i,j)} \qquad RF_5 = \sum_{i=1}^{N_g}\sum_{j=1}^{N_r}\frac{p[i,j]}{P}$$

Übungsaufgabe 4.1
Aus welchen Normfarbanteilen setzt sich eine Spektralfarbe mit λ = 450 nm zusammen.

Ausgehend vom Diagramm Bild 4.7, setzt sich eine Spektralfarbe der Wellenlänge λ=450nm aus den Anteilen x=0,2, y=0,1 und z=1,9 zusammen.

Übungsaufgabe 5.1
Wie soll sich ein Merkmalsraum repräsentieren der zur Unterscheidung verschiedener Texturen herangezogen werden soll?

Entscheidend für die sowohl sichere als auch einfache Unterscheidung verschiedener Muster ist ein Merkmalsraum mit möglichst wenig Dimensionen, d.h. es sollten zur Klassifikation nur solche Merkmale herangezogen werden die charakteristische Werte für die einzelnen Muster annehmen. Gelingt dies, so werden sich für die Ausprägungen der einzelnen Muster im Merkmalsraum Cluster ergeben die durch einfache Funktionen sich von denen anderer Merkmale ohne Überschneidungen trennen lassen.
Um die Abhängigkeit der Merkmale untereinander zu beurteilen bzw. die Dimension des Merkmalsraumes zu reduzieren eignet sich die Karhunen/Loeve-Transformation.

Übungsaufgabe 5.2
Vervollständigen Sie die Einträge in den Trellis Bild 5.10.

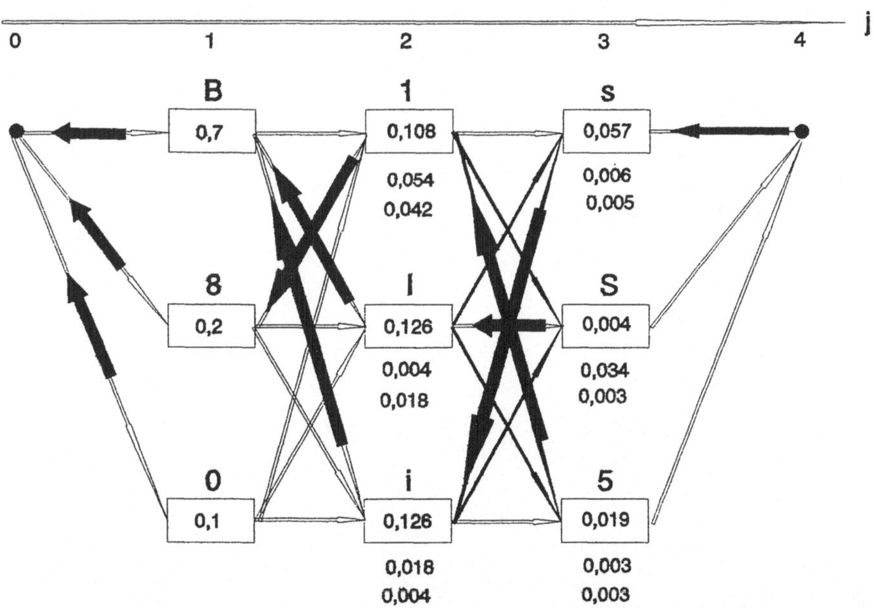

Übungsaufgabe 6.1
Welche Möglichkeiten zur Abstandsdetektion kennen Sie?

- Auf der Triangulation basierende Verfahren
- Moiré-Verfahren
- Interferometrische Verfahren (Speckleinterferometrie)
- Fokusserien
- Abstandsbestimmung über Verkleinerungen
- Stereoskopische Verfahren (Netzwerk von Marr)

Übungsaufgabe 8.1
Berechnen Sie den Schärfentiefenbereich bei einer Einstellentfernung g_0=4mm unter Zugrundelegung der Daten des Beispiels auf S 141.

Ausgehend von

$$\frac{G_0}{B_0} = \frac{g_0}{b_0} = \frac{g_0 - f}{f}$$

errechnet sich der Schärfentiefenbereich zu

$$\frac{G_0}{B_0} = \frac{4-3,5}{3,5} = 0,1429$$

$$b_0 = \frac{g_0}{0,1429}$$

$$\frac{1}{g} = \frac{1}{g_0} \pm \frac{u\ Bl}{b_0\ f}$$

$$\frac{1}{g} = \frac{1}{4} \pm \frac{3,5\ 2,8\ 0,1429}{1500\ 3,5\ 4}$$

$$g_1 = 0,25 + 0,0006535\ mm \qquad g_2 = 0,25 - 0,0006535\ mm$$

Übungsaufgabe 8.2
Bestimmen Sie für die in Bild 8.14 gezeigte Anordnung die Höhe des Objekts.

Die am Greifer montierte Kamera wird in z-Richtung so lange verfahren bis sich beispielsweise ein Zoomfaktor von zoom = 2 einstellt. Ein Bild mit der gewünschten Vergrößerung läßt sich ausgehend vom Bild, aufgenommen aus der Position z_1, berechnen und mit den Bildern die sich beim Verfahren der Kamera ergeben mittels einer Korrelationsrechnung vergleichen.

Mit der dann bekannten Position z_2 folgt für h_{Objekt}

$$g = \frac{g_r - f + zoom\, f}{zoom}$$

$$g_r = z_1 - h_{Objekt}$$
$$g = z_2 - h_{Objekt}$$

$$z_2 - h_{Objekt} = \frac{z_1 - h_{Objekt} - f + zoom\, f}{zoom}$$

$$z_2\, zoom - h_{Objekt}\, zoom + h_{Objekt} = z_1 - f + zoom\, f$$

$$h_{Objekt}\,(zoom - 1) = z_2\, zoom - f\, zoom + f - z_1$$

$$h_{Objekt} = \frac{z_2\, zoom - f\, zoom + f - z_1}{zoom - 1}$$

Bei einer Fehlerbetrachtung (→ Fehlerrechnung) spielen die Positioniergenauigkeit des Roboters als auch die relativ ungenaue Ermittlung des Zoomfaktors eine Rolle.

Übungsaufgabe 9.1
Vervollständigen Sie die Einträge in das auf S 148 gezeigte Ergebnisbild.

$$\begin{pmatrix} 5 & 4 & 3 & 6 & 5 & 5 & 4 & 2 & 5 \\ 3 & 1 & 2 & 1 & 3 & 4 & 3 & 6 & 7 \\ 2 & 6 & 17 & 18 & 16 & 15 & 12 & 3 & 2 \\ 6 & 5 & 18 & 17 & 17 & 16 & 14 & 3 & 3 \\ 4 & 4 & 19 & 17 & 2 & 18 & 15 & 4 & 2 \\ 8 & 3 & 18 & 19 & 17 & 17 & 14 & 6 & 3 \\ 2 & 7 & 20 & 19 & 16 & 16 & 15 & 7 & 5 \\ 5 & 2 & 2 & 3 & 5 & 6 & 7 & 8 & 6 \\ 1 & 6 & 1 & 4 & 4 & 3 & 2 & 4 & 6 \end{pmatrix} \rightarrow \begin{pmatrix} . & . & . & . & . & . & . & . & . \\ . & 0 & 2 & 0 & 1 & 2 & 1 & 6 & . \\ . & 5 & 5 & 7 & 3 & 5 & 5 & 1 & . \\ . & 3 & 6 & 2 & 4 & 5 & 4 & 2 & . \\ . & 1 & 7 & 1 & 0 & 8 & 5 & 4 & . \\ . & 0 & 4 & 5 & 3 & 6 & 3 & 4 & . \\ . & 5 & 8 & 3 & 3 & 5 & 6 & 4 & . \\ . & 2 & 1 & 2 & 4 & 4 & 4 & 7 & . \\ . & . & . & . & . & . & . & . & . \end{pmatrix}$$

Übungsaufgabe 9.2
Welche Teilobjekte eines sich bewegenden Körpers eignen sich zur Geschwindigkeitsmessung?

Auch wenn es sich bei einem bewegten Körper um ein starres Objekt handelt, eignen sich in der Regel nur solche Teilbereiche die sich in aufeinanderfolgendne Bildern wieder eindeutig zuordnen lassen und nur die interessierenden Bewegungskomponenten aufweisen.
Zweckmäßig kann es sein die Bilder der Bildfolge vorzuverarbeiten, beispielsweise mit dem Monotonieoperator. Reicht eine derart einfache Klassifizierung lokaler Bildbereiche nicht aus ist es oft günstig korrelative Verfahren einzusetzen (z.B. vom Reichardt-Typ).

Übungsaufgabe 10.1
Berechnen Sie Spektralkoeffizienten g_{11} und g_{12} für das auf S161 angegebene Beispiel.

Im ersten Schritt werden die Basisbilder **B**(11) und **B**(12) ermittelt.

	$v^T(1)$				
	1	1	1	-1	-1
	1	1	1	-1	-1
$B(11)$	-1	-1	-1	1	1
	-1	-1	-1	1	1
	$v(1)$	1	1	-1	-1

	$v^T(1)$				
	1	1	-1	-1	1
	1	1	-1	-1	1
$B(12)$	-1	-1	1	1	-1
	-1	-1	1	1	-1
	$v(2)$	1	-1	-1	1

Mit Hilfe der Gleichung

$$G_{mn} = \sum_{m=0}^{N-1} \sum_{n=0}^{N-1} P_{mn} * B_{mn}$$

ergeben sich die unnormierten Spektralkoeffizienten zu

$$g_{11} = \sum_{m=0}^{N-1} \sum_{n=0}^{N-1} P_{mn} * B_{11} = (+8+7-7-6)+(+8+6-6-4)+(-6-6+6+4)+(-6-4+4+4) = 2$$

$$g_{12} = \sum_{m=0}^{N-1} \sum_{n=0}^{N-1} P_{mn} * B_{12} = (+8+7-7-6)+(-8-6+6+4)+(-6-6+6+4)+(+6+4-4-4) = -2$$

Übungsaufgabe 10.2
Was versteht man unter zonal sampling? Welche Spektralkoeffizienten sind zur Rekonstruktion einer Szene, wie der in Bild 10.11 gezeigten, von besonderer Bedeutung?

Zur Bilddatenreduktion lassen sich vorteilhaft Transformationscodierungen (Fourier-Transformation, Walsh/Hadamard-Transformation,...) anwenden. Die Transformation in den Spektralbereich führt dazu, daß die sich ergebenden Koeffizienten weniger korreliert sind als dies für die Bildpunkte der Fall ist. Allerdings entspricht die Spektralmatrix in ihrer Größe der Bildmatrix. Eine Datenreduktion ergibt sich dann (zonal sampling) wenn nur ein Teil der Spektralmatrix zur Charakterisierung des Bildes herangezogen wird, während die restlichen Spektralkoeffizienten zu Null angenommen werden.
Von besonderer Bedeutung für die Bildrekonstrukton sind natürlich solche Koeffizienten welche Basisbilder gewichten für die das Auge eine hohe Empfindlichkeit hat. (Aus Bild 10.8 geht der Zusammenhang zwischen der relativen Empfindlichkeit des Auges und der Raumfrequenz in Linienpaaren/Grad hervor.) Koeffizienten mit ohnehin kleinen Werten (im Bild 10.9 der rechte untere Bereich der nach ansteigenden Sequenzen geordneten Spektralmatrix) haben, wie das Bild zeigt, ebenfalls wenig Einfluß auf die Bildqualität.

Übungsaufgabe 10.3
Überprüfen Sie die in Bild 10.12 angegebene Dimension der Koch-Kurve.

Die fraktale Dimension berechnet sich zu

$$D = \frac{\log a}{\log s}$$

Mit der Anzahl a=4 und der Skalierung s=3 ergibt sich dann für die Dimension der Koch-Kurve D=1,26.

Sie läßt sich auch direkt aus dem Bild durch Auszählen der von der Kurve durchlaufenen Felder berechnen.

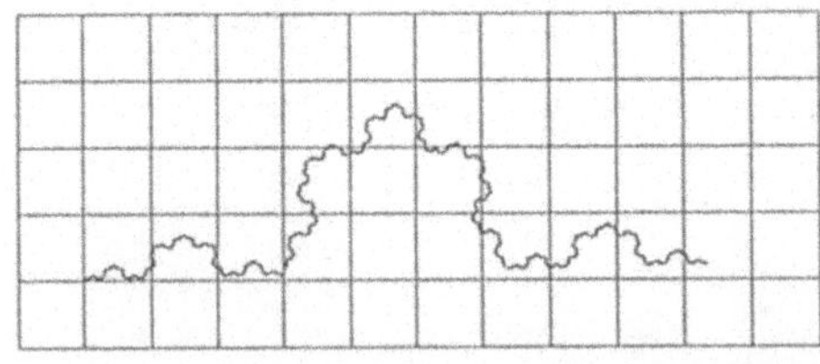

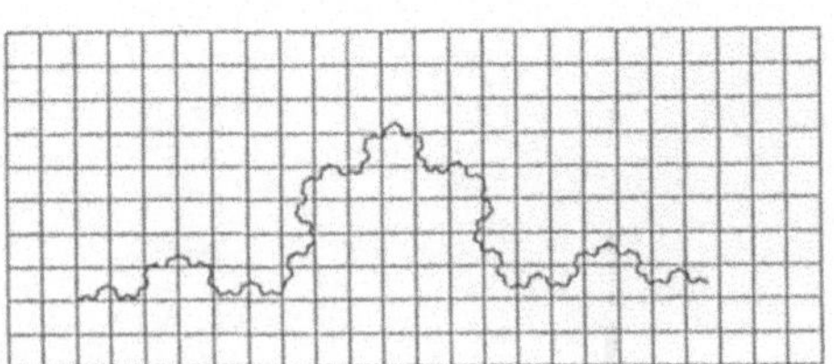

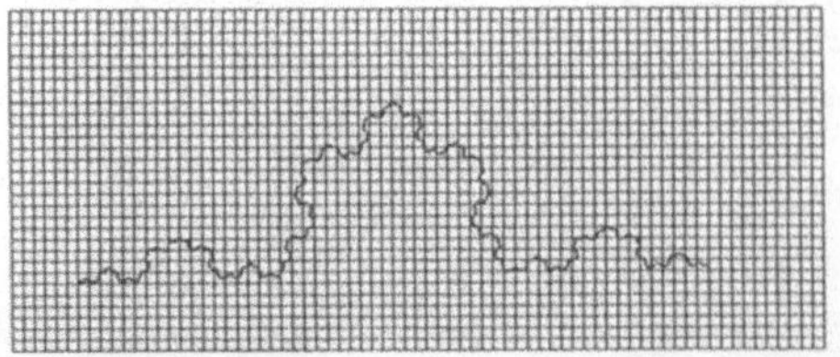

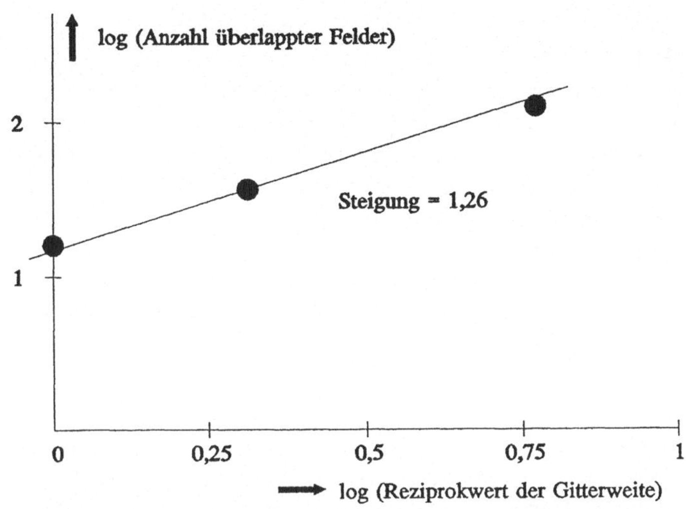

Übungsaufgabe 10.4

Skizzieren Sie die sich nach jedem Schritt einer rewriting Prozedur ergebende Figur (quadratische Koch Insel), falls unter A ein Plotbefehl verstanden wird, der den Stift und den Abstand d verfährt, der Befehl B eine Verfahrrichtungsänderung um +90° und der Befehl C um -90° bezeichnet.

Anfangszustand der Datenbasis: ACACACA

Produktionsregel: A → ACABABAACACABA

1. ACACACA
2. ACABABAACACABA C ACABABAACACABA C ACABABAACACABA C ACABABAACACABA
3. ACABABAACACABA C ACABABAACACABA B ACABABAACACABA B ACABABAACACABA ACABABAACACABA C ACABABAACACABA C ACABABAACACABA B ACABABAACACABA usw.

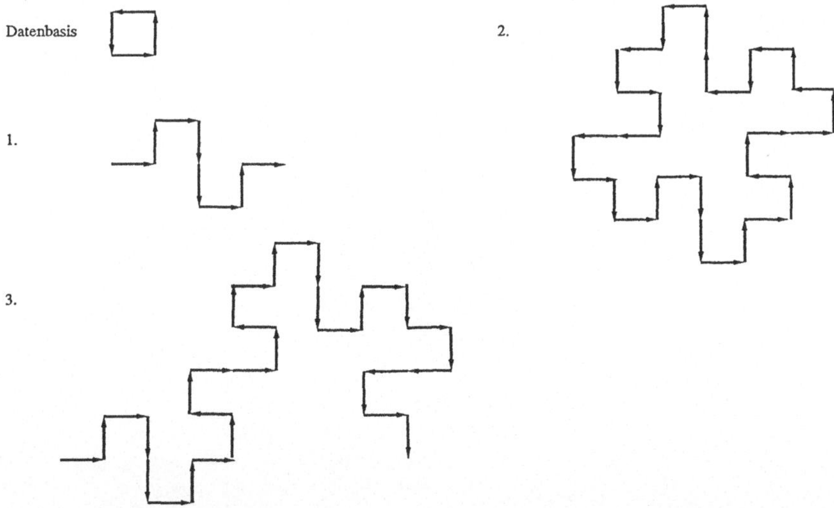

Übungsaufgabe 11.1

Um Bilder in kurzer Zeit über stark bandbegrenzte Funkkanäle zu übertragen, muß die Bildinformation drastisch reduziert werden (→ Kapital 10, Bildcodierung). Handelt es sich wie beim SSTV (Slow Scan Television) um Szenen, die typischerweise das Gesicht eines Sprechers zeigen, so liegt die relevante Information im Augen- und Mundbereich der gegenüber den restlichen Bildinformationen fein gerastert erfaßt werden soll, während für den Hintergrund eine sehr grobe Rasterung ausreicht.

- Welches Objektiv würden Sie für eine derartige Problemstellung einsetzen ?
- Skizzieren Sie die Vorgehensweise, um aus den übertragenen Daten ein Bild auf dem Monitor zu erzeugen.

Falls das Gesicht des Sprechers immer im Zentrum des Bildes liegt bestünde eine Möglichkeit darin ein Fischaugenobjektiv zu verwenden, das wie Bild 2.11 veranschaulicht, den zentralen Bildbereich zugunsten des Bildrandes stark vergrößert. Die wesentlichen Informationsquellen des Bildes werden damit durch mehr Pixel als der Hintergrund repräsentiert.
Sind die Daten des verwendeten Objektivs bekannt läßt sich daraus die notwendige Rücktransformation ableiten. Bei wechselnden oder unbekannten Verzerrungen können die unbekannten Transformationsparameter mit Hilfe der Paßpunktmethode und einer geeigneten Bildvorlage (z.B. ein linear unterteiltes Raster) gewonnen werden. Entweder müssen dann vor jeder Zoom- oder Objektivänderung die neuen Transformationsparameter übertragen oder eben online eine neue Normbildvorlage zur aktuellen Gewinnung der Transformationsparameter gesendet werden.

13.2 Farbtafeln

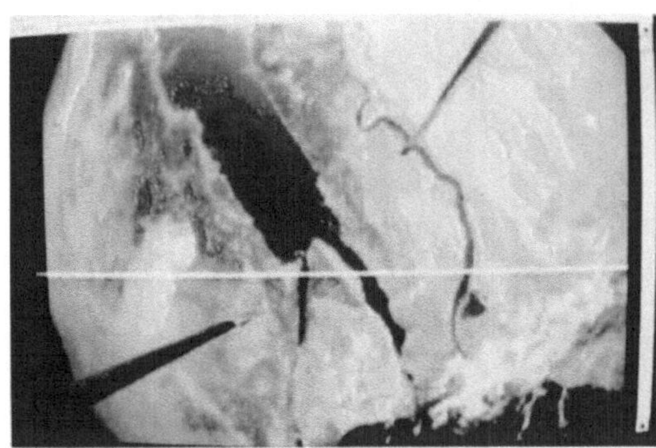

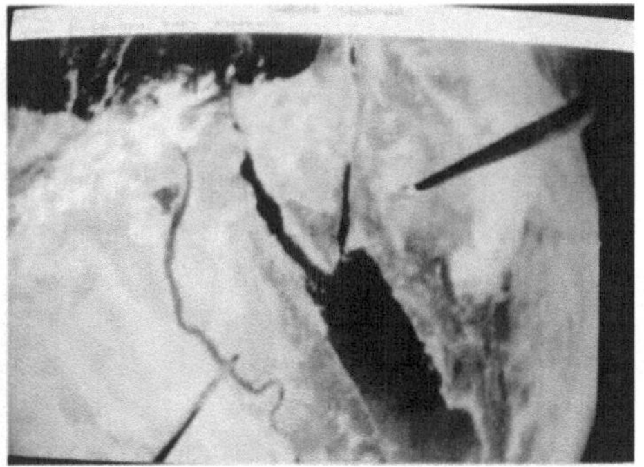

Rohbild Nr. IM0076. (Halbinsel Sinai) des Amateurfunksatelliten OSCAR 22 vom 25.08.1991. Das Bild enthält einige punktförmige Fehler, einen weißen Balken (bedingt durch den Ausfall einiger Elemente des CCDs bzw. mehrerer Zeilen) und einen dunklen linken Rand.

Das gefilterte und in Nordrichtung gedrehte Bild.

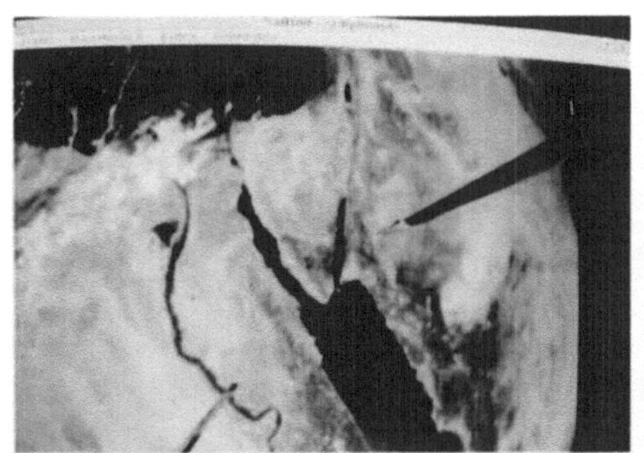

Kontrastverstärkt.

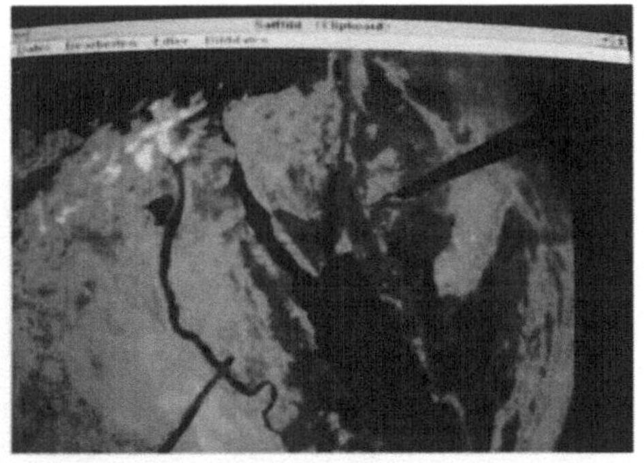

Das modifizierte Bild.

Farbtafel 1: Modifikation eines Satellitenbildes

Farbtafel 2: Schablonenvergleich. Die Schablone (kleines Fenster) wird im Suchbereich verschoben und die Ähnlichkeit mit dem darunterliegenden Bildbereich berechnet (Kreuzkorrelationskoeffizient).

Farbtafel 3: Simultankontrast; Die Umgebung beeinflußt das Farbempfinden des mittleren Feldes konstanter Farbe. Simultan erscheint die nicht physikalisch vorhandene Komplementärfarbe.

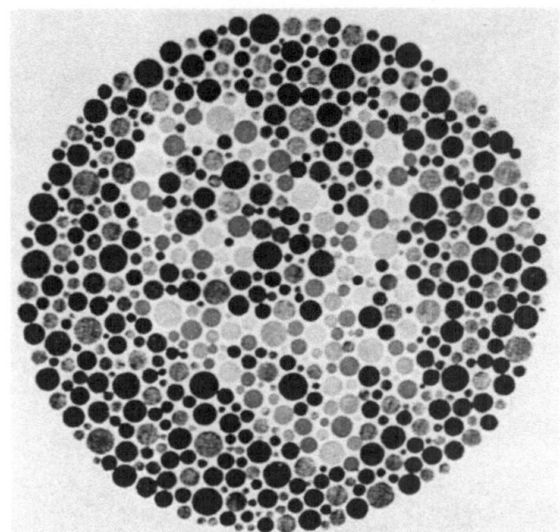
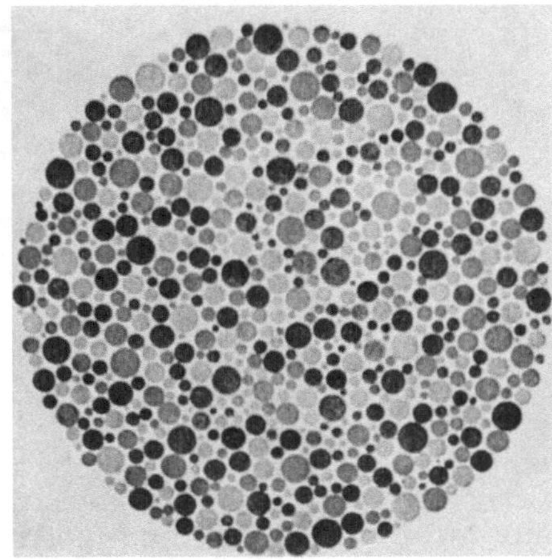

Farbtafel 4: Pseudoisochromatische Tafeln (Ishihara) zur Ermittlung von Farbfehlsichtigkeiten

Farbtafel 5:
Der Schmetterling ist durch seine Farbgebung kaum von der Blüte zu unterscheiden. Bei der Bemalung militärischer Objekte soll eine ähnlich falsche Gruppierung der Szene zum Tarneffekt führen. Eine solche Tarnung beschränkt sich dabei nicht nur auf den sichtbaren Wellenlängenbereich.

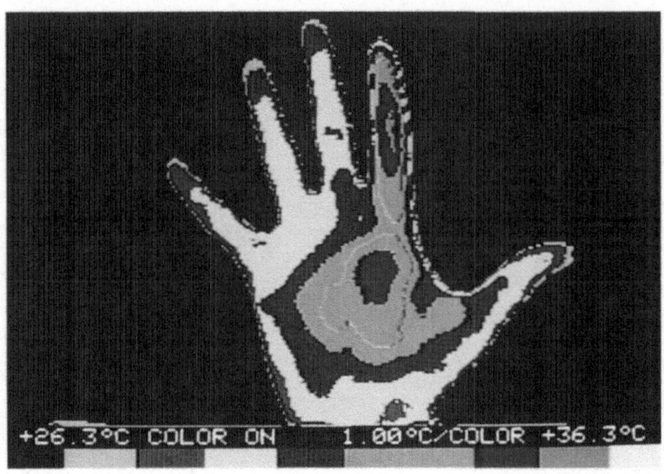

Farbtafel 6: Stärkere Durchblutung von Gewebe (Karzinom) führt zu höheren Temperaturen

Der heiße Motor eines Hubschraubers hebt sich deutlich von der Umgebung ab

Farbtafel 7: Kratzer auf einer polierten metallischen Oberfläche (Ventilscheibe)

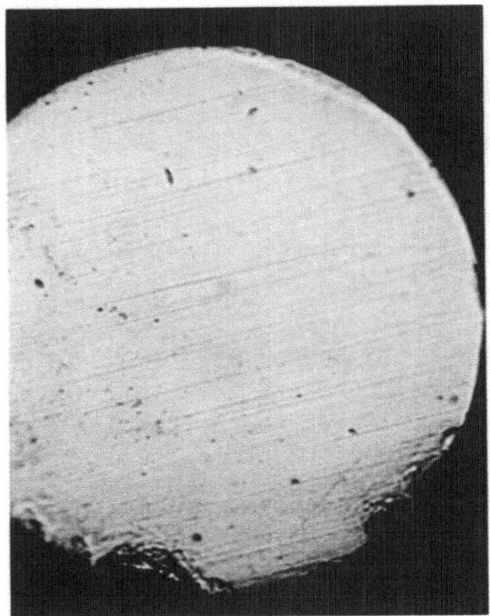

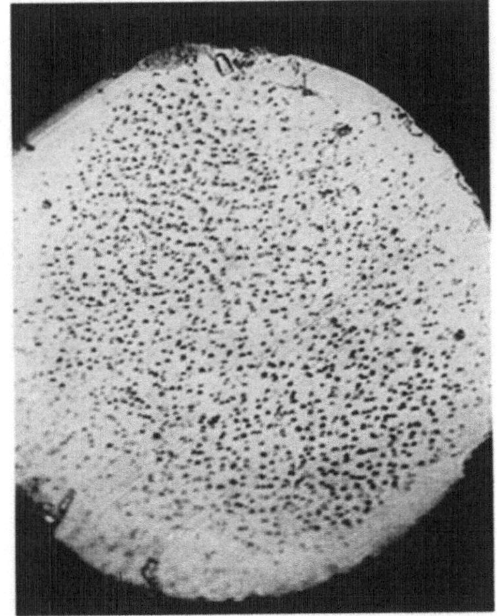

Farbtafel 8: Glasfaserschliffbilder. Poren mit Schleifmittelresten.

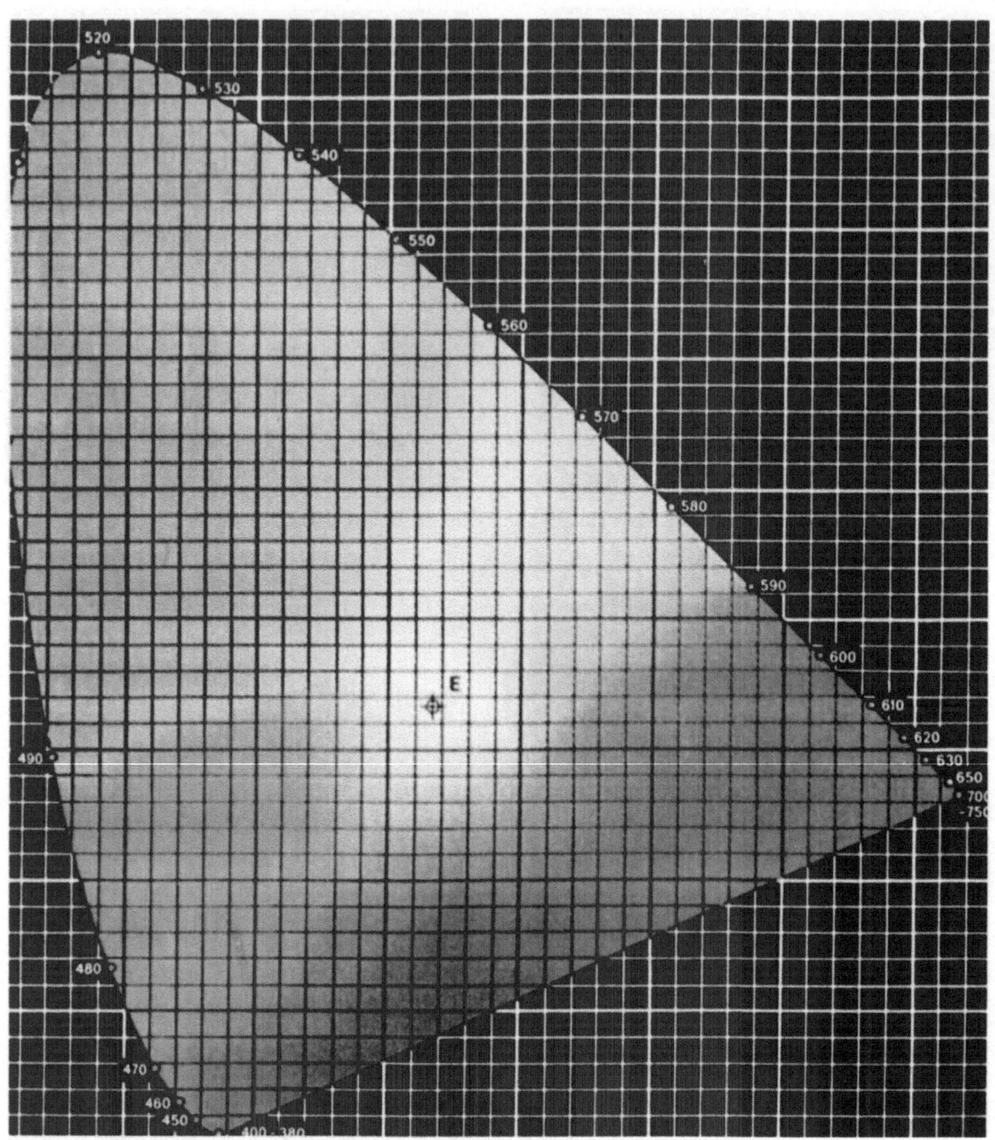

Farbtafel 9: Normfarbtafel nach DIN 5033

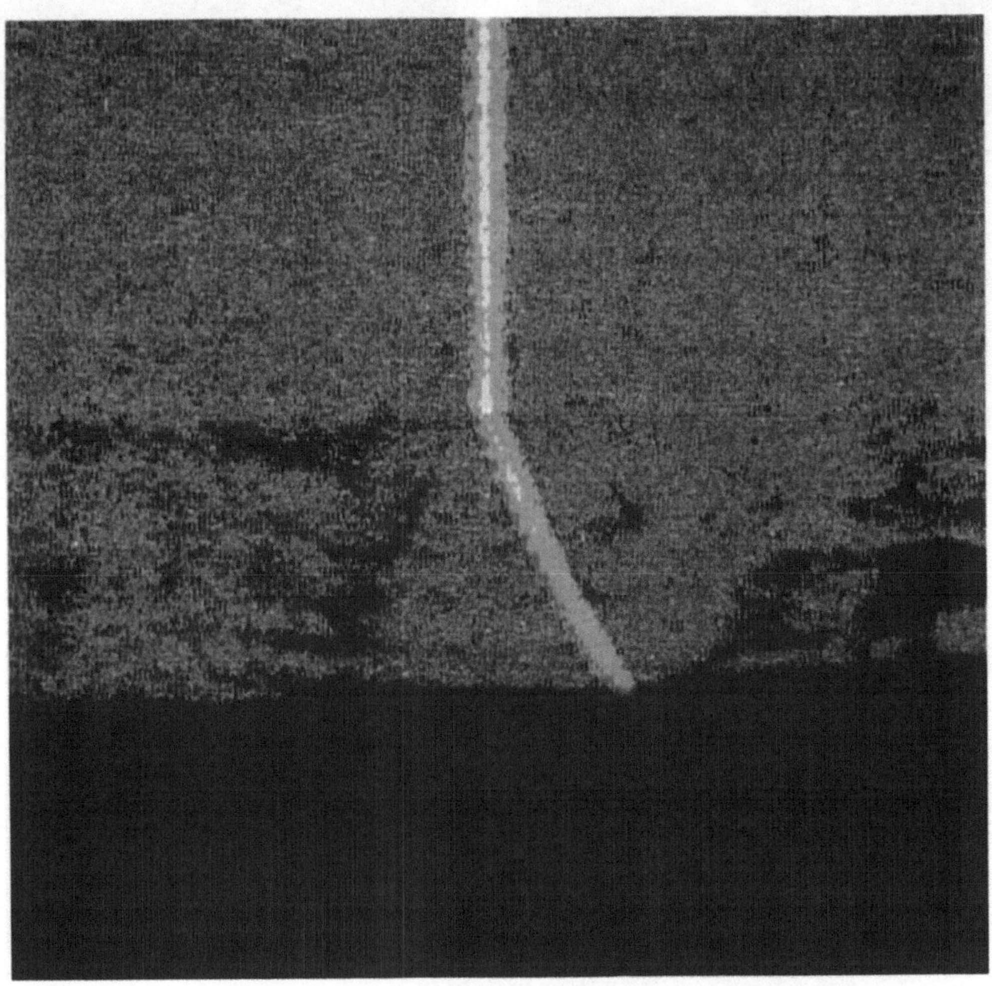

Farbtafel 10: Laserlichtband über der Waldkante eines sägerauhen Brettes

Farbtafel 11: Die pixelweise Darstellung des Binärbildes "Farn" bzw. "Blatt" erfordert etwa 250k Bit, während seine fraktale Beschreibung mit lediglich etwa 250 Bit auskommt.

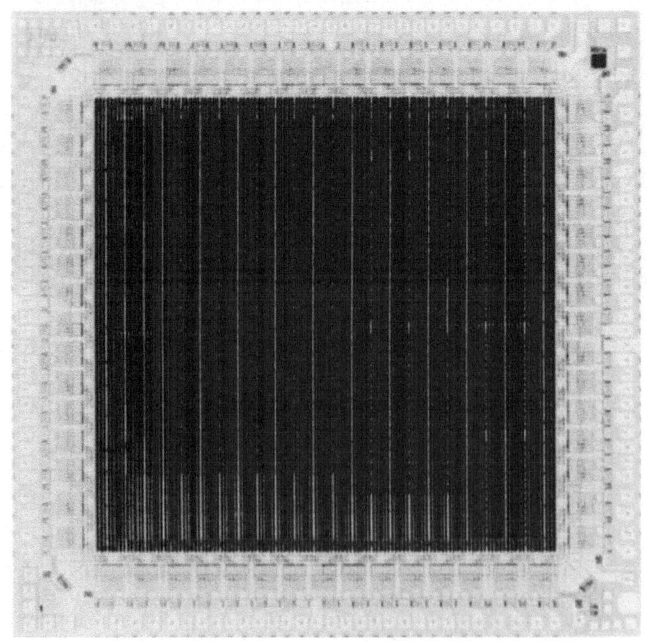

Farbtafel 12:
Maskenprogrammierbarer Logikbaustein

Literaturverzeichnis

[1.1] Hubel, D.H.: Auge und Gehirn: Neurobiologie des Sehens, Spektrum-der-Wissenschaft-Verlagsgesellschaft, 1990

[1.2] Frisby, J.P.: Optische Täuschungen: Sehen - Wahrnehmen - Gedächtnis, Weltbild-Verlag, 1989

[1.3] Gehirn und Kognition, Spektrum-der-Wissenschaft-Verlagsgesellschaft, 1990

[1.4] Itten, J.: Kunst der Farbe, Ravensburger Buchverlag Otto Maier, 1970

[1.5] Rock, I.: Wahrnehmung: Vom visuellen Reiz zum Sehen und Erkennen, Spektrum-der-Wissenschaft-Verlagsgesellschaft, 1985

[3.1] Ballard, D.H.; Brown, Ch.M.: Computer Vision, Prentice-Hall, 1982

[3.2] Zaperoni P.: Methoden der digitalen Bildsignalverarbeitung, Vieweg Verlag, 1991

[3.3] Jähne, B.: Digitale Bildverarbeitung , Springer Verlag, 1989

[3.4] Laws, K.I.: Textured image segmentation, Ph.D. dissertation, Dept. of Enginieering, Univ. of Southern Californien, 1980

[3.5] Galloway, M.M.: Texture Analysis Using Gray Level Run Length, Computer science center, Univ. of Maryland, 1974

[3.6] Haberäcker, P.: Digitale Bildverarbeitung: Grundlagen und Anwendungen, Hanser Verlag, 1987

[3.7] Russ, J.C.: The image processing handbook, CRC Press, 1992

[3.8] Bässmann, H.; Besslich Ph.W.: Konturorientierte Verfahren in der digitalen Bildverarbeitung, Springer Verlag, 1989

[3.9] Wahl, F.M.: Digitale Bildsignalverarbeitung: Grundlagen, Verfahren, Beispiele, Springer Verlag, 1989

[3.10] Kugler, J.; Wahl, F.: Kantendetektion mit lokalen Operatoren, p25-29, Informatik Fachberichte 20, Springer Verlag, 1979

[3.11] Hartmann G.; Krasowski, H; Schmid, R.: Ein rekursives Linien- und Kantendetektionsverfahren, Informatik Fachberichte 49, Springer Verlag, 1981

[3.12] Schmid, R.: Realisierungsmöglichkeiten zur hierarchischen Konturcodierung von Bildern, Diss., Univ. Paderborn, 1985

[3.13] O'Shea, T.; Eisenstadt, M.: Artifical intelligence: Tools, Techniques and Applications, Harper & Row, 1989

[3.14] Spider, Programmbibliothek

[3.15] Liedtke, C.E.; Ender, M.: Wissensbasierte Bildverarbeitung, Springer Verlag, 1989

[3.16] Hartmann, G.: Hierarchical Contour Coding a Tool for real time Pattern Recognition, Proc. 4th JCIT 476-482, 1984

[3.17] Hartmann, G.; Drüe, S.: Erkennungsstrategien bei Bildern mit hierarchisch codierten Konturen, Informatik Fachberichte 87 p120-126, Springer Verlag, 1984

[3.18] Hartmann, G.: Principles and Strategies of Hierarchical Contour Coding, Proc. 7th. ICPR Montreal, 1087-1089, 1984

[3.19] Simon, J.C.: Errors and Uncertainiies in Feature Recognition, Conf. on Mathematics and ist Applications in Remote Sensing, Danbury, Essex, England, 1986

[3.20] Schürmann, J.: Polynomklassifikatoren für die Zeichenerkennung: Ansatz, Adaption, Anwendungen, Oldenbourg Verlag, 1977

[3.21] Schmid, R.: Optische Qualitätskontrolle für Beschriftungsaufdrucke, Elektronik 14, 1991

[4.1] Lang, H.: Farbmetrik und Farbfernsehen, Oldenbourg Verlag, 1978

[4.2] Wendland, B.: Fernsehtechnik Bd.I Grundlagen, Hüthig Verlag, 1988

[4.3] Küppers, H.: Farbe, Callwey, 1987

[4.4] Frieling, H.: Das Gesetz der Farbe, Muster-Schmidt-Verlag, 1990

[4.5] Schultze, W.: Farbenlehre und Farbmessung, Springer Verlag, 1975

[4.6] Schönfelder, H.: Fernsehtechnik Teil I, Verlesungsskript, Justus von Liebig-Verlag, 1972

[4.7] Morgenstern B.: Farbfernsehtechnik, Teubner Verlag, 1977

[4.8] Land, E.H.: The retinex theory of color vision, Scientific American, 1977

[4.9] Schmid, R.; Truskowsky, T.: Berechnung von Farbkontrasten für die Bildverarbeitung, Elektronik 22, 1993

[5.1] Viterbi, S.J.: Error Bocends for Convolutional Codes and an Asymptotically Optimum Decoding Algorithm, IEEE Transaction of Information Theory, Vol. 13, No. 2, 1967

[5.2] Bayer; Oberländer: Ein erweiterter Viterbi Algorithmus zur Berechnung der n-bestem Wege in zyklenfreien Modellgraphen, Informatik Fachberichte 125, Springer Verlag, 1986

[5.3] Martini, H.: Methoden der Signalverarbeitung: Signalerkennung, Signaltransformation und nachrichtentechnische Operationen, Franzis Verlag, 1987

[5.4] Jayant,N.S.; Noll, P.: Digital Coding of Waveforms: Principels and Applicatins to Speeck and Video, Prentice-Hall, 1984

[6.1] Fukushima, K.; Miyake, S.: Neocognitron: A new Algorithm for Pattern Recognition tolerant of Deformations and shifts in Position, Pattern Recognition, Vol. 15, N.6 455-469, 1982

[6.2] Freeman, J.A.; Skapura, D.M.: Neuronal Networks: Alorithms, Applications und Programming Techniques, Addisson Wesley, 1992

[6.3] Schöneburg, E.; Hansen, N.; Gawelczyk, A.: Neuronale Netzwerke, Einführung, Überblick und Anwendungsmöglichkeiten, Markt und Technik, 1990

[7.1] Sato, K.; Inokuchi, S.: Ist int. Conf. on Computer Vision, 657-661, London, 1987

[8.1] Bimberg, D.: Laser in Industrie und Technik, expert verlag, 1985

[8.2] Dainty, J.C: Laser Speckle and Related Phenomena, Springer Verlag, 1984

[8.3] Nayar, S.K.; Nakagawa, Y.: Shape from Focus: An Effective Approach for Rough Surfaces, IEEE Int. Confernce on Robotics and Automation, 1990

[9.1] Dengler, J.: Methoden und Algorithmen zur Analyse bewegter Realweltszenen im Hinblick auf ein Blindenhilfesystem, Diss. Univ. Heidelberg, 1985

[9.2] Dengler, J.; Schmidt, M.: The dynamic pyramid - a model for motion analysis with controlled continuity, Int. J. Patt. Rec. Art. Intell. 2, 1988

[9.3] Reichardt, W.: Autokorrelationsauswertung als Funktionsprinzip des Zentralnervensystems, Naturforschung 12b, 1957

[10.1] Riedel, K.: Datenreduzierende Bildcodierung, Franzis Verlag, 1986

[10.2] Netravali, A.N.; Haskell, B.G.: Digital Pictures Representation and Compression, Plenum Press, 1988[10.3]Pirsch P.: Quellencodierung von Bildsignalen, Nachrichtentechnische Zeitschrift, Bd. 37, 1984, Bd. 38, 1985

[10.4] Bitzenhofer, Th.: Datenreduzierende Bildcodierung für SSTV, Diplomarbeit FH-Furtwangen, 1988

[10.5] Pratt, W.K.: Digital Image Processing, Wiley, 1978

[10.6] Stede, M.: Einführung in die künstliche Intelligenz: Methodische Grundlagen und Anwendungsgebiete, Heise Verlag, 1987

[10.7] Prusinkiewicz, P.; Lindenmayer, A.: The Algorithmic Beauty of Plants, Springer Verlag, 1990

[10.8] Barnsley, M.F.; Sloan A.D.: A Better way to Compress Images, Byte, 1988

[10.9] Jürgens, H.; Peitgen, H.O.; Saupe, D.: Fraktale - eine neue Sprache für komplexe Strukturen, Spektrum-der-Wissenschaft-Verlagsgesellschaft, 1989

[10.10] Doczi, G.: Die Kraft der Grenzen, Harmonische Proportionen in Natur, Kunst und und Architektur, Capricorn, 1987

[11.1] Späth, H.: Spline-Algorithmen zur Konstruktion glatter Kurven und Flächen, Oldenbourg Verlag, 1986

[11.2] Straub B.J.: A General Approach to the Compensation of Systematic Image Deformation of Multisensor Systems, Univ. Stuttgart, 1987

[12.1] The VHDL Consulting Group: VHDL System Design, 1991

Sachwortverzeichnis

3D-Erkennung 132
4-Nachbar-Code 31
8-Nachbar-Code 31

A Priori Wahrscheinlichkeit 101
A Priori Wissen 108
Abbildung 37, 155
Ableitung 50, 52
Abtastfrequenz 16
Abtasttheorem 17
Adaptionszustand 18
Adaptives Filter 48
Additive Farbmischung 82
Affine Abbildung 176
Ähnlichkeit 28
Akkumulatortabelle 65
Aktivierungsfunktion 114
Aktivitätsfunktion 112
amount of learning 113
Amplitudenspektrum 166
Approximation 36, 59
area of interest 75
Artefakt 42
Auflicht 127
Auflösung 15
Auftrittswahrscheinlichkeit 101
Ausgleichsrechnung 36
Austastsignal 21
Autokorrelation 29
automatic gain control 11

BAS-Signal 21
Basisbild 38, 155
Basisfunktion 37, 95
Baumstruktur 75, 77
Bayes-Klassifikator 102
Beleuchtungstechnik 127
Belichtungszeit 11
Benhamsche Scheibe 4
Beschreibende Merkmale 4
Beschreibung von Objekten 4
best fit 29
Betrag des Gradienten 52
Beurteilung der Transformation 186
Bewegte Objekte 146
Bewegungsadaptiv 25
Bewegungsdetektion 146
Bewegungsvektor 146
Bewegungszustand 19
Bildcodierung 151
Bilddatenreduktion 151
Bildfolge 19
Bildgeometrie 11
Bildsegmentierung 26
Bildsignal 21
Bildübertragungsverfahren 19
Bildverarbeitungsnetzwerk 117
Bildverbesserung 32
Bildwechsel 19
Bilineare Interpolation 179
Bimodalität 34
Binalisieren 32
Binärbildoperation 39
Binokular 124
Binominalverteilter Tiefpaß 44
Blitzlichtbeleuchtung 11
Blockgröße 166
bottom-up 76

CCD-Kamera 11
CCIR-Fernsehnorm 20
cell plane 119
chain code 55
chain-correlation-function 31
Charakteristische Population 92
CIE-$U^*V^*W^*$-System 89
Cluster 4, 92
co-occurrence-matrix 73

Codewortlänge 152
collage theorem 171
complex-cell 118
compression technique 151
contour correlation 31
contour tracer 57
correlation 28

D2-MAC 23
Datenbasis 169
Datenkompression 151
Datenreduktonsprozeß 127
DATV 25
Decodierung 151
Deltaregel 113
Detektion kollinearer Bildpunke 65
Determinante 98
DFT 157
Differenzbild 146
Diffus 129
Digitale Filter 44
Digitalisierung 15
Dilatation 39
Dimension 72, 168
Diskretisierung 15
Distanzmaß 28
Doppelgegenfarbenzelle 91
Drehung 176
Dunkelfeld 129
Durchlicht 127

Effizienz 152
Eigenvektor 95
Eigenvektortransformation 93
Eigenwert 95
Elimination isolierter Punkte 42
Emissionsgrad 14
Empfindlichkeitsverteilung 17
Entfernungsmessung 132
Entropie 152
Erkennungsvorgang 1
Erosion 39
Erregend 117
Error-Backpropagation-Algorithmus 114
Euklidische Distanz 16, 28
Exzitatorisch 117
Expansion 39

Falschfarben 2
Faltung 45
Farbabstandsformel 89
Farbartsignal 21
Farbeindruck 83
Farbensehen 80
Farberinnerung 82
Farbkontraste 2, 91
Farbmischkurve 85
Farbmodell 84
Farbsuggestion 82
Farbton 85
Farbvalenz 83
Farbverarbeitung 80
FBAS-Signal 21
feed forward 111
Fehlermaß 28, 186
Fensteroperator 26, 44
Fermentuere 41
FFT 160
Fibonacci-Reihe 170
Fiktive Primärfarbe 85
FIR-Filter 45
Fischauge 18
Flächenkorrelation 28
Fluoreszenz 127
Fokusserie 139
Formmerkmal 58, 64
Fourier-Descriptoren 64
Fourier-Transformation 157
Fourierkoeffizienten 64
Fractale Geometrie 168
Fraktale Dimension 71
Fraktale Beschreibung 168

Gammakorrektur 11
Gaußfunktion 44
Gaußpyramide 75
Gaußverteilter Tiefpaß 44
Gegenfarbentheorie 90
Gegenfarbenzelle 91
Gegenstandsweite 7
Generalisierte Deltaregel 114
Geradenapproximation 65
Gerichtet 129
Gesättigt 85
Gewichtsfaktor 112

Gitter 15
Glättungsfilter 44
Glättungsmaske 44
Gleichanteil 161
Gleichenergieweiß 83
Gleichverteilung 32
Goldener Schnitt 170
Gradient 50
Gradientenbild 50
grandmother cell 120
Graphenstruktur 107
Graukeil 50
Grautreppe 21
Grauwerte-Matrix 5
Grauwertpyramide 75
Grauwertübergangsmatrix 73
Grauwertverteilung 32
Grenzlinien 8
grey scale Dilatation 48
grey scale Erosion 48
grid-light-method 131
Größeninvarianz
Grundvalenz 83
Gruppierung 9

H-SYNC 22
Hadamardtransformation 158
Halbbild 20
Halbbildimpuls 23
Hardwareaspekte 187
Häufigkeitsverteilung 32
Hauptachsentransformation 93
Hauptkomponententransformation 93
HD-MAC 23
Hellfeld 129
Helligkeitskontrast 2, 7
Helligkeitsveränderung 8
Hemmend 117
Heringsches System 90
Hessesche Normalform 65
Hexagonales Raster 17
hidden layer 111
Hierarchie 75
Hierarchischer Konturcode 78
histogram equilization 33
histogram transformation 32
Histogramm 2
Histogrammkennwert 35
Histogrammoperation 32
Horizontal-Synchronisierimpuls 22
Horizontalfrequenz 20
Hotelling-Transformation 93
Hough-Transformation 65
Huffman-Code 152
Hust-Koeffizient 72
Hust-Transformation 72

IBK-Farbmischkurven 84
IFS-Code 171
Ikonisch 26, 55
image enhancement 32
Impulsantwort 38
Indirekte Entzerrung 175
Indirekte Methode 175
Informationsverlust 152
Infrarot-Videokamera 13
Inhibitorisch 117
Intensitätshistogramm 32
interlace Verfahren 17, 20
Interpolation 179
Inverse Filterung 38, 175
Irrelevanz-Reduktion 166
iterated function system 171
Iteration 110

just noticeable difference 85

Kamerakoordinaten 15
Kanten 6
Kantenextraktion 50
Karhunen/Loeve-Transformation 93
Kartesisches Koordinatensystem 16
Kettencode 5, 55
Kirsch-Operator 54
Klassifikationsverfahren 92
Klassifikator 2
Klemmschaltung 22
Knoten 107, 111, 125
Koeffizienten 156, 171
Kohärent 136
Kompaßgradient 54
Kompaßmaske 54

Komplementärfarbe 85
Kompressionsfaktor 151
Kontextwissen 105
Kontraktion 39
Kontrast 32
Kontrastverschiebung 146
Konturapproximation 59
Konturdetektion 50
Konturkorrelation 31
Koordinatensystem 15
Koordinatentransformation 18, 174
Koppelfeld 35
Koppelfeldoperation 16, 42
Korrelation 28
Kostenfunktion 102
Kovarianzmatrix 94
Kreuzkorrelation 28
Kreuzkorrelationskoeffizient 29
Kubische Spline-Interpolation 180
Kurzzeitaufnahme 11

L-system 170
Lagrangesche Interpolation 179
Laplace-Operator 50
Laplacepyramide 75
Laser 135
Laserspeckle 135
layer 111
learning without a teacher 122
Lernmusterpaar 113
Lernregel 113
Lernvorgang 112
Lichtanpassung 11
Lichtschnittverfahren 4, 131
Lichtwellenlänge 11
Lindenmayer-System 170
Lineare Transformation 179
Lokale Operationen 44
Look-up-Tabelle 101

MacAdam-Ellipsen 88
Maßstabsänderung 176
Matrix der Korrelationskoeffizienten 94
Maximum Likelihood 101
Medianfilter 44
Medianwert 44
Mehrfachbeleuchtung 130
Merkmal 2
Merkmalsraum 92
Merkmalsvektor 101
Mero/Vassy-Operator 53
Metamer 84
mexican hat 50
minimum distance 103
Minkowski-Addition 39
Minkowski-Subtraktion 39
Mittelwert 35, 44
Mittlere Korrelation 94
Modellkante 53
Modifikation der Grauverteilung 33
Moiré-Verfahren 131, 134
Monochromatisches Licht 128
Monotonieoperator 148
Muster 70

N-dimensionales Histogramm 92
Nachbarschaft 107, 109
Neocognitron 114
Neuronales Netz 111
Neuronen 112
Newtons Kreisel 4
Nichtlineare Transformation 181
noise point 29
Normalfarbdreieck 85
Normalsystem 85
Normalverteilung 35
NTSC-System 90
Nullbild 14, 146
Numerische Klassifikation 100

Objektwelle 137
Olympic-Filter 48
Optik 4, 139
Optimalcodierung 154
Optische Täuschung 6
Orientierungsselektive Filter 150
Orthogonal 38, 155
Ortsauflösung 15
Ortsbereich 39
Ortsfrequenzbereich 37
Ortsinvarianz 49
Overtuere 41

Parallaxe 145

Parameterdarstellung 65
Pascalsches Dreieck 44
Paßpunktmethode 176, 183
Pastellfarbe 85
patterned-light-method 131
Periodizität 27
Perzeption 146
Pfadoptimierung 107
Photometer 83
picture element 15
Piezostellelement 12
Pixel 15
Polarisierung 130
Polygonapproximation 60
Prädiktion 27
Primärfarben 82
Primärvalenz 83
Produktionssystem 169
Projektion 131
Pseudofarbdarstellung 2
pyramid 75
Pyramiden 5
pyroelectric camera 13

quad tree 77
Quantisierung 15
quantization 15

R-table 66
Rangordnungsfilter 45
rank 45
rank-value-filter 45
Rasterfrequenz 20
Rasterung 15
Räumliches Rauschen 14
Rauschunterdrückung 44
Recognition Process 1
Redundanz 152
Redundanzreduktion 95
Referenzbild 5, 26
Referenzmuster 5
Referenztabelle 66
Referenzwelle 137

Reflexionsgrad 8
region of interest 75
register-transfer-level 193
Reichardt-Bewegungsdetektor 149
Reihenentwicklung 37
Relativbewegung 10
Relaxation 110
Restfehlervektor 186
Retina 15
rewriting rule 169
rewriting system 169
Rezeptormosaik 80
RGB-Modell 84
RLC-Code 56
Rotation 176
Rotationssymmetrisch 50
run length code 56
run-length-matrix 5, 74

salt and pepper noise 48
Schablonenvergleich 5, 26, 66
Schärfentiefe 139
Schwarzabhebung 22
Schwarzschulter 22
Schwellwert 35
Segmentierung 26
Sehwinkel 6
Sensor 11
Shannon/Fano-Code 152
Shannonsches Abtasttheorem 17
shape from focus 139
shape 66
shutter speed 11
Sigmoid-Funktion 114
Signum 78
simple-cell 114
Simultankontrast 7, 82
Sklierung 176
slit-light-method 131
slope density function 64
slow scan television 186
Sobel-Operator 52
Speckleinterferometrie 135
Spektralmatrix 155
Spektrum 11
Spline-Interpolation 180
split and merge 63
SSTV 186

Stäbchen 15
Statistisch 32, 101, 152
Statistische Codierung 152
Stereobildpaare 4
Stereoskopisches Sehen 145
Stichprobe 100
Stochastischer Prozeß
Strukturiertes Licht 131
Stützstelle 180
Symbolisch 55
Synchronsignal 21

Teilbildfrequenz 20
template-matching 5, 26
tesselation 15
texel 70
Textur 70
texture element 70
Texturenergiemasken 71
Texturmerkmale 71
Tiefendetektion 124
Tiefenfusion 125
Tiefpaß 44
top-down 76
tracking 27
Trampe-l'oeil 6
Transformationscodierung 155
Transformationskoeffizient 155
Translation 176
trellis 107
Triangulation 4, 131

Übertragungsfunktion 38
UCS-Diagramm 85
Unbuntpunkt 85
unequal-length-code 152
uniform chromaticity scale diagram 85
unit 112
unsupervised learning 122
Unüberwachter Lernprozeß 122

V-SYNC 23
Varianz 35, 95
Vergrößerung 174
Verkleinerung 174
Verschiebung 176
Verschiebungsvektorfeld 147
Verschiebungsvektor 146
Verteilung 32
Vertikal-Synchron-Impuls 19
Vertikelfrequenz 20
Verträglichkeitsmatrix 110
Verzerrung 174
VHDL 193
Videoschieberegister 43
visual illusion 6
Visuelles Photometer 83
Viterbi-Verfahren 107
Vorverarbeitung 26
Vorwissen 6, 107, 109

Wahrnehmung 146
Wahrscheinlichkeitsfunktion 101
Walsh/Hadamard-Transformation 158
Walsh-Funktion 157
Walz-Filteralgorithmus 110
Wärmebild 13
Weber/Fechnersches Gesetz 88
Wissensbasis 113

Zapfen 15
Zeilen-Synchronisierimpuls 22
Zeilenfrequenz 20
Zeilensprungverfahren 20
zonal sampling 164
zonal coding 166
Zoom 174
Zufallsiterationsverfahren 172
Zufallspunktstereogramm 124
Zweideutiges Muster 8
Zweipegelbild 39

Fernsehtechnik

von Lothar Krisch

1993. VIII, 223 Seiten mit 143 Abbildungen, 15 Tabellen und 65 Aufgaben mit Lösungen. (Nachrichtentechnik; herausgegeben von Wolfgang Schneider) Kartoniert.
ISBN 3-528-04920-0

Aus dem Inhalt: Farbkomponenten – Bildaufnahmewandler – Bildwidergabewandler – s/w-Fernsehübertragung – Grundlegende Farbmetrik – Farbfernsehübertragungsverfahren – Videotext-Kabel-Fernsehen – Satelliten-Fernsehen – Hochauflösendes Fernsehen

Das Buch bietet einen Überblick über alle Normen und Verfahren der Fernsehtechnik bis hin zur neuen Entwicklung des hochauflösenden Fernsehens.

Über den Autor: Prof. Dr.-Ing. Lothar Krisch lehrt im Fachbereich Elektrotechnik an der Fachhochschule Kaiserslautern.

Verlag Vieweg · Postfach 58 29 · 65048 Wiesbaden